W0413652

CHAPITRE 1

Les décimaux

Tester ses connaissances

1. Entourer la bonne réponse :

a. Le chiffre des dizaines de 245,89 est 8 ; 4 ; 24
b. Le chiffre des centièmes de 3 245,78 est 32 ; 8 ; 2
c. Le nombre de dizaines de 582,051 est 58 ; 8 ; 0
d. Le nombre de dixièmes de 45,68 est 456 ; 4 ; 568 ; 6

2. Écrire en lettres les sommes écrites en chiffres et en chiffres celles qui sont écrites en lettres.

a. 105 809 € **b.** 1 380,05 €
c. un million trois cent mille deux cents euros.
d. Quatre-vingt trois mille treize euros quatre-vingts cents ou centimes.

3. Ranger les nombres suivants dans l'ordre croissant (du plus petit au plus grand).

a. 453 ; 621 ; 485 ; 28.
b. 18,24 ; 108,04 ; 10,8 ; 14,8 ; 18,28 ; 10,48.

4. Encadrer 48,6 entre deux entiers successifs.

5. Peut-on trouver un nombre entier compris entre :

a. 18 et 81 ? **b.** 18 et 19 ? **c.** 18,1 et 19,1 ?

6. Peut-on trouver un décimal entre :

a. 17,9 et 18,1 ? **b.** 54,20 et 54,2 ?

7. **Additions**

a. 38 + 25 ; **b.** 203 + 45 ; **c.** 3,41 + 5,24 ; **d.** 9,7 + 3,3 ;
e. 8,6 + 43 ; **f.** 61 + 4,9 ; **g.** 3,8 + 14,02 ; **h.** 6,45 + 17,2.

8. **Soustractions**

a. 57 − 16 ; **b.** 9,5 − 6,8 ; **c.** 50 − 3,9 ; **d.** 6,7 − 3,28 ;
e. 31,81 − 4,5 ; **f.** 70,3 − 8,5 ; **g.** 14,36 − 3,64 ; **h.** 0,7 − 0,05.

9. **Ordre de grandeur**

Sans effectuer les opérations, dire si l'énoncé est vrai ou faux.

a. 321 + 124 est inférieur à 1 000	**Vrai**	**Faux**
b. 891 + 678 + 278 − 900 est inférieur à 1 000	**Vrai**	**Faux**
c. 42 + 54 < 24 + 52	**Vrai**	**Faux**

10. **Suites d'opérations**

10.1. Effectuer les suites d'opérations suivantes :
a. 957,75 + 6,9 + 34,482 **b.** 16,054 − 14,86 + 5,3 **c.** 24,15 − 8,045 − 2,1
d. 24,15 − (8,045 − 2,1) **e.** 68,4 + (2,50 − 0,2) **f.** 26,054 − (14,86 + 5,3)

10.2. Un des trois nombres n'est pas égal aux deux autres, lequel ?
(18,6 − 3,6) − 1,4 + 5,4 ; (18,6 + 5,4) − (3,6 − 1,4) ;
(18,6 − 3,6) + (5,4 − 1,4).

11. Patrice possède 58 cassettes vidéo de films ; on lui en offre 18 nouvelles. Maintenant, combien a-t-il de cassettes vidéo ?

12. Emmanuel a quitté Carpentras à 8 heures. Il met 7 heures pour se rendre à Paris.
A quelle heure va-t-il arriver ?

13. Martin a 4 ans de plus que Margaux. Martin a 38 ans, quel est l'âge de Margaux ?

14. Il me reste 72 euros. Je viens d'acheter un tee-shirt pour 19 euros.
Combien avais-je avant cet achat ?

15. Sophie avait trois ans quand son père en avait 28. Il a maintenant 35 ans. Quel est l'âge de Sophie ?

16. Après réduction de 8 euros, un pull vaut 65 euros. Quel était son prix initial ?

17. Stéphanie dispose de 39,50 euros. Parmi les articles suivants, que peut-elle acheter ?
Livre 28 € ; Foulard 39,15 €; Pull 40 € ; Cassette de jeux vidéo 105 €.

18. En faisant ses courses Jean a dépensé 12 euros chez le boucher, 6,9 euros chez le crémier, et 1,8 euros pour son journal. Au départ il avait 23 euros. Combien lui reste-t-il ?

Solution des tests

1. **a. 4** est le chiffre des dizaines
b. 8 est le chiffre des centièmes
c. 58 est le nombre de dizaines
d. 456 est le nombre de dixièmes

2. **a.** *105 809* **Cent cinq mille huit cent neuf euros.**
b. *1 380,05* **Mille trois cent quatre-vingts euros cinq centimes**
c. ***1 300 200*** Un million trois cent mille deux cents euros.
d. ***83 013,80*** Quatre-vingt trois mille treize francs quatre-vingts centimes (ou cents).

3. **a.** 28 < 453 < 485 < 621
b. 10,48 < 10,8 < 14,8 < 18,24 < 18,28 < 108,04.

4. Encadrement : 48 < 48,6 < 49.

5. **a. Tous les entiers de 19 à 80** sont compris entre 18 et 81.
b. Impossible : 18 et 19 se suivent dans la suite des entiers.
c. Un seul : 19 (18,1 < 19 < 19,1).

6. **a.** Entre 17,9 et 18,1 il y a une infinité de nombres décimaux. Exemples **17,91 ou 18 ou 18, 05.**
b. 54,20 = 54,2. Les nombres sont égaux, il ne peut pas y avoir de nombres entre eux.

7. **Additions**
a. 63 ; **b.** 248 ; **c.** 8,65 ; **d.** 13 ; **e.** 51,6 ; **f.** 65,9 ; **g.** 17,82 ; **h.** 23,65.

8. **Soustractions**
a. 41 ; **b.** 2,7 ; **c.** 46,1 ; **d.** 3,42 ; **e.** 27,31 ; **f.** 61,8 ; **g.** 10,72 ; **h.** 0,65.

9. **Ordre de grandeur**
a. Vrai. b. Vrai. c. Faux

10. **Suites d'opérations**
10.1.a. 999,132 ; **b.** 6,494 ; **c.** 14,005 ; **d.** 18,205 ; **e.** 70,70 ; **f.** 5,894.
10.2. (18,6 + 5,4) − (3,6 − 1,4).

11. On réunit les deux collections, on ajoute les nombres 58 + 18 = 76 ; Patrice a 76 cassettes.

12. On ajoute 7 à 8 ; 8 + 7 = 15 ; Emmanuel arrive à 15 heures.

13. Attention « de plus » incite à faire une addition, mais on demande l'âge de Margaux. Margaux a 4 ans de moins que Martin. 38 – 4 = 34. Margaux a 34 ans.

14. « Il me reste » incite à faire une soustraction mais ce que j'avais avant c'est ce qui me reste ajouté à ce que j'ai dépensé. 72 + 19 = 91. J'avais 91 euros.

15. Nombre d'années écoulées 35 − 28 = 7 ; Âge de Sophie 3 + 7 = 10.
On peut écrire (35 − 28) + 3 = 10 ou 35 − 28 + 3 = 10.
Autre méthode
Différence d'âge entre Sophie et son père à la même date : 28 − 3 = 25 ; Âge de Sophie 35 − 25 = 10. On peut écrire 35 − (28 − 3) = 10. Sophie a 10 ans.

16. 65 + 8 = 73.
Le prix initial est 73 euros.

17. Stéphanie peut acheter ce qui coûte moins de 39,5 euros, c'est-à-dire le livre ou le foulard.

18. 23 – (12 + 6,9 + 1,8) = 2,3. Il lui reste 2,3 euros.

L'essentiel

■ Les nombres décimaux

Les nombres décimaux sont ceux que nous utilisons couramment, pour compter et mesurer. On entend souvent dire chiffre pour nombre, c'est un abus de langage. Pour écrire des mots, on utilise des lettres. Pour écrire des nombres, on utilise des chiffres. Pour compter le nombre d'éléments d'une collection, on utilise les nombres **entiers**.

● La numération décimale : écriture en chiffres

Tous les nombres s'écrivent avec dix signes appelés chiffres.

Chiffre	0	1	2	3	4	5	6	7	8	9
Mot	zéro	un	deux	trois	quatre	cinq	six	sept	huit	neuf

Définition — ***Nombre décimal***

Un nombre décimal est formé d'une **partie entière** et d'une **partie décimale** séparées par une **virgule**. Lorsque la **partie décimale est nulle** (zéro) le **nombre** est un **entier**.

Il y a 175 personnes dans cette salle. 175 est un nombre entier. Sa partie entière est 175. La longueur d'une feuille de papier A4 est de 29,7 cm. 29,7 n'est pas un entier. Sa partie entière est 29 ; sa partie décimale est 7 (7 dixièmes).

Partie entière : on trouve, **de droite à gauche** : le chiffre des unités (**u**), des dizaines (**d**), des centaines (**c**), etc. Dix unités forment une dizaine ; dix dizaines une centaine, dix centaines une unité de mille, etc. Unités, dizaines, centaines constituent une **classe**.
Partie décimale :
l'unité est partagée en 10 dixièmes, 100 centièmes, 1000 millièmes etc…
Virgule : la partie entière est séparée de la partie décimale par une virgule.

Tableau des classes, ordre d'écriture et exemples :

Partie entière												Partie décimale			
Classe des milliards			Classe des millions			Classe des mille			Classe des unités simples			dixièmes centièmes millièmes			
c	d	u	c	d	u	c	d	u	c	d	u	$\frac{1}{10}$	$\frac{1}{100}$	$\frac{1}{1000}$	Écriture
									1	7	5				175
											0	0	5	6	0,056
					1	3	0	0	2	0	0				1 300 200
									2	4	5	8	9		245,89
								3	2	4	5	7	8		3 245,78
									5	8	2	0	5	1	582,051
										4	5	6	8		45,68

● *Lecture des nombres et écriture en lettres*

1° Cas : les nombres entiers

Comment les lire ?

• Nombre à 1 chiffre → On lit le nom du chiffre
1 : un 6 : six
2 : deux 7 : sept
3 : trois 8 : huit
4 : quatre 9 : neuf
5 : cinq

• Nombre à 2 chiffres

• si le chiffre des dizaines est 7 ou 9 →

Avec 7 on décompose en 60 + …
70 : soixante-dix
71 : soixante et onze
72 : soixante-douze
73 : soixante-treize
74 : soixante-quatorze
75 : soixante-quinze
76 : soixante-seize
77 : soixante-dix-sept
78 : soixante-dix-huit
79 : soixante-dix-neuf

Avec 9 on décompose en 80 + …
90 : quatre-vingt-dix
91 : quatre-vingt-onze
92 : quatre-vingt-douze
93 : quatre-vingt-treize
94 : quatre-vingt-quatorze
95 : quatre-vingt-quinze
96 : quatre-vingt-seize
97 : quatre-vingt-dix-sept
98 : quatre-vingt-dix-huit
99 : quatre-vingt-dix-neuf

• si le chiffre des dizaines est autre que 7 ou 9

0 est le chiffre des unités → On lit le nom de la dizaine
20 : vingt
30 : trente
40 : quarante
50 : cinquante
60 : soixante
80 : quatre-vingts

1 est le chiffre des unités → On lit le nom de la dizaine suivi de « et 1 » sauf pour 81
21 : vingt et un
31 : trente et un
41 : quarante et un
51 : cinquante et un
61 : soixante et un
81 : quatre-vingt-un

le chiffre des unités est autre que 0 ou 1 → On lit le nom de la dizaine suivi du nom du chiffre des unités

• Nombre à 3 chiffres → On lit le nombre de centaines, puis le nombre formé des deux chiffres restants.
264 : deux cent soixante quatre
308 : trois cent huit
600 : six cents

• Nombre à plus de 3 chiffres → On lit de gauche à droite les nombres de chaque classe suivis du nom de la classe 12 356 784 : douze millions trois cent cinquante six mille sept cent quatre-vingt-quatre

2° Cas : les nombres décimaux qui ne sont pas entiers

On lit la partie entière puis la partie décimale comme un entier.
206,5 : deux cent six **virgule** cinq ; 80, 317 : quatre-vingts **virgule** trois cent dix-sept.

POINT méthode **Vingt et cent** s'accordent s'ils ne sont suivis d'aucun nombre. **Mille** est toujours invariable. **Million et milliard** s'accordent toujours.

Comparaison des nombres entiers

• Un nombre entier **a est** dit **inférieur à** (ou strictement inférieur à) un nombre entier **b** s'il vient avant dans la suite des nombres ; on dit aussi que **a est plus petit que b**.
On écrit
$a < b$; Le signe $<$ signifie « inférieur à » ; $\leq$ signifie est inférieur ou égal à b,
On a : $0 < 1 < 2 < 3 < 4 < 5 < 6 < 7 < 8 < 9$.

• Si *a* est inférieur à *b*, alors ***b*** est **supérieur à** (ou strictement supérieur à) ***a*** ; on dit aussi que ***b* est plus grand que *a*.**
On écrit
$b > a$. Le signe $>$ signifie « est supérieur à » ; $\geq$ signifie « est supérieur ou égal à »
$a < b$, $b > a$; $a \leqslant b$; $b \geqslant a$ sont des inégalités.

Comparaison des nombres décimaux

POINT méthode • Si deux nombres n'ont pas la même partie entière, le plus petit est celui qui a la plus petite partie entière.

Exemple : test 3 : 10,8 et 10,48 de partie entière 10 sont inférieurs à 14,8 de partie entière 14. 14,8 est inférieur à 18,24 et 18,28 ; 108,04 est le plus grand des nombres.

POINT méthode • Si les deux nombres ont la même partie entière, on compare le chiffre des dixièmes. S'ils sont différents, le plus petit nombre est celui qui a le plus petit chiffre des dixièmes. S'ils sont égaux, on compare les chiffres des centièmes, etc.

$10,48 < 10,8$ ($10 = 10$; $4 < 8$) ; $18,24 < 18,28$ ($18 = 18$; $2 = 2$; $4 < 8$)

POINT méthode ***Attention*** *: cette règle s'applique toujours. En revanche on est souvent tenté de comparer les parties décimales ; cela n'est valable que si elles ont le même nombre de chiffres.*
Pour 18,24 et 18,28 ($18 = 18$ et $24 < 28$). Pour pouvoir comparer ainsi 10,48 et 10,8 on écrit ces nombres : 10,48 et 10,80.

Encadrement d'un décimal non entier entre deux entiers successifs

Tout nombre non entier peut être encadré entre deux entiers successifs.
Ces deux entiers sont sa partie entière et le nombre entier suivant.

$$48 < 48{,}6 < 49$$

Addition des nombres entiers

Vocabulaire mathématique correspondant à l'addition

L'addition est l'opération qui permet de calculer la **somme** de nombres.
425 + 50 est une **écriture additive de la somme** des deux nombres 425 et 50.

Effectuer une addition, c'est remplacer l'écriture additive (425 + 50) par l'écriture décimale 475 (qu'on appelle souvent le «résultat»).
Le signe + est le signe de l'addition. Les nombres 43 et 16 sont les **termes** de la somme.

Ajouter un nombre (50) à un autre (425), c'est calculer leur somme (425 + 50).
Compter de 1 en 1 (ou de p en p), c'est passer d'un nombre au suivant en ajoutant 1 (ou p).

Propriétés de l'addition

Somme de deux nombres
La somme de deux nombres est indépendante de l'ordre des termes.
$4 + 5 = 5 + 4 = 9$; $6 + 7 = 7 + 6 = 13$; etc.

Somme de plusieurs nombres
Utilisation de parenthèses
Dans une suite d'opérations, on utilise des parenthèses pour indiquer l'ordre dans lequel on doit effectuer ces opérations.
Par exemple : $(4 + 5) + 8 = 9 + 8 = 17$; $4 + (5 + 8) = 4 + 13 = 17$
En fait **dans une suite d'additions les parenthèses sont inutiles** (sauf si l'on veut imposer un ordre de calcul), **la somme** de plusieurs nombres **est indépendante de l'ordre** dans lequel on effectue les additions.

Rôle de zéro
Ajouter 0, c'est ne rien faire : $4 + 0 = 4$; $5 + 0 = 5$.

Technique de l'addition des nombres entiers

On écrit les nombres les uns au-dessous des autres : virgule sous virgule, unités sous unités, dizaines sous dizaines, etc.

Voici deux exemples : 3,41 + 5,24 et 95,75 + 6,9 + 34,482

Opération sans retenue

```
  3, 4 1
+ 5, 2 4
--------
  8, 6 5—— on ajoute les centièmes
  |  |        1 + 4 = 5
  |  └——— on ajoute les dixièmes
  |           4 + 2 = 6
  └————— on ajoute les unités
              3 + 5 = 8
```

Opération avec retenues

```
    1 2  1---------- retenues
    9 5, 7 5 0 ┐  les 0 en italiques sont
+     6, 9 0 0 ┘  inutiles, mais commo-
+   3 4, 4 8 2    des pour ne pas faire
--------------
  1 3 7, 1 3 2    d'erreurs d'alignement
```

millièmes : 2 (ou 0 + 0 + 2)
on écrit **2** dans la colonne des **millièmes**
centièmes : 5 + 0 + 8 = 13 = 10 + 3
on écrit 3 dans la colonne des centièmes et une retenue de 1 dixième
dixièmes : *1* + 7 + 9 + 4 = 21 = 20 + 1
on écrit 1 dans la colonne des dixièmes et une retenue de 2 unités
unités : 2 + 5 + 6 + 4 = 17 = 10 + 7
on écrit 7 dans la colonne des unités et une retenue de 1 dizaine
dizaines : *1* + 9 + 3 = 13.
On écrit 13 soit 3 dizaines et une centaine.

3,41 + 5,24 = 8,65

95,75 + 6,9 + 34,482 = 137,132

— La première opération pouvait se faire mentalement : on ajoute **mentalement** les unités de même ordre (4 + 1 = 5 ; 4 + 2 = 6 ; 3 + 5 = 8).
— Pour la seconde opération, on peut utiliser une **calculatrice**.
Quelle que soit la calculatrice, il suffit de taper la suite des nombres et les signes +.
Exemple : **Pour calculer** 95,75 + 6,9 + 34,482, **on tape** :

[9] [5] [•] [7] [5] [+] [6] [•] [9] [+] [3] [4] [•] [4] [8] [2]

puis [=] **ou** [**enter**] **ou** [**EXE**]

■ *Soustraction*

● *Vocabulaire mathématique correspondant à la soustraction*

La **soustraction** est l'opération qui permet de calculer la **différence** de deux nombres (le plus grand nombre moins le plus petit).
860 − 420 est une **écriture soustractive** de la différence entre 420 et 860.
Les nombres 420 et 860 sont les **termes** de cette différence.
Le symbole − est celui de la soustraction.
Effectuer une soustraction, c'est remplacer l'écriture soustractive **860 − 320** par l'écriture décimale 540 (qu'on appelle souvent le « résultat »).
860 − 320 = 540.
Retrancher un nombre (320) d'un autre (860), c'est calculer leur différence (860 − 320).
Décompter de 1 en 1, c'est passer d'un nombre au suivant en retranchant 1.
Décompter de 2 en 2, c'est passer d'un nombre au suivant en retranchant 2, etc.

Propriétés

Dans le cas des nombres décimaux étudiés, l'écriture $a - b$ n'a de sens que si $b < a$.

L'écriture 1,6 – 4 n'a pas de sens. On ne peut pas retrancher 4 de 1,6.

Pour retrancher une somme, on peut retrancher ses différents termes.

Jean a dépensé 12 euros chez le boucher, 6,9 euros chez le crémier, et 1,8 euro pour son journal. Au départ il avait 23 euros. Combien lui reste-t-il ?

Pour calculer ce qui lui reste, on peut :

• **Calculer** ce qui lui reste après chaque achat :

23 – 12 = 11 ; 11 – 6,9 = 4,1 ; 4,1 – 1,8 = 2,3 ; c'est à dire : **23 – 12 – 6,9 – 1,8 = 2,3**

• Retrancher la somme de ses dépenses de la somme de départ.

23 – (12 + 6,9 + 1,8) = 23 – 20,7 = 2,3

23 – 12 – 6,9 – 1,8 = 23 – (12 + 6,9 + 1,8) = 2,3. Il lui reste 2,3 euros

— Dans une suite d'opérations comportant des additions et des soustractions, on peut :

• soit calculer dans l'ordre d'écriture

• soit retrancher la somme de tous les termes précédés du signe – de la somme des autres termes.

— Retrancher 0, c'est ne rien faire. 4 – 0 = 4 ; 5 – 0 = 5.

— On ne change pas la différence de deux nombres en ajoutant ou en retranchant un même nombre aux deux termes de cette différence.

Exemple : 45 – 24 = (45 – 20) - (24 – 20) = 25 – 4 = 21.

Technique de la soustraction

Exemples de calculs

On écrit le plus petit nombre au-dessous du plus grand : unités sous unités, dizaines sous dizaines, etc.

<table>
<tr><th>Soustraction sans retenue</th><th colspan="2">Soustraction avec retenue</th></tr>
<tr>
<td> 5 7
– 1 6
―――
  4 1 — unités
7 – 6 = 1

dizaines
5 – 1 = 4</td>
<td>Première façon

  9 ,¹5
– 6₁, 8
―――
  2 , 7 dixièmes
5 – 8 impossible on ajoute 10 dixièmes au premier et 1 unité au second
15 – 8 = 7
unités
9 – (6+1)=2</td>
<td>Deuxième façon
On complète l'addition
6, 8 + ? = 9,5

dixièmes 8 + 7 = 15
une unité 7 dixièmes ; le chiffre des dixièmes est 7.
On retient 1 unité.
unités 1 + 6 + 2 = 9
2 est le chiffre des unités.</td>
</tr>
<tr><td>57 – 16 = 41</td><td colspan="2">9,5 – 6,8 = 2,7</td></tr>
</table>

Avec une calculatrice, il suffit d'avoir les touches chiffres, le signe – et la touche • pour la virgule.

Exemple : Pour calculer 9,5 – 6,8, on tape :

[9] [•] [5] [–] [6] [•] [8] [=] (ou enter).

Applications

1. Pour chacun des nombres 578 ; 800 ; 1 084 ; 815 003 ; 23 000 031 ; 1 302 004 080, donner :
a. son chiffre des unités ; **b.** son chiffre des dizaines ;
c. le rang du premier chiffre (à gauche) ; **d.** son écriture en lettres.

2. Écrire en chiffres, chacun des nombres suivants :
a. deux mille trois cent quarante et un.
b. quarante millions trente-cinq mille quatre-vingts ;
c. quatre-vingt milliards trois mille cinq cents.

3. Pour chacun des nombres 0,05 ; 57,8 ; 1,084 ; 745,8 ; 700,400 3 ; 4 501, 302 090 ; indiquer :
a. son chiffre des unités ; **b.** son chiffre des dizaines ;
c. son chiffre des dixièmes ; **d.** le rang du premier chiffre non nul de droite ;
e. celui du premier chiffre non nul de gauche.

4. Écrire en chiffres, les nombres :
a. deux cents virgule trois ; **b.** trente virgule quarante millièmes ;
c. quatre cents virgule six centièmes.

5. Pour écrire les nombres entiers en chiffres, il suffit de 10 chiffres.
Pour les écrire en lettres jusqu'aux milliards, combien faut-il de mots ?
Quels sont ces mots ?

6. Écrire en lettres, puis en chiffres, tous les nombres que l'on peut former en utilisant une seule fois chacun des mots : mille, quatre, cent, vingt (avec ou sans « s » ou « et »).

7. Ordonner, dans l'ordre croissant, les nombres suivants :
a. 18 435 ; 4 302 ; 2 403 ; 3 200 **b.** 168,53 ; 84,327 ; 84,72 ; 168,534

8. On dispose des trois cartons suivants : [3] [7] [8]
En les plaçant côte à côte, combien de nombres de trois chiffres peut-on ainsi former ? (Ne pas hésiter à découper des cartons pour faire l'expérience).

9. On dispose des trois cartons suivants : [0] [7] [8]
En les plaçant côte à côte, combien de nombres de trois chiffres peut-on former ? Écrire ces nombres, en les ordonnant du plus grand au plus petit. Attention, le chiffre des centaines ne peut pas être 0.

10. Sur le chemin des vacances, à chacun des arrêts, on a écrit sur un carton le nombre de kilomètres parcourus depuis le départ. Voici les cartons, dans le désordre.

| 465 | | 1 103 | | 676 | | 1 250 | | 987 | | 250 | parcourus à chacun des arrêts.

Marquer les kilomètres sur cette ligne.

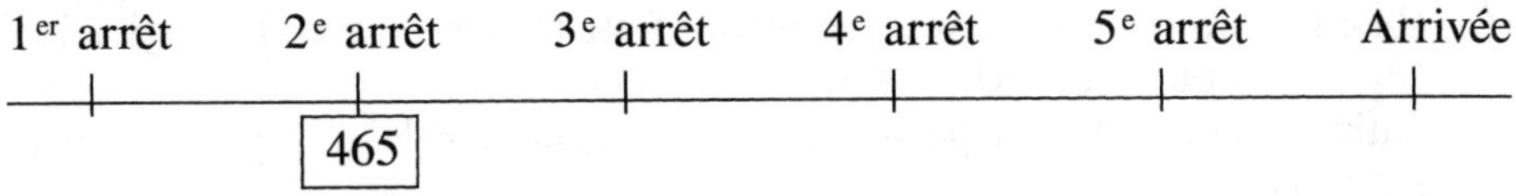

11. Ordonner, dans l'ordre décroissant, les nombres suivants :
a. 10,305 ; 10,035 ; 10,35 ; 10,053 ; **b.** 708,853 ; 78 ; 78,0503 ; 708,053.

12. Retrouver les nombres manquants :
a. 18 503 < … < … < … < 18 507 ;
b. 40 001 > … > … > … > 39 997 ;
c. 49,997 < … < … < … < 50,01 (les nombres vont de 0,001 en 0,001) ;
d. 10,02 > … > … > … > 9,98 ; (les nombres vont de 0,01 en 0,01).

13. Intercaler un nombre entre **a.** 3 et 3,1 ; **b.** 5,85 et 5,9 ; **c.** 0,011 et 0,02.

14. Voici une grille de nombres croisés. La compléter en suivant les consignes ci-dessous :

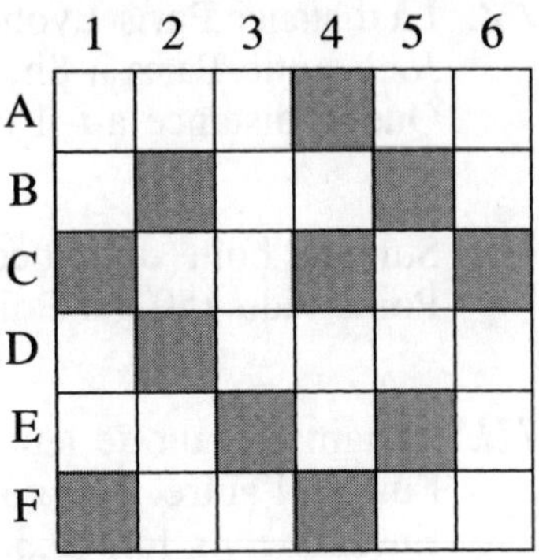

Horizontalement :
A : un entier compris entre 200 et 250 ; le nombre manquant de la suite 28 ; … ; 48 ; 58.
B : zéro ; son chiffre des unités est 7 ; six.
C : il est entre 90 et 100 ; le chiffre des dizaines de 561.
D : le chiffre des dixièmes de 257,63 ; avant 2 000.
E : son chiffre des unités est celui des dizaines de 489 ; le chiffre des centaines de 2 057 ; le chiffre des centièmes de 359,085.
F : soixante-seize ; l'entier obtenu en permutant les deux chiffres du précédent.

Voici les définitions verticales (nombres lus de haut en bas.)
1 : il s'intercale entre 19 et 21 ; le nombre de centaines de 6 408.
2 : le chiffre des dixièmes de 17,09 ; le chiffre des millièmes de 0,039 ; quatre-vingt-sept.
3 : le nombre de dizaines est 515 ; le chiffre des unités de 96.
4 : le nombre entier qui vient juste avant 8 ; c'est le nombre qui vient juste après 89.
5 : le nombre de sommets d'un triangle ; entre 68 et 70 ; le chiffre des dizaines du précédent.
6 : il est entre 85 et 87 ; ses trois chiffres sont 7, 8, 9.

15. L'arrivée d'une course

Bruno, Clément, François, Jean, Luc et Pierre sont les 6 premiers à l'arrivée d'une course. Clément, qui n'est pas le dernier, vient juste après Luc. Jean et Bruno se suivent dans cet ordre, derrière François qui est le premier. Quel est l'ordre d'arrivée de ces 6 concurrents ?

16. Résultat du concours Avec un ordinateur (exemple avec les logiciels Word Microsoft ou Excel Microsoft ou Claris) :
Quinze personnes ont participé à un concours. Elles ont obtenu les points suivants.

Recopier le tableau sur deux colonnes :
— première colonne, taper les noms
— seconde colonne, taper les points
— sélectionner la seconde colonne
— dans le menu Outils demander « trier »
Les nombres sont ordonnés dans l'ordre croissant si l'on a choisi cette option. On obtient le « classement ». Quel est ce « classement » ?

Aude	38	David	85
Denis	45	Marc	97
Alex	54	Reine	98
Lucie	67	Paul	101
Steve	70	Bob	102
Betty	76	Jean	105
Chloé	79	Carl	108
Guy	83		

17. La distance Paris-Lyon est de 412 km. Celle de Bourg à Lyon est de 62 km. Joël quitte Paris à 8h, passe à Lyon à 11h et arrive à Bourg à 13h. Quelle distance a-t-il parcourue ? Quelle est la durée de son voyage ?

18. Sur une boîte de chocolats, on relève les renseignements suivants : Poids vide 150 g ; Poids total 1 560 g. Quel est le poids des chocolats ?

19. Partant chacun de leur domicile, Florian et Christian vont à la rencontre l'un de l'autre. Margot rejoint Florian lorsque celui-ci a fait 1,2 km. Ensemble ils font 3,3 km pour retrouver Christian qui, lui, a parcouru 3,7 km. Quelle **distance** sépare les domiciles de Florian et Christian ?

20. Trouver deux **écritures additives** de 3 **termes** et deux **écritures soustractives** (2 **termes**) de 53 ; 45,6 ; 39,5 ; 1,58 ; 0,014.

21. Quelle est la **somme** des nombres 24,5 et 20,6 ? Quelle est leur **différence** ?

22. Je dis à mon ami :
— Pense à un nombre, **ajoute** lui 2, puis **retranche** 5 ; **ajoute** encore 7 et **retranche** 3.
— Quel nombre obtiens-tu ? Il me répond 56. À quel nombre mon ami avait-il pensé ? (d'après concours)

23. Au départ du trajet d'un bus montent 21 personnes. À l'arrêt suivant il en monte 8, au suivant il en descend 5 et en monte 6, au suivant il en descend 6 et en monte 9. Combien y a-t-il alors de personnes dans le bus ?

24. **a.** Compter de 5 en 5 de 20 à 40 ; **b.** Décompter de 9 en 9 de 90 à 45.

25. Compléter les suites de nombres (d'après concours)
a. 3 ; 7 ; 11 ; … ; 19, 23 ; … ; 31 ; **b.** 56 ; 51 ; … ; … ; 36 ; 31 ; … ; 21.

26. Quel est l'intrus ?
a. 28,5 + 56 + 37,1 ; 28,5 + 5,6 + 37,1 ; 56 + 37,1 + 28,5 ; 37,1 + (56 + 28,5).
b. 2,3 − 1,5 + 3,4 ; 2,3 − (1,5 + 3,4) ; 2,3 + 3,4 − 1,5 ; 3,4 + (2,3 − 1,5).

27. Effectuer les **opérations** suivantes en les posant. Puis **vérifier à la calculatrice.**
a. 345 + 648 ; 28,475 + 3,58 ; 8,17 + 23,83 ; 15,7 + 5,35 ; 0,045 + 0,955.
b. 85,3 − 6 ; 5,6 − 0,23 ; 456,8 − 23,65 ; 0,0124 − 0,003 ; 25,68 − 2,9.

28. Pour montrer l'ordre dans lequel on effectue des calculs avec parenthèses on peut suivre un arbre dit « arbre à calcul ». Compléter les « arbres à calcul » ci-contre.

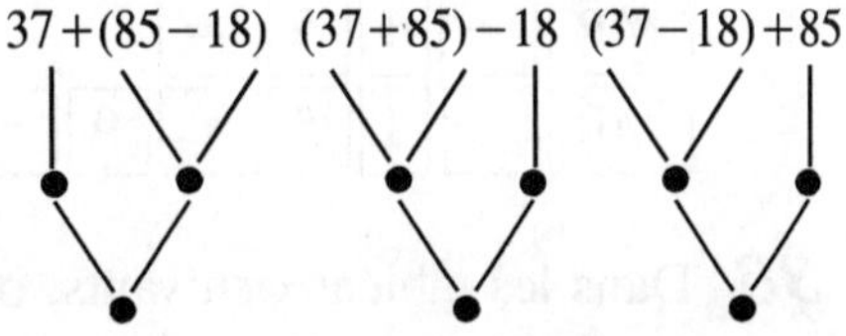

29. Construire les arbres à calcul correspondant aux opérations suivantes :
4,8 + (28,5 − 27,2) ; (4,8 + 28,5) − 27,2 ; (28,5 − 27,2) + 4,8.
Peut-on calculer (4,8 − 27,2) + 28,5 ? Comparer et justifier les résultats.

30. Construire les arbres à calcul correspondant aux opérations suivantes :
9,8 − (1,08 + 0,24) ; (9,8 − 1,08) + 0,24 ; (9,8 − 1,08) − 0,24.
Comparer et justifier les résultats.

31. Construire les arbres à calcul correspondant aux opérations suivantes :
75,3 − (3,06 − 1,08) ; (75,3 − 3,06) + 1,08 ; (75,3 − 3,06) − 1,08.
Comparer et justifier les résultats.

32. Compléter la table d'addition suivante :

+	102	20,3	3,04	405	50,6	607
7,06	•	•	•	•	•	•
605	•	•	•	•	•	•
50,4	•	•	•	•	•	•
0,40	•	•	•	•	•	•
30,2	•	•	•	•	•	•

33. Compléter la table d'addition suivante :

+	9	•	15	•	•	•
8	•	•	•	•	•	•
•	•	•	•	200	170	•
•	•	•	59	•	103	•
•	99	•	•	•	•	235
•	•	247	•	•	•	382

34. **Une vieille technique de l'addition (Inde 13e siècle).**
Pour calculer 85 + 318 + 587 ; on calcule :

La **somme** des unités est 5 + 8 + 7 = 20 .....
La **somme** des dizaines est 8 + 1 + 8 = 17 ..
La **somme** des centaines est 3 + 5 = 8 ....

On calcule ensuite la **somme** des trois résultats obtenus colonne par colonne :

```
    8 5
+ 3 1 8
+ 5 8 7
-------
    2 0
  1 7
  8
-------
  9 9 0
```

Calculer ainsi :
a. 187 + 362 + 1 043 + 670 ; **b.** 2 034 + 4 506 + 897 + 936 ;
c. 13 651 + 825 + 8 036 + 27.
Vérifier à l'aide d'une calculatrice.

35. Avec une calculatrice, effectuer les calculs suivants :
28,3 + 15 ; 28,3 − 8,7 ; 28,3 − 15,9 ; 28,3 + 67,65.
On peut mettre 28,3 en mémoire plus [M+] ou [Sto], puis effectuer les calculs suivants (entre chaque opération, ne pas effacer la mémoire) :

[MR] [+] [1] [5] [=] [MR] [−] [8] [•] [7] [=]
[MR] [−] [1] [5] [•] [9] [=] [MR] [+] [6] [7] [•] [6] [5] [=]

36. Dans les tableaux suivants, on passe de la première à la deuxième ligne en ajoutant ou en retranchant toujours le même nombre. Compléter ce tableau à l'aide d'une calculatrice. On peut utiliser les touches mémoires ou la touche «opérateur constant».

39	48	57	256	1 034	3 002	43 425
0						

0	8	38	738	6 738	43 425	51 705
		433				

37. Éric a passé un week-end à Nice. Il a pris l'avion de Paris à Nice et de Nice à Paris à des tarifs différents. À l'aller il a payé 94 €, au retour 176,50 €. Quelle est la différence de prix entre les deux voyages ? Combien a-t-il payé en tout ?

38. Mathieu dispose de 96,90 €. Delphine de 108,30 €. Ensemble ils achètent un foulard valant 40,20 €, un sac de 92,90 € et un logiciel ; il leur reste 1,60 € au total. Quel est le prix du logiciel ?

39. Paul et Didier ont 36 ans d'écart. Lorsque Didier est né, quel était l'âge de Paul ?
Lorsque Didier aura 18 ans. Quel sera l'âge de Paul ?
Actuellement Paul a 43 ans. Quel est l'âge de Didier ?

40. Vous avez vendu des tickets du n° 10508 au numéro 12580. Combien avez-vous vendu de tickets ? Entourer la bonne réponse 2072 ? 2085 ? 2073 ? (D'après concours)

41. Quels nombres viennent compléter la série ci-après ?

10 ⟶ 11 ; 21 ⟶ 31 ; 31 ⟶ 42 ; 43 ⟶ 71 ; 55 ⟶ 100 ; 63 ⟶ ... 84 ⟶ ... 91 ⟶ ...

42. **Sur un ordinateur avec un tableur** :
Compléter la commande de Delphine.

	A	B
1	Gants :	24 €
2	Lunettes :	36 €
3	Skis :	209,55 €
4	Pull :	83,30 €
5	Après-ski :	96,25 €
6	Pantalon :	63,75 €
7	Anorak :	145 €
8	Chaussures :	156,95 €
9	Total	....
10	Réduction...	7,25 €
11	Frais d'expédition	12,30 €
12	**Somme** à payer	

Somme en lettres : ....

....

....

....

....

Corrigés

1.

Le nombre	**a.**	**b.**	**c.** Rang du premier	**d.** Écriture en lettres
578	8	7	centaine	cinq cent soixante-dix-huit
800	0	0	centaine	huit cents
1 084	4	8	unité de mille	mille quatre-vingt-quatre
815 003	3	0	centaine de mille	huit cent quinze mille trois
23 000 031	1	3	dizaine de millions	vingt trois millions trente et un
1 302 004 080	0	8	unité de milliards	un milliard trois cent deux millions quatre mille quatre-vingts

2. **a.** 2 341 ; **b.** 40 035 080 ; **c.** 80 000 003 500.

3.

Nombre	a	b	c	d	e
0,05	0		0	centièmes	centièmes
57,8	7	5	8	dixièmes	dizaines
1,084	1		0	millièmes	unités
745,80	5	4	8	dixièmes	centaines
700,400 3	0	0	4	dix millièmes	centaines
4 501,302 090	1	0	3	cent millièmes	unité des mille

4. 200,3 ; 30,040 ; 400,06.

5. Les mots : zéro, un, deux, trois, quatre, cinq, six, sept, huit, neuf, dix, onze, douze, treize, quatorze, quinze, seize, vingt, trente, quarante, cinquante, soixante, cent, mille, million, milliard, soit **26 mots** auxquels il faut ajouter le « **et** » de liaison et le **trait d'union** possible (exemples : vingt **et** un, trente-deux) et penser aux règles d'orthographe (en fait, seuls les mots vingt, cent, million, milliard sont susceptibles de s'écrire avec un s).

6. On forme toutes les combinaisons possibles et on élimine toutes celles qui n'ont pas de sens. En commençant par quatre puis cent, on peut écrire ensuite vingt et mille ou mille et vingt. Les deux écritures ont un sens.
En commençant par quatre puis vingt, on peut écrire ensuite cent et mille ou mille et cent. Seule l'écriture quatre-vingt mille cent a un sens, etc. Voici les solutions :

Quatre cent vingt mille	420 000	Cent vingt mille quatre	120 004
Quatre cent mille vingt	400 020	Cent quatre mille vingt	104 020
Quatre-vingt mille cent	80 100	Cent mille vingt-quatre	100 024
Quatre mille cent vingt	4 120	Cent mille quatre-vingts	100 080
Vingt-quatre mille cent	24 100	Mille quatre cent vingt	1 420
Vingt mille cent quatre	20 104	Mille cent quatre-vingts	1 180
Vingt mille quatre cents	20 400	Mille cent vingt-quatre	1 124
Cent vingt-quatre mille	124 000		

7. **a.** 2 403 < 3 200 < 4 302 < 18 435 ;
b. 84,327 < 84,72 < 168,53 < 168,534.

8. Avec les chiffres 3, 7, 8, on peut écrire : 378 ; 387 ; 738 ; 783 ; 837 ; 873.

9. Avec 0 ; 7 ; 8, on peut écrire : 870 ; 807 ; 780 ; 708.

10.

1er arrêt	2e arrêt	3e arrêt	4e arrêt	5e arrêt	Arrivée
250	465	676	987	1 103	1 250

11. **a.** 10,35 > 10,305 > 10,053 > 10,035
b. 708,853 > 708,053 > 78,0503 > 78.

12. **a.** 18 503 < 18 504 < 18 505 < 18 506 < 18 507 ;
b. 40 001 > 40 000 > 39 999 > 39 998 > 39 997 ;
c. 49,997 < 49,998 < 49,999 < 50 < 50,01 ;
d. 10,02 > 10,01 > 10 > 9,99 > 9,98.

13. **a.** 3 < **3,05** < 3,1 ou 3 < **3,057** < 3,1 ou tout nombre du type 3,0 **m** avec **m** ≠ 0
b. 5,85 < **5,87** < 5,9 ou 5,85 < **5,867** < 5,9 ou 5,8 **m** avec **m** ≠ 0.
c. 0,011 0 < **0,018** < 0,02 0,011 0 < 0,014 56 < 0,02
ou tout nombre qui s'écrit 0,01 *m* avec *m* non nul. Dans tous les cas *m* peut être un nombre de plusieurs chiffres.

14.

	1	2	3	4	5	6
A	**2**	0	5		**3**	**8**
B	**0**		1	**7**		**6**
C		**9**	5		**6**	
D	**6**		**1**	**9**	**9**	**9**
E	4	**8**		**0**		**8**
F		**7**	**6**		**6**	**7**

15. L'ordre est :
François (1er),
Jean (2e),
Bruno (3e),
Luc (4e),
Clément (5e),
Pierre (6e).

16.

1e	2e	3e	4e	5e	6e	7e	8e	9e	10e	11e	12e	13e	14e	15e
108	105	102	101	98	97	85	83	79	76	70	67	54	45	38
Carl	**Jean**	**Bob**	**Paul**	**Reine**	**Marc**	**David**	**Guy**	**Chloé**	**Betty**	**Steve**	**Lucie**	**Alex**	**Denis**	**Aude**

17. 412 + 62 = 474. La distance Paris-Bourg en passant par Lyon est de 474 km.
13 − 8 = 5 ; le voyage a duré 5 heures.

18. Il faut retrancher le poids du paquet du poids total :
1 560 g − 150 g = 1 410 g. Les chocolats pèsent 1 410 grammes.

19. Pour résoudre ce problème faisons un schéma, il est alors clair que la distance des domiciles est la somme des distances données.

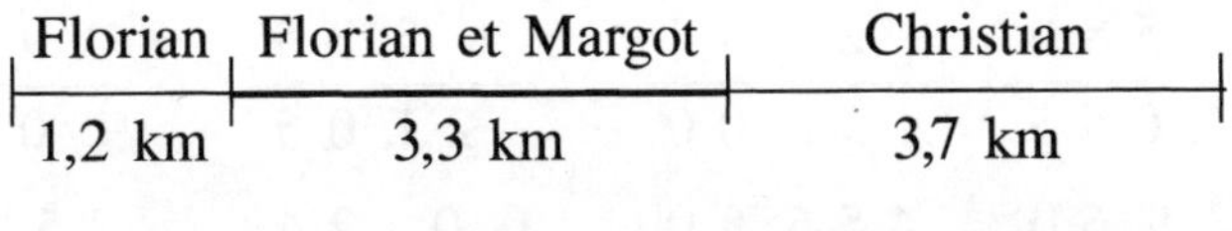

Distance des domiciles de Florian et Christian
(1,2 + 3,3 + 3,7) km = 8,2 km

20. Exemples de solutions

53 = 40 + 10 + 3 = 12 + 20 + 21 ; 53 = 60 − 7 = 63 − 10 ;
45,6 = 40 + 5 + 0,6 = 20 + 20 + 5,6 ; 45,6 = 50 − 4,4 = 46 − 0,4 ;
39,5 = 30 + 9 + 0,5 = 13 + 13 + 13,5 ; 39,5 = 40 − 0,5 = 100 − 60,5 ;
1,58 = 1 + 0,5 + 0,08 = 0,5 + 0,54 + 0,54 ;
1,58 = 2 − 0,42 = 3 − 1,42 ;
0,014 = 0,01 + 0,002 + 0,002 = 0,003 + 0,005 + 0,006 ;
0,014 = 0,02 − 0,006 = 1 − 0,986

21. **Somme** 24,5 + 20,6 = **45,1**. **Différence** 24,5 − 20,6 = **3,9**.

22. Au total on ajoute 2 + 7 (soit 9), on retranche 5 + 3 (soit 8), ce qui revient à ajouter 1.
Pour obtenir le nombre pensé il suffit de retrancher 1 au dernier nombre obtenu.
Le nombre pensé est 55.
Vérification 55 + 2 = 57 ; 57 − 5 = 52 ; 52 + 7 = 59 ; 59 − 3 = 56.
Remarque : pour pouvoir retrancher 5 après avoir ajouté 2, il faut penser un nombre supérieur ou égal à 3.

23. Au nombre 21, on ajoute 8, on retranche 5, on ajoute 6, on retranche 6, on ajoute 9,
21 + 8 − 5 + 6 − 6 + 9 = 21 + 3 + 9 = 33.

24. 20 - 25 - 30 - 35 - 40 ; **b.** 90 - 81 - 72 - 63 - 54 - 45.

25. Compléter les suites de nombres (d'après concours)

a. 3 ; 7 ; 11 ; **15** ; 19 ; 23 ; **27** ; 31. On passe d'un nombre au suivant en ajoutant 4.

b. 56 ; 51 ; **46** ; **41** ; 36 ; 31 ; **26** ; 21. On passe d'un nombre au suivant en retranchant 5.

26. **a.** Dans la somme 28,5 + 5,6 + 37,1, on retrouve bien 28,5 et 37,1 mais 56 est remplacé par 5,6, l'intrus est cette somme.

b. L'intrus est 2,3 − (1,5 + 3,4) ;

27. Poser les opérations en plaçant les zéros nécessaires pour que tous les termes aient le même nombre de chiffres après la virgule.

a.

345	28,475	8,17	15,70	0,045
+ 648	+ 3,580	+ 23,83	+ 5,35	+ 0,955
993	32,055	32,00	21,05	1,000

b.

85,3	5,60	456,80	0,0124	25,68
− 6,0	− 0,23	− 23,65	− 0,0030	− 2,90
79,3	5,37	433,15	0,0094	22,78

28.

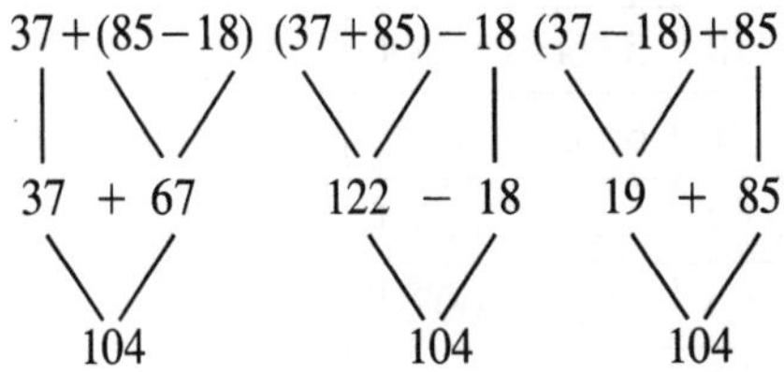

Avec une calculatrice ayant des touches parenthèses, on tape dans l'ordre de lecture.
Certaines affichent le résultat du calcul entre parenthèses puis le résultat final, ce qui permet de compléter l'arbre.

29.

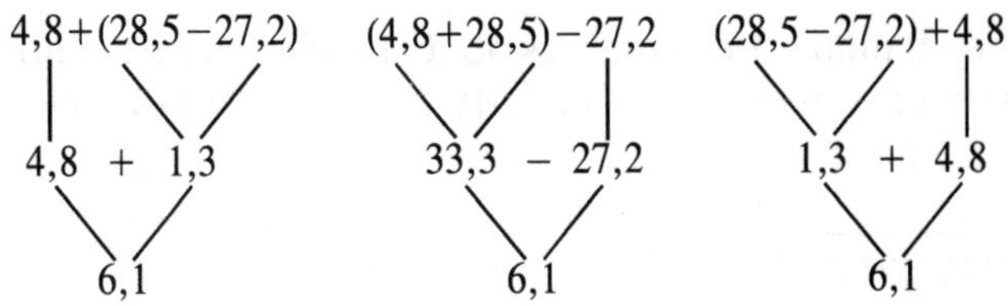

(4,8 − 27,2) + 28,5)
4,8 − 27,2 calcul impossible dans les nombres positifs, on ne peut pas proposer ce dernier calcul.

30.

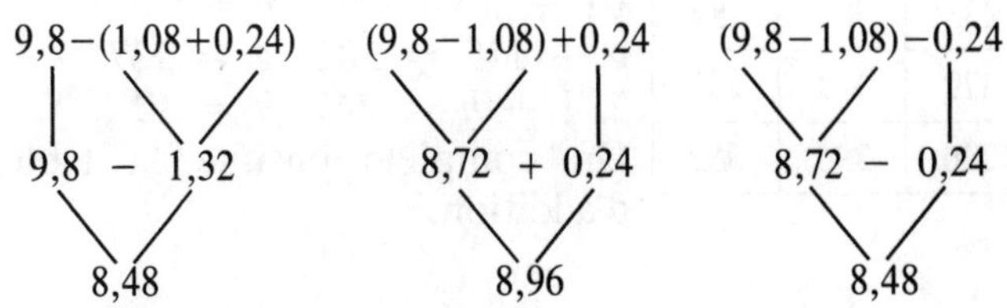

Pour retrancher une somme on retranche les différents termes, il est donc normal de trouver que 9,8 − (1,08 + 0,24) = (9,8 − 1,08) − 0,24 et (9,8 − 1,08) + 0,24 différent. Avec une calculatrice, sans parenthèses, on peut utiliser les touches mémoire [M+] [M−] [MR]

Exemple
Premier arbre : on tape

[1] [•] [0] [8] [+] [0]

[2] [4] [=] [M−] puis

[9] [•] [8] [+] [MR]

Les nombres que l'on met dans la mémoire se retranchent des nombres de la mémoire.

31.

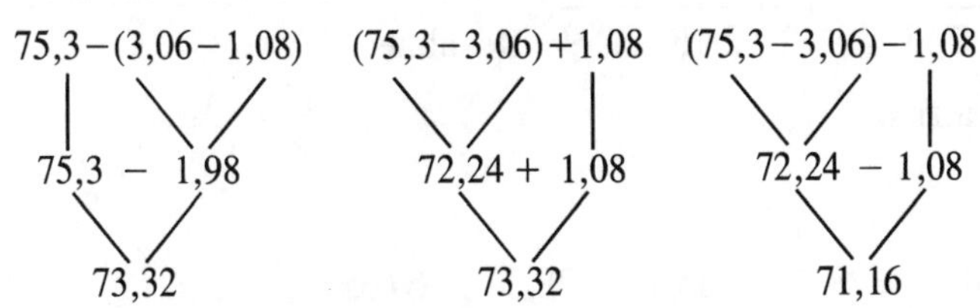

Pour retrancher la différence 3,06 − 1,08, on retranche le premier terme et on ajoute le second : donc 75,3 − (3,06 − 1,08) = (75,3 − 3,06) + 1,08

Si j'obtiens une ristourne de 1,08 F sur un achat, je ne paie que la différence entre le prix et la ristourne, ou bien on me donne le montant de la ristourne après mes achats, mais retrancher 3,06, puis 1,08, revient à retrancher la somme 3,06 + 1,08.

32.

+	102	20,3	3,04	405	50,6	607
7,06	109,06	27,36	10,1	412,06	57,66	614,06
605	707	625,3	608,04	1010	655,6	1212
50,4	152,6	70,7	53,44	455,4	101	657,4
0,40	102,40	20,7	3,44	405,4	51	607,4
30,2	132,2	50,5	33,24	435,2	80,8	637,2

33. Les nombres donnés sont en italique. Les nombres dont la recherche est expliquée sont en caractère gras et sont suivis d'une lettre. L'ordre de la recherche est : *a* ; *b* ; *c* ; *d* ; *e* ; *f* ; *g* ; *h*.

+	*9*	**10** (*h*)	*15*	**89** (*f*)	**59** (*d*)	**145** (*b*)
8	17	18	23	97	67	153
111 (*e*)	120	121	126	*200*	*170*	256
44 (*c*)	53	54	*59*	133	*103*	189
90 (*a*)	*99*	100	105	179	149	*235*
237 (*g*)	246	*247*	252	326	296	*382*

$a + 9 = 99 \qquad a = 90$
$90 + b = 235 \qquad b = 145$
$c + 15 = 59 \qquad c = 44$
$44 + d = 103 \qquad d = 59$
$e + 59 = 170 \qquad e = 111$
$111 + f = 200 \qquad f = 89$
$g + 145 = 382 \qquad g = 237$
$237 + h = 247 \qquad h = 10$;

On complète ensuite la table d'addition.

34.

187	2034	13651	
+ 362	+ 4506	+ 825	
+ 1043	+ 897	+ 8036	
+ 670	+ 936	+ 27	
12	23	19	Somme des unités.
+ 25	+ 15	+ 12	Somme des dizaines.
+ 10	+ 22	+ 14	Somme des centaines.
+ 1	+ 6	+ 11	Somme des unités de mille.
		1	Somme des dizaines de mille.
2262	**8373**	**22539**	Résultats.

Vérification à la calculatrice.

35. 28,3 + 15 ; 28,3 − 8,7 ; 28,3 − 15,9 ; 28,3 + 67,65 :

On met 28,3 en mémoire plus [M+] ou [Sto], puis on tape :

[MR] [+] [1] [5] [=] **43,3**
[MR] [−] [8] [•] [7] [=] **19,6**
[MR] [−] [1] [5] [•] [9] [=] **12,4**
[MR] [+] [6] [7] [•] [6] [5] [=] **95,95**

36.

−39							
	39	48	57	256	1 034	3 002	43 425
→	0	9	18	217	995	2 963	43 386

+395							
	0	8	38	738	6 738	43 425	51 705
→	395	403	433	1 133	7 133	43 820	52 100

37. Différence de prix 82,50 € (176,50 – 94 = 82,50) ;
Somme totale 270,50 € : (94 + 176,50 =270,5).

38. 96,90 + 108,30 = 205,20. Ils disposent de 205,20 €.
205,20 –1,60 = 203,60. Ils ont donc dépensé 203,60 €.
40,20 + 92,90 = 133,10. Les deux premiers articles coûtent 133,10 €.
203,60 – 133,10 = 70,50 €. Le logiciel vaut 70,50 €.

On peut résumer les calculs par la suite d'opérations :
{(96,9 + 108,3) – 1,6}- (40,2 + 92,9).
Vérification : somme des avoirs moins somme des achats, on trouve 1,6.
(96,90 + 108,30)- (40,20 + 92,90 + 70,50) = 1,6

39. L'âge de Paul à la naissance de Didier est leur différence d'âge soit 36 ans.
Lorsque Didier aura 18 ans, Paul aura (36 + 18) ans ; soit : 54 ans.
Paul a 43 ans. Didier a (43 – 36) ans ; soit : 7 ans.

40. Les numéros vendus vont de 10 508 à 12 580 ; ce sont les n° après le 10 507 jusqu'à 12 580.
12 580 – 10 507 = 2 073. Le nombre de numéros vendus est (12 580 – 10 507) soit 2 073.
On est tenté de faire la différence 12 580 – 10 508, mais on exclut alors le numéro 10 508 qui pourtant a été vendu.

41. On remarque que le résultat est obtenu en écrivant côte à côte la somme des chiffres et leur différence.
Exemple : 31 → 42; 3 + 1 = 4; 3 – 1 = 2 ; on écrit 42.
L'image de 63 est obtenue en calculant 6 + 3 et 6 – 3 ; on obtient 93.
Pour 84 ; on a 8 + 4 = 12 et 8 – 4 = 4 ; on obtient 124.
10 → 11 ; 21 → 31 ; 31 → 42 ; 43 → 71 ; 55 → 100 ; 63 → 93 ; 84 → 124 ; 91 → 108

42. Dans la case … on demande la somme des nombres de la colonne B.
Dans la case (B ; 9), le total est 814,8 .
(24 + 36 + 209,55 + 83,30 + 96,25 + 63,75 + 145 + 156,95)
Dans la case (B ; 12), le résultat est 819, 85 €
La somme à payer est 819,85 €.
((B ; 9) – (B ; 10) + (B ; 11) ; soit 814,8 – 7,25 + 12,30)

CHAPITRE 2

Les décimaux
Multiplication et Division

Tester ses connaissances

1. Entourer la ou les bonnes réponses :

1.1. L'écriture multiplicative de $8 + 8 + 8 + 8$ est :
$8 + 4$; 8×4 ; 32.

1.2. 45×9 est : un produit ; un quotient ; une multiplication.

1.3. $8 \times 7 \times 5$ est égal à :
280 ; 56×35 ; $7 \times 5 \times 8$.

1.4. $8 \times (9 + 5)$ est égal à :
$8 \times 9 + 5$; $(9 + 5) \times 8$; $(9 \times 8) + (5 \times 8)$.

1.5 15 est un : multiple de 3 ; multiple de 5 ; diviseur de 5.

1.6 56×10 est égal à : 560 ; 5,6 ; 66.

1.7 45×100 est égal à : 0,45 ; 450 ; 4 500.

1.8 342×7 est égal à : $14 + 280 + 2100$; 2 394 ; $(300 + 40 + 2) \times 7$.

1.9 342×607 est égal à : $342 \times (600 + 7)$; 207 594 ; 22 914.

1.10. Le quotient entier par excès de 52 par 6 est :
9 ; 8 ; 8,6.

1.11. Le quotient entier de 245 par 9 est :
27 ; 28 ; 27,2.

2. Parmi les nombres suivants : 125, 255, 324, 436, 546, 850 :

2.1. Quels sont les multiples de 2 ?

2.2. Quels sont les multiples de 5 ?

2.3. Quels sont les nombres divisibles par 3 ?

2.4. Quels sont les nombres divisibles par 4 ?

2.5. Quels sont les nombres divisibles par 9 ?

2.6. Quels sont les nombres divisibles par 12 ?

3. Effectuer les opérations suivantes :

3.1. $A = 3{,}5 \times 100$; $B = 2{,}3 \times 1\,000$; $C = 35 : 100$; $D = 2{,}3 : 1\,000$;

3.2. $A = 34{,}2 \times 6{,}07$; $B = 324{,}5 : 23$; $C = 17{,}5 : 25$;

4. Calculer

4.1. Calculer le quotient à 0,01 près de 89,12 par 3,8 par défaut, par excès, arrondi.

4.2. Calculer le quotient à 0,1 près de 89,12 par 3,8 par défaut, par excès, arrondi.

4.3. Calculer le produit 12,54 × 8,37 : par défaut (troncature au centième), par excès, arrondi.

5. Entourer la ou les bonnes réponses.

5.1. $40 - 3 \times 10 + 2$ est égal à :	8 ;	372 ;	12 ;
5.2. $8 \times 7 + 8 \times 5$ est égal à :	$8 \times (7+5)$;	96 ;	320 ;
5.3. $74 \times 3{,}7 + 6 \times 3{,}7$ est égal à :	296 ;	8×37 ;	29,6.
5.4. 54 : 0,5 est égal à :	27 ;	108 ;	25.

Solution des tests

1. **1.1.** 8×4. **1.2.** un produit. **1.3.** 280 ; $7 \times 5 \times 8$.
1.4. $(9 + 5) \times 8$; $(9 \times 8) + (5 \times 8)$; **1.5.** un multiple de 3 ; un multiple de 5.
1.6. 560. **1.7.** 4 500. **1.8.** 14 + 280 + 2 100 ; 2 394 ; $(300 + 40 + 2) \times 7$.
1.9. 207 594 ; $342 \times (600 + 7)$. **1.10.** 9. **1.11.** 27.

2. **2.1.** 324 ; 436 ; 546 ; 850. **2.2.** 125 ; 255 ; 850. **2.3.** 255 ; 324 ; 546.
2.4 324 ; 436. **2.5** 324. **2.6.** 324.

3. **3.1** **A** = 350 **B** = 2 300 **C** = 0,35 **D** = 0,002 3
3.2. **A** = 207,594 ; **B** ≈ 14,1 ; **C** = 0,7.

4. **4.1. par défaut** : 23,45 ; **par excès** : 23,46 ; **arrondi** : 23,45.
4.2. par défaut : 23,4 ; **par excès** : 23,5 ; **arrondi** : 23,5.
4.3. par défaut : 104,95 ; **par excès** 104,96 ; **arrondi** 104,96.

5. **5.1.** 12. **5.2.** $8 \times (7 + 5)$; 96. **5.3.** 296 ; 8×37. **5.4.** 108.

L'essentiel

■ Multiplication et division des entiers

Définition — ***Produit de deux entiers***

Le produit d'un nombre entier ***a*** par un nombre entier ***b*** supérieur à 1 est la somme de ***b*** nombres égaux à ***a***.

$$\underbrace{a + a + a + \ldots + a}_{b \text{ termes}} = a \times b$$

Le nombre $\boldsymbol{a \times b}$ est le produit des deux nombres ***a*** et ***b***.

L'opération qui fait passer des nombres a et b au produit $a \times b$ est la multiplication. $\boldsymbol{a \times b}$ est une **écriture multiplicative** du produit des nombres a et b. ***a* et *b* sont les facteurs de ce produit.**

Exemple : $8 \times 4 = 8 + 8 + 8 + 8 = 32$.

Effectuer une multiplication, c'est remplacer l'écriture 8×4 par 32.

On écrit $8 \times 4 = 32$. Remarque $a \times 1 = 1 \times a = a$ et $a \times 0 = 0 \times a = 0$; $0 \times 0 = 0$.

Propriété

Le produit de deux entiers est indépendant de l'ordre des facteurs $a \times b = b \times a$.

Le produit de plusieurs nombres est indépendant de l'ordre dans lequel on effectue les multiplications.

$8 \times 7 \times 5 = 7 \times 5 \times 8$

Pour multiplier un nombre par une somme, on peut le multiplier par chacun des termes de la somme et ajouter les résultats.

$8 \times (9 + 5) = (8 \times 9) + (8 \times 5)$ ou $(9 + 5) \times 8 = (9 \times 8) + (5 \times 8)$

Définition — *Multiple d'un nombre*

Un nombre entier a est **multiple** d'un nombre entier b s'il est le produit de b par un autre entier.

$15 = 5 \times 3$; donc 15 est un multiple de 5 ; 15 est aussi un multiple de 3.

POINT méthode

Technique de la multiplication

Multiplication de deux nombres à un chiffre. Il est indispensable de mémoriser les résultats.

Multiplication par 10, 100, 1 000, etc.
Pour multiplier un entier par 10, 100, 1 000 il suffit d'écrire un, deux ou trois zéros à la droite du chiffre des unités.
$56 \times 10 = 560$; $45 \times 100 = 4\ 500$; $951 \times 1\ 000 = 951\ 000$.

Multiplication d'un entier par un nombre de 1 chiffre

3 4 2	$342 = 300 + 40 + 2$
× 7	$342 \times 7 = (2 \times 7) + (40 \times 7) + (300 \times 7)$
1 4	2×7
2 8 0	$40 \times 7 = 4 \times 10 \times 7 = 28 \times 10 = 280$
2 1 *0 0*	$300 \times 7 = 3 \times 100 \times 7 = 21 \times 100 = 2\ 100$
2 3 9 4	

En pratique on regroupe les calculs en effectuant les produits et les sommes

$$\begin{array}{r} 342 \\ \times \quad 7 \\ \hline 2394 \end{array}$$

Multiplication d'un entier par un nombre de plusieurs chiffres

3 4 2	$342 \times 607 = (342 \times 7) + (342 \times 600)$
× 6 0 7	
2 3 9 4	342×7
2 0 5 2 ***0 0***	$342 \times 600 = (342 \times 6) \times 100$
2 0 7 5 9 4	Très souvent on n'écrit pas les zéros en italique gras.

Division

Diviseur, quotient entier exact

Définition — ***Diviseur, Quotient***

Lorsqu'un nombre entier $\boldsymbol{a}$ est un multiple d'un entier $\boldsymbol{b}$ non nul, on dit que **$\boldsymbol{b}$ est un diviseur de $\boldsymbol{a}$.**

Il existe un entier $\boldsymbol{q}$ tel que $a = b \times q$. Le **quotient de** a par b s'écrit : $\boldsymbol{a : b}$.
$a : b = q$.

On sait que **$6 \times 8 = 48$. 48 est un multiple de 6**. 8 est le nombre par lequel il faut multiplier 6 pour obtenir 48.

On dit que **6 est un diviseur de 48** et que le **quotient de 48 par 6 est 8**. On écrit **$48 : 6 = 8$**. De même **$48 : 8 = 6$.**

Quotient entier approché

Définition — ***Dividende, Reste***

Un nombre entier $\boldsymbol{a}$ non multiple d'un entier $\boldsymbol{b}$ non nul est compris entre deux multiples successifs de $\boldsymbol{b}$.

Il existe donc un seul entier q tel que : $b \times q < a < b \times (q + 1)$.

$\boldsymbol{q}$ est le quotient entier (ou approché à une unité près par défaut) de **$\boldsymbol{a}$ par $\boldsymbol{b}$** et **$(\boldsymbol{q} + 1)$ est le quotient entier par excès** (ou approché à une unité près par excès) **de $\boldsymbol{a}$ par $\boldsymbol{b}$.**

On peut définir q par l'égalité : $\boldsymbol{a = (b \times q) + r}$ avec $\boldsymbol{r < b}$; $\boldsymbol{a}$ est le **dividende, $\boldsymbol{b}$** est le **diviseur**, **$\boldsymbol{r}$ le reste.**

52 n'est pas un multiple de 6, donc 6 n'est pas un diviseur de 52.

52 est compris entre 48 et 54 qui sont des **multiples successifs** de 6 ($6 \times 8 = 48$ et $6 \times 9 = 54$).

On a donc **$6 \times 8 < 52 < 6 \times 9$**. *8* est le **quotient entier** (approché à une unité près par défaut) de 52 par 6 ; **9** est le **quotient entier par excès de** 52 par 6.
de 52 par 6.

On peut aussi écrire $52 = (6 \times 8) + 4$. Le reste 4 est inférieur au diviseur 6.

POINT méthode

Technique de la division

Calcul du quotient entier de 245 par 9.
Nombre de chiffres du quotient :
$9 \times 10 = 90$; $9 \times 100 = 900$; $90 < 245 < 900$.
Le quotient de 245 par 9 est compris entre 10 et 100, il a deux chiffres.

Pour calculer le chiffre des dizaines du quotient on divise le nombre de dizaines de 245 **par 9.**

$9 \times 2 < 24 < 9 \times 3$; $24 = (9 \times 2) + 6$.
Le reste est **6** dizaines.
Le quotient entier de 24 par 9 est 2. Le chiffre des dizaines du quotient est 2. Il reste 6 dizaines et 5 unités, c'est-à-dire 65.
$9 \times 7 < 65 < 9 \times 8$; $65 = (9 \times 7) + 2$.
Le quotient de 65 par 9 est 7, le reste est 2.

2 4 5	**9**
−1 8	**2 7**
6 5	
−6 3	
2	

En France, on ne pose pas les soustractions

2 4 5	**9**
6 5	**2 7**
2	

Critères de divisibilité

Divisibilité par 2 : **Un nombre est divisible par 2 lorsque son chiffre des unités est 0, 2, 4, 6 ou 8.**
Un nombre divisible par 2 est appelé un nombre pair.

Divisibilité par 5 : **Un nombre est divisible par 5 lorsque son chiffre des unités est 0 ou 5.**

Divisibilité par 3 ou 9 : **Un nombre est divisible par 3 ou 9 lorsque la somme de ses chiffres est divisible par 3 ou 9.**

Divisibilité par 4 : **Un nombre est divisible par 4 lorsque le nombre formé par son chiffre des dizaines et celui des unités est divisible par 4.**

Définition — *Nombres premiers*

Un nombre entier supérieur à 1 est premier lorsqu'il n'est divisible que par 1 et par lui-même.
2, 3, 5, 7, 11 … sont des nombres premiers.
Deux nombres entiers non nuls dont le seul diviseur commun est 1 sont premiers entre eux.

Multiplication et division des décimaux

POINT méthode

Multiplication par 10, 100, 1 000

Pour multiplier un nombre décimal par 10, 100 ou 1 000, il suffit de déplacer la virgule d'un, deux ou trois rangs vers la droite.

Pour appliquer la règle, il est parfois utile de modifier l'écriture du nombre à multiplier en écrivant des zéros à la droite de sa partie décimale.

$3,5 \times 100 = 3,500 \times 100 = 350,0 = 350$;
$2,3 \times 1\,000 = 2,300\,00 \times 1\,000 = 2\,300,00 = 2\,300$.

POINT méthode

Division par 10, 100, 1 000

Pour diviser un nombre décimal par 10, 100 ou 1 000, il suffit de déplacer la virgule d'un, deux ou trois rangs vers la gauche.

Pour appliquer la règle, il est parfois utile de modifier l'écriture du nombre à multiplier en écrivant des zéros à la gauche de sa partie entière.

35 : 100 = 0035,0 : 100 = 0,35 ; 2,3 : 1 000 = 0 002,3 0 : 1 000 = 0,002 3.

POINT méthode

Multiplication des décimaux

```
     3 4, 2
   × 6, 0 7
  ---------
    2 3 9 4
2 0 5 2 0 0
-----------
2 0 7, 5 9 4
```

342 : 10 = 34, 2 ; 607 : 100 = 6, 07 En divisant 342 par 10 et 607 par 100 le produit est divisé par 1 000.

34,2 × **6, 07 = (342 × 607) : (1 000) = 207, 594**.

En pratique on effectue la multiplication sans se préoccuper des virgules, puis on place la virgule. Le nombre de chiffres après la virgule du produit est la somme des nombres de chiffres après la virgule de chaque facteur du produit. 34,*2* a 1 chiffre après la virgule et 6,*07* deux, le produit en a trois. Le produit est **207, *594*.**

POINT méthode

Division des décimaux

Soit a et b ($b \neq 0$) deux nombres décimaux. Le quotient entier de $\boldsymbol{a}$ par $\boldsymbol{b}$ ($b \neq 0$) est le nombre entier $\boldsymbol{q}$ tel que :

$$\boldsymbol{b \times q \leqslant a < b \times (q + 1)} \quad \textbf{ou} \quad \boldsymbol{a = b \times q + r} \textbf{ avec } \boldsymbol{0 \leqslant r < b}.$$

***a* est le dividende, *b* le diviseur, *q* le quotient entier et *r* le reste.**

Le quotient à un dixième près de $\boldsymbol{a}$ par $\boldsymbol{b}$ ($b \neq 0$) est le nombre $\boldsymbol{q}$ ayant un chiffre après la virgule, tel que :

$\boldsymbol{b \times q \leqslant a < b \times (q + 0{,}1)}$

q est le quotient par défaut et (q + 0,1) par excès.

On définit de même les quotients à 0,01 ; 0,001 … près.

En multipliant le dividende et le diviseur par le même nombre le quotient est inchangé, le reste est multiplié par le nombre. En multipliant le dividende et le diviseur par 10, 100, 1 000, … on ramène toujours le quotient de deux décimaux au quotient d'un décimal par un entier.

POINT méthode

Technique de calcul du quotient d'un décimal par un entier

```
3 2 4, 5 | 2 3
         |------
  9 4    | 1 4, 1
    2, 5 |
       2 |
```

23 × 10 < 324,5 < 23 × 100. Le quotient est compris entre 10 et 100.

Il a deux chiffres 23 × 1 < 32 < 23 × 2. Le chiffre des dizaines est 1.

32 − 23 = 9. Il reste 9 dizaines et 4 unités.

Le quotient de 94 par 23 est 4 ; 23 × 4 = 92 ; 94 − 92 = 2.

Le quotient de 25 dixièmes par 23 est 1, le reste est 2.

Le quotient décimal à 0,1 près par défaut de 324,5 par 23 est 14,1 et le reste est 0,2.

Le quotient décimal à 0,1 près par défaut de 32,45 par 2,3 est 14,1 et le reste est 0,02.

Définition — *Troncature et Arrondi*

La **troncature** au dixième, centième, millième ... est le résultat approché **par défaut** d'un calcul est à 1 ; 0,1 ; 0,01 ; 0,001 ; ... près
L'**arrondi** à la précision demandée est le résultat le plus proche. Il se détermine en calculant un chiffre supplémentaire du quotient. Si ce chiffre est 0, 1, 2, 3, 4, l'arrondi est la valeur par défaut s'il est 5, 6, 7, 8 ou 9, l'arrondi est le quotient par excès.

Exemples : 89,12 : 3,8 = 23,452 631...
Le résultat arrondi à l'unité est 23, le chiffre des dixièmes (4) étant inférieur à 5.
Le résultat arrondi au dixième est 23,5, le chiffre des centièmes (5) étant 5.
Le résultat arrondi au centième est 23,45, le chiffre des millièmes (2) étant inférieur à 5.
Le résultat arrondi au millième est 23,453, le chiffre des dix-millièmes (6) étant supérieur à 5.

Suites d'opérations et règles de priorités

Dans une **suite d'additions**, les opérations s'effectuent dans **n'importe quel ordre**.

Dans une **suite de soustractions**, on effectuera les opérations **dans l'ordre d'écriture**.

Dans **une suite d'additions et de soustractions**, on peut :
— effectuer les opérations dans **l'ordre d'écriture**.
$56 - 3 + 6 - 5 = 53 + 6 - 5 = 59 - 5 = 54$
— **retrancher la somme** de tous les nombres précédés **du signe** – de **la somme de tous** les termes précédés **du signe** +.
$56 - 3 + 6 - 5 = (56 + 6) - (3 + 5) = 62 - 8 = 54.$

Dans une suite de **multiplications**, on peut effectuer les opérations dans n'importe quel ordre.

Règles de priorité : la multiplication et la division sont prioritaires sur l'addition et la soustraction :

$$3 + 5 \times 4 = 3 + 20 = 23 \; ; \quad 4 \times 5 - 6 \times 2 = 20 - 12 = 8.$$

Certaines calculatrices ne respectent pas ces priorités et donnent $(3 + 5) \times 4 = 32$.
Elles effectuent les calculs dans l'ordre d'écriture $(3 + 5) \times 4 = 8 \times 4 = 32$.

La Monnaie européenne

Depuis 2001 l'euro est la monnaie unique utilisée en Europe.
Chaque pièce a une face commune aux 12 pays et une face nationale propre à chaque pays. Les billets vont de 5 à 500 euros (5 , 10, 20, 50, 100, 200, 500).

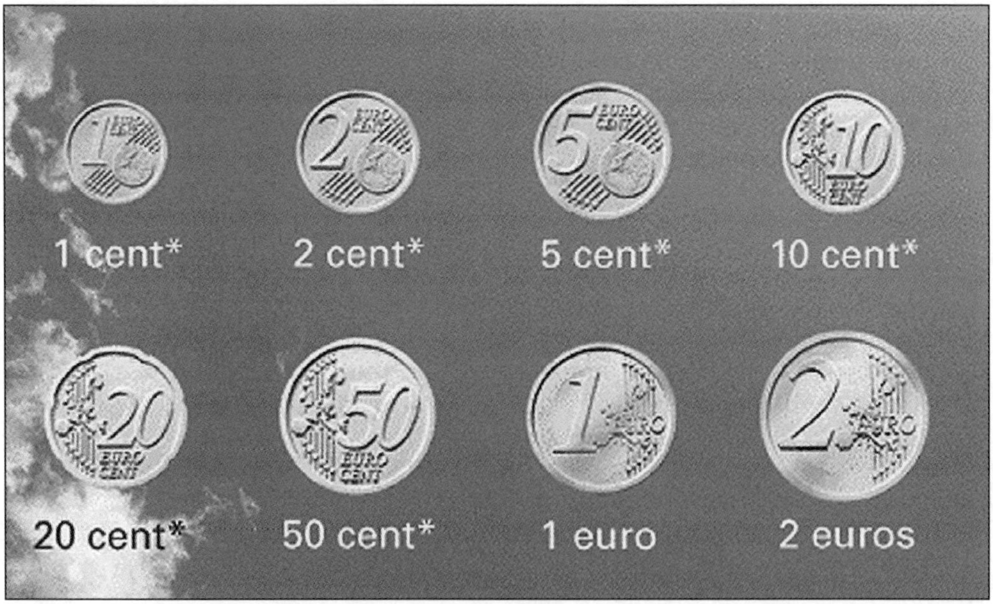

Tableau des parités euro-monnaies des douze pays ayant adopté l'euro
Les taux de conversion irrévocablement fixés entre l'euro et les monnaies des Etats membres adoptant l'euro sont les suivants :

	1 euro =		**1 euro =**
Francs belges	40,3399	Francs luxembourgeois	40,3399
Mark allemand	1,95583	Florins néerlandais	2,20371
Pesetas espagnoles	166,386	Schillings autrichiens	13,7603
Francs français	6,55957	Escudos portugais	200,482
Livre irlandaise	0,787564	Marks finlandais	5,94573
Lires italiennes	1 936,27	Drachmes grecques	340,750
Les conversions de monnaie se font en arrondissant les résultats au centième.			

Applications

1. **Changement d'écriture**. Écrire sous la forme d'un produit chacun des nombres suivants : $13 + 13 + 13 + 13 + 13$; $89 + 89 + 89 + 89 + 89 + 89 + 89$.

2. **Trouver les nombres égaux** :
$A = 13 \times 4 \times 9$; $B = 8 \times 15$; $C = 36 \times 13$; $D = (15 + 4) \times (15 + 4)$;
$E = 15 \times 4 + 15 \times 4$; $F = 3 \times 5 \times 4 \times 2$; $G = 15 \times 8$;
$H = (13 \times 9) + (13 \times 9) + (13 \times 9) + (13 \times 9)$.

3. **Un plateau de petits fours bien rangés**
Écrire sous la forme d'un produit :
a. le nombre de petits fours ronds,
b. le nombre de petits fours carrés,
c. le nombre de petits fours.

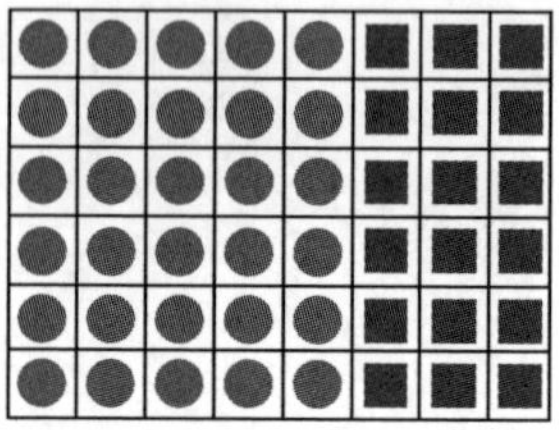

4. **Qui suis-je ?** Je suis un multiple de 5 et de 9, je suis compris entre 100 et 150. Qui suis-je ?

5. **Une suite de multiples.** Écrire les nombres multiples de 4 et de 9 inférieurs à 100.

6. **Qui suis-je ?** Je suis un nombre entier compris entre 100 et 500 et multiple de 2, de 11, et de 13. Qui suis-je ?

7. **Le multiple le plus proche.** Quel est le multiple de 3 le plus proche de chacun des nombres : 37 ; 29 ; 854 ; 175 ; 145 ; 308 ; 407 ?

8. **Technique de la multiplication.** Poser les multiplications suivantes 576 × 29 ; 925 × 70 ; 856 × 407. Vérifier le résultat à la calculatrice.

9. **Trois casse-tête.** Compléter les multiplications suivantes :

$$\begin{array}{ccccc} & & 3 & 7 & 4 \\ & \times & 2 & \bullet & 6 \\ \hline & \bullet & \bullet & \bullet & \bullet \\ 1 & \bullet & \bullet & 6 & \\ \bullet & \bullet & \bullet & & \\ \hline \bullet & \bullet & \bullet & \bullet & \bullet \end{array} \qquad \begin{array}{cccccc} & & & 4 & \bullet & 8 \\ & & \times & 7 & \bullet & 5 \\ \hline & & \bullet & \bullet & 9 & \bullet \\ & \bullet & 7 & \bullet & 8 & \\ \bullet & \bullet & \bullet & \bullet & & \\ \hline \bullet & \bullet & \bullet & \bullet & \bullet & \bullet \end{array} \qquad \begin{array}{ccccccc} & & & & \bullet & 4 & 3 \\ & & & \times & 6 & \bullet & \bullet \\ \hline & & & \bullet & \bullet & \bullet & 7 \\ & & \bullet & 5 & 2 & \bullet & \\ & 5 & 0 & \bullet & \bullet & & \\ \hline \bullet & \bullet & \bullet & \bullet & \bullet & \bullet & \bullet \end{array}$$

10. **Encadrements.** Encadrer chacun des nombres suivants entre deux multiples successifs de 15.
48 ; 153 ; 2 057 ; 3 042.
(ex. : 30 < 34 < 45, soit
15 × 2 < 34 < 15 × 3).

11. **Encadrements.** Encadrer chacun des nombres 47 ; 64 ; 94 ; 103 entre deux multiples successifs de 9. En déduire les quotients entiers à une unité près par défaut et par excès de chacun de ces nombres par 9.

12. **Quel est le nombre divisé ?** Le quotient d'un nombre par 25 est 13, le reste est 7. Quel est ce nombre ?

13. **Calculer un ordre de grandeur puis le quotient.** Après avoir déterminé le nombre de chiffres du quotient, poser et effectuer les divisions suivantes : 2 543 par 19 ; 7 642 par 35 ; 11 377 par 28 ; 76 126 par 38.

14. **Caractères de divisibilité.** Parmi les entiers suivants : 27, 1 078 ; 396 ; 3 003 ; 7 175 ; 11 200 ; 81 000 ; 81 901 ; 93 011. Quels sont ceux qui sont divisibles par **a.** 2 ; **b.** 3 ; **c.** 4 ; **d.** 5 ; **e.** 9 ?

15. **Multiplier par 10, 100, 1 000.**
Effectuer :
a. 54 × 10 ; **b.** 12,54 × 10 ;
c. 25,3 × 100 ; **d.** 0,12 × 1 000 ;
e. 502,3 × 10 000.

16. **Division par 10, 100, 1 000.** Effectuer :
a. 54 : 10 ; **b.** 12,54 : 10 ;
c. 25,3 : 100 ; **d.** 12 : 1 000 ;
e. 502,3 : 10 000.

17. **Multiplication d'un décimal par un entier.** Effectuer :
a. $4{,}76 \times 12$; **b.** $0{,}84 \times 45$;
c. $47{,}6 \times 12$; **d.** $0{,}084 \times 450$;
e. $2{,}45 \times 380$; **f.** $24{,}5 \times 38$;
g. $0{,}48 \times 15$; **h.** $4{,}8 \times 15$.

18. **Multiplication d'un décimal par un décimal.**
Effectuer :
1° A = 2976 × 36 ; B = 85 × 276 ;
C = 835 × 204 ; D = 503 × 404 ;
2° E = 29,76 × 3,6 ; F = 8,5 × 27,6 ;
G = 8,35 × 20,4 ; H = 50,3 × 0,404.

19. **Tranformation d'écriture.**
1. Écrire chacun des nombres suivants sous la forme d'un quotient dont le diviseur est un entier :
A = 34 : 0,6 ; B = 67 : 0,24 ;
C = 1,35 : 4,9 ; D = 817,9 : 3,5.
2. Calculer la valeur arrondie au centième de chacun des quotients.

20. **Quotient exact : technique opératoire.**
Calculer le quotient exact (reste nul) de :
a. 63 par 84 ; **b.** 1 090 par 125 ;
c. 7 070 par 875.

21. **Quotients approchés.** Calculer chacun des quotients A : 205 : 48 ; B : 349 : 82 ; C : 30 : 225.
1. à 0,1 près par défaut ; **2.** à 0,1 près par excès ; **3.** arrondi au dixième ; **4.** à 0,01 près par défaut ; **5.** à 0,01 près par excès ; **6.** arrondi au centième.

22. **Encadrements.** Donner un encadrement à 0,01 près de chacun des quotients :
a. 74,8 : 54 ; **b.** 83,2 : 75 ;
c. 190,7 : 86 ; **d.** 65,76 : 795 ;
e. 43,7 : 79 ; **f.** 372,2 : 195.

23. **Ordre de priorités opératoires.**
À l'aide d'une petite calculette, taper dans l'ordre $8 + 7 \times 6$. Quel résultat affiche-t-elle ?
À l'aide d'une calculatrice dite « scientifique », taper de même $8 + 7 \times 6$. Quel résultat affiche-t-elle ?
Les deux résultats affichés sont-ils les mêmes ? Quelle conclusion en tirer ?

24. **Avec une calculatrice ne respectant pas les priorités opératoires.**
Calculer $38 \times 54 + 45 \times 27 - 102 \times 0{,}5 - 37{,}2 : 6$.

1. La calculatrice possède les touches parenthèses, l'écriture parenthésée correspondante est :
$(38 \times 54) + (45 \times 27) - (102 \times 0{,}5) - (37{,}2 : 6)$. On tape la suite des opérations avec les parenthèses.

2. La calculatrice n'a pas les touches parenthèses, mais elle a les touches mémoires [M+], [M−], [MRC] ou ([MR] et [MC]).

On commence par vérifier que la mémoire est vide. En général, lorsqu'il y a un nombre en mémoire, on voit apparaître un M sur l'écran. Pour vider le contenu de cette mémoire, il suffit de taper sur la touche [MC] ou deux fois sur [MRC].

On tape ensuite :

$38 \times 54 =$ [M+] ; $45 \times 27 =$ [M+] ; $102 \times 0,5 =$ [M−];

$37,2 : 6 =$ [M−] puis ([MR] ou [MRC])

Effectuer ces calculs et compléter l'égalité en utilisant seulement les résultats donnés par la machine.

$38 \times 54 + 45 \times 27 - 102 \times 0,5 - 37,2 : 6 = \ldots + \ldots - \ldots = \ldots$

Calculer : $4,5 \times 6 + 2,8 \times 8 - 1,8 \times 1,5 : 0,75$? Effectuer ces calculs.

25. ***La clé de Sécurité sociale***

Prenons un numéro de Sécurité social : exemple 2 45 04 81 584 245

On cherche le reste de la division de 2 45 04 81 584 245 par 97 (quotient entier). La clé est égale à la différence entre ce reste et 97. Calculer la clé.

D'après concours administratifs

26. Je viens de fêter mes 20 000 jours. Quel âge aurai-je pour mon prochain anniversaire ?

La Monnaie européenne

27. **1°** Compléter le tableau suivant

	Euros	euros × 6,55957	Francs (arrondi)	Indiquer si l'arrondi est par excès ou défaut
Pièces	0,01	....	....	....
	0,02	....	....	....
	0,05	....	....	....
	0,10	....	....	....
	0,20	....	....	....
	0,50	....	....	....
	1	....	....	....
	2	....	....	....
Total	....	....	....	....

Rappel : un EURO vaut 6,55957 francs. Pour les conversions on arrondit les calculs au centième de franc ou d'euro.

2° En additionnant toutes les valeurs des pièces et en faisant les conversions que remarque-t-on ?

28. 1° Compléter le tableau suivant

	Euros	Euros × 6,55957	Francs	excès ou défaut
Billets	5	....	....	....
	10	....	....	....
	20	....	....	....
	50	....	....	....
	100	....	....	....
	200	....	....	....
	500	....	....	....
Total	....	....	....	....

29. J'ai échangé 1 289 francs contre des euros.
Quelle somme ai-je obtenue ? Le caissier m'a donné le nombre minimum de billets et de pièces, que m'a-t-il donné ?

30. J'ai 3 pièces de 0,02 euro, 2 pièces de 0,20 euros, une pièce de 2 euros et un billet de 20 euros. Combien ai-je en tout ? Donner le résultat en euros et en francs.

31. J'avais 35 marks allemands, 440 florins néerlandais, 1000 drachmes, 415 escudos portugais, 500 lires italiennes, 810 francs belges et 3300 pesetas espagnoles. Au moment du passage à l'euro, j'ai tout échangé contre des euros. Quelle somme ai-je obtenue ?

32. **Convertir des EURO en Francs.** Un EURO vaut 6,55957 francs. On arrondit les calculs au centième de francs ou d'euros. Voici différents prix en francs ou en EURO, compléter le tableau de correspondance.

Prix en	**Francs**	**EURO**
Cafetière expresso	720	....
Réfrigérateur	....	541
Aspirateur	....	155
VTT	902	
Sac	....	84,50
Automobile	79 851 ..	
Appartement	1 250 000	

Avec une touche opérateur [OP] :
Pour passer des francs aux EUROS.
Taper [÷] 6,55957 [OP] ;
puis 720 [OP] ; 902 [OP] ;
79 851 [OP] ; 1 250 000 [OP] .
Pour passer des EURO aux francs.
Taper [×] 6,55957 [OP] ;
puis 541 [OP] ; 155 [OP] ; 84,5 [OP].
Pour la touche "facteur constant" voir la notice de la machine.

33. J'ai 1,250 kg de viande pour 18,75 €.
Quel est le prix au kg (en €)?
Quel aurait été le prix en francs ?
Quel aurait été le prix de la viande en lires italiennes ou en marks allemands ?

34. J'achète deux pantalons de même prix ; on me fait une remise de 9 euros à la caisse, je paie 73,60 euros. Quel est le prix d'un pantalon indiqué sur l'étiquette ?

35. En 2 001, Arthur et Paul ont travaillé chez Monsieur Blanc, le premier 9 h et le second 6 h, au même tarif horaire pour une somme globale fixée à 1 470 F. Mais Monsieur Blanc attend 2002 pour les payer en euros. Combien va-t-il donner à chacun (en euros) ?

Corrigés

1. $13 + 13 + 13 + 13 + 13 = 13 \times 5$ (ou 5×13) ;
$89 + 89 + 89 + 89 + 89 + 89 + 89 = 89 \times 7$ (ou 7×89).

2. A = C = H ; B = E = F = G.

3. **a.** 6×5 ou 5×6 ; **b.** 6×3 ou 3×6 ; **c.** 6×8 ou 8×6.
Remarque $(6 \times 5) + (6 \times 3) = 6 \times 8$

4. Un multiple de 5 et de 9 ; $5 \times 9 = 45$. Les multiples de 45, 90, 135, 180…… ;
$100 < 135 < 150$. Je suis 135.

5. Les nombres 4 et 9 sont premiers entre eux.
Leurs multiples communs sont les multiples de 36. Les multiples de 36 inférieurs à 100 sont 0 ; 36 ; 72.

6. Les nombres 2, 11, 13 sont premiers entre eux. Leurs multiples communs sont les multiples de leur produit.
$2 \times 11 \times 13 = 286$; $286 \times 2 > 500$. Je suis 286.

7. **36** $< 37 < 39$, **36** est le plus proche de 37 ; $27 < 29 <$ **30**, **30** est le plus proche de 29 ; $852 < 854 <$ **855**, **855** est le plus proche de 854. Autres réponses **174** ; **144** ; **309** ; **408**.

8.

$$\begin{array}{rl} 576 & \\ \times\ 29 & \\ \hline 5184 & 576 \times 9 \\ 1152 & 576 \times 20 \\ \hline 16704 & \end{array} \qquad \begin{array}{r} 925 \\ \times\ 70 \\ \hline 64750 \end{array} \qquad \begin{array}{rl} 856 & \\ \times\ 407 & \\ \hline 5992 & 856 \times 7 \\ 3424 & 856 \times 400 \\ \hline 348392 & 856 \times (400 + 7) \end{array}$$

9.

$$\begin{array}{r} 374 \\ \times\ 246 \\ \hline 2244 \\ 1496 \\ 748 \\ \hline 92004 \end{array} \qquad \begin{array}{r} 458 \\ \times\ 765 \\ \hline 2290 \\ 2748 \\ 3206 \\ \hline 350370 \end{array} \qquad \begin{array}{r} 843 \\ \times\ 639 \\ \hline 7587 \\ 2529 \\ 5058 \\ \hline 538677 \end{array}$$

10. $45 < 48 < 60$ **ou** $15 \times 3 < 48 < 15 \times 4$;
$150 < 153 < 165$ **ou** $15 \times 10 < 153 < 15 \times 11$;
$2\,055 < 2\,057 < 2\,070$ **ou** $15 \times 137 < 2\,057 < 15 \times 138$;
$3\,030 < 3\,042 < 3\,045$ **ou** $15 \times 202 < 3\,042 < 15 \times 203$.

11. 45 < 47 < 54 ou 9 × 5 < 47 < 9 × 6 ; quotients **5** ; **6**.
63 < 64 < 72 ou 9 × 7 < 64 < 9 × 8 ; quotients **7** ; **8**.
90 < 94 < 99 ou 9 × 10 < 94 < 9 × 11 ; quotients **10** ; **11**.
99 < 103 < 108 ou 9 × 11 < 103 < 9 × 12 ; quotients **11** ; 12.

12. **(25 × 13) + 7 = 332**.

13. 19 × 100 < 2 543 < 19 × 1 000. Le quotient est compris entre 100 et 1 000, il a trois chiffres.
35 × 100 < 7 642 < 35 × 1 000. Le quotient est compris entre 100 et 1 000, il a trois chiffres.
28 × 100 < 11 377 < 28 × 1 000. Le quotient est compris entre 100 et 1 000, il a trois chiffres.
38 × 1 000 < 76 126 < 38 × 10 000. Le quotient est compris entre 1 000 et 10 000, il a quatre chiffres.
2 543 par 19 : **quotient 133, reste 16** ; 7 642 par 35 : **quotient 218, reste 12** ; 11 377 par 28 ; **quotient 406, reste 9** ; 76 126 par 38 ; **quotient 2 003, reste 12**.

14. **a.** 1 078 ; 396 ; 11 200 ; 81 000 ; **b.** 27 ; 396 ; 3 003 ; 81 000 ; **c.** 396 ; 11 200 ; 81 000 ; **d.** 7 175 ; 11 200 ; 81 000 ; **e.** 27 ; 396 ; 81 000.

15. **a.** 54 × 10 = 540 ; **b.** 12,54 × 10 = 125,4 ; **c.** 25,3 × 100 = 2 530 ; **d.** 0,12 × 1 000 = 120 ; **e.** 502,3 × 10 000 = 5 023 000.

16. **a.** 54 : 10 = 5,4 ; **b.** 12,54 : 10 = 1,254 ; **c.** 25,3 : 100 = 0,253 ; **d.** 12 : 1 000 = 0,012 ; **e.** 502,3 : 10 000 = 0,050 23.

17. **a.** 4,76 × 12 = 57,12 ; **b.** 0,84 × 45 = 37,8 ; **c.** 47,6 × 12 = 571,2 ; **d.** 0,084 × 450 = 37,8 ; **e.** 2,45 × 380 = 931 ; **f.** 24,5 × 38 = 931 ; **g.** 0,48 × 15 = 7,2 ; **h.** 4,8 × 15 = 72.

18. **1.** A = **107 136** ; B = **23 460** ; C = **170 340** ; D = **203 212**.
2. E = A : 1 000 = **107,136** ; F = B : 100 = **234,60** ;
G = C : 1 000 = **170,340** ; H = D : 10 000 = **20,321 2**.

19. **1.** A = 34 ; 0,6 = 340 : 6 ; B = 67 ; 0,24 = 6 700 : 24 ;
C = 1,35 : 4,9 = 13,5 : 49 ; D = 817,9 : 3,5 = 8 179 : 35.
2. A ≈ 56,67 ; B ≈ 279,17 ; C ≈ 0,28 ; D ≈ 233,69.

20. **a.** 63 : 84 = 0,75 ; **b.** 1 090 : 125 = 8,72 ; **c.** 7 070 : 875 = 8,08.

21. A **1.** 4,2 ; **2.** 4,3 ; **3.** 4,3 ;
4. 4,27 ; **5.** 4,28 ; **6.** 4,27.
B **1.** 4,2 ; **2.** 4,3 ; **3.** 4,3 ;
4. 4,25 ; **5.** 4,26 ; **6.** 4,26.
C **1.** 0,1 ; **2.** 0,2 ; **3.** 0,1 ;
4. 0,13 ; **5.** 0,14 ; **6.** 0,13.

349 : 82 ≠ 205 : 48.
Les valeurs de A et B à 0,1 près sont les mêmes, elles diffèrent à 0,01 près ; 0,01 < A – B < 0,1.

22. **a.** $1{,}38 < 74{,}8 : 54 < 1{,}39$; **b.** $1{,}10 < 83{,}2 : 75 < 1{,}11$;
c. $2{,}21 < 190{,}7 : 86 < 2{,}22$; **d.** $0{,}08 < 65{,}76 : 795 < 0{,}09$;
e. $0{,}55 < 43{,}7 : 79 < 0{,}56$; **f.** $1{,}90 < 372{,}2 : 195 < 1{,}91$.

23. En général les petites calculettes solaires ne respectent pas les priorités opératoires. En tapant $8 + 7 \times 6$, on obtient 90, c'est-à-dire $(8 + 7) \times 6$. La calculatrice effectue au fur et à mesure que l'on donne les instructions.
À l'aide d'une calculatrice dite «scientifique» on obtient 50 $(8 + (7 \times 6) = 8 + 42 = 50)$. Il est important de connaître le mode de fonctionnement de sa calculatrice pour l'utiliser en fonction de ses capacités.

24. $38 \times 54 + 45 \times 27 - 102 \times 0{,}5 - 37{,}2 : 6 = 2\,052 + 1215 - 51 - 6{,}2$
$= 3\,209{,}8$

Deuxième calcul

$4{,}5 \times 6 =$ [M+] $2{,}8 \times 8 =$ [M+] $1{,}8 \times 1{,}5 : 0{,}75 =$ [M−]

$4{,}5 \times 6 + 2{,}8 \times 8 - 1{,}8 \times 1{,}5 : 0{,}75 = 27 + 22{,}4 - 3{,}6 = \mathbf{45{,}8}$.

25. Aucune calculette courante ne donne le résultat exact. Procédons par étape.
Le premier chiffre du quotient s'obtient en divisant les 245 dizaines de milliards par 97.
Le quotient est de l'ordre des dizaines de milliards, il a 11 chiffres.
Supposons que la calculatrice accepte **8 chiffres** au moins.
Divisons **24 504 815** (centaines de mille) par 97, le quotient entier 252 626 est le nombre de centaines de mille du quotient cherché.
24 504 815 − (97 × 252 626) = 93. Le reste est 93.
Divisons maintenant **9 3**84 245 par 97, on obtient la suite du quotient. Cette suite est 96 744.
Le reste est **9 3**84 245 − 97 × 96 744, c'est-à-dire **77**. La clé est 97 − 77 = **20**.

2 4 5 0 4 8 1 5 8 4 2 4 5	**9 7**
9 3 8 4 2 4 5	***2 5 2 6 2 6*** 9 6 7 4 4
7 7	

26. $20\,000 : 365 \approx 54{,}79$. En 54 ans il y a pu avoir au plus 14 années bissextiles.
Le quotient entier de (20 000 -14) : 365 est toujours 54.
Lors de mon prochain anniversaire, je fêterai mes 55 ans.

On peut remarquer aussi le quotient entier de 20 000 par 366 étant encore 54. Dans ce cas il était inutile de compter de manière précise les années bissextiles, mais dans certains cas cela peut être nécessaire.

27. 1° Tableau

	Euros	Euros × 6,55957	Francs	L'arrondi est par excès ou défaut
Pièces	0,01	0,0655957	0,07	Excès
	0,02	0,1311914	0,13	Défaut
	0,05	0,3279785	0,33	Excès
	0,10	0,655957	0,66	Excès
	0,20	1,311914	1,31	Défaut
	0,50	3,279785	3,28	Excès
	1	6,55957	6,56	Excès
	2	13,11914	13,12	Excès
Total	3,88	25,4511316	=25,46	

Si on effectue la somme des pièces en euros la conversion donne 25,45 (arrondi par défaut). En effectuant la somme en francs on trouve 25,46 soit la valeur par excès. Les valeurs par excès et par défaut se sont presque compensées.

28. 1° Tableau

	Euros	Euros × 6,559 57	Francs	excès ou défaut
Billets	5	32,797 85	32,80	Excès
	10	65,595 7	65,60	Excès
	20	131,19 14	131,19	Défaut
	50	327,978 5	327,98	Excès
	100	655,957	655,96	Excès
	200	1311,914	1311,91	Défaut
	500	3 279,785	3279,79	Excès
Total	885	5 798,145	5805,16	Excès

Si on effectue la somme des billets en euros, la conversion donne 5 798,15 (arrondi par défaut). En effectuant la somme en francs on trouve 5805,16 soit un écart de 7,015 qui correspond à une erreur de l'ordre du millième.

29. 1289 : 6,55957 = 196,506 783 2. J'ai obtenu 196,51 euros.
Le caissier m'a donné un billet de 100 euros, un billet de 50 euros, deux billets de 20 euros, un billet de 5 euros, une pièce de 1 euro, une pièce de 0,5 euro et une pièce d'un cent (ou centime).

30. (3 × 0,02 + 2 × 0,20 + 2 + 20) euros = 22,46 euros.
22,46 × 6,55957 = 147,3279422 ; en arrondissant on obtient 147,33 francs.

31.

	Valeur de l'euro dans la monnaie	Somme en euros
35 marks allemands	1,955 83	35 : 1,955 83 ≈ 17,90
440 florins néerlandais	2,203 71	440 : 2,203 71 ≈ 199,66
1000 drachmes,	340,750	1 000 : 340,750 ≈ 2,93
415 escudos portugais,	200,482	415 : 200,482 ≈ 2,07
500 lires italiennes	1 936,27	500 : 1 936,27 ≈ 0,26
810 francs belges	40,339 9	810 : 40,339 9 ≈ 20,08
3300 pesetas espagnoles	166,386	3300 : 166,386 ≈ 19,83

J'ai obtenu 262,73 euros.

32.

Prix en	**Francs**	**EURO**	Calculs
une cafetière expresso	720	109,76	720 : 6,55957 ≈ 109,763 29
un réfrigérateur	3548,73	541	541 × 6,55957 ≈ 3 548,72 **7** 37
un aspirateur	1016,73	155	155 × 6,55957 ≈ 1016,73 **3** 35
un VTT	902	137,51	902 : 6,55957 ≈ 137,50**9** 012
un sac	554,28	84,50	84,50 × 6,55957≈ 554,28**3** 665
une automobile	79 851	12 173,21	79851: 6,55957 ≈ 12173,20**6** 475
un appartement	1 250 000	190 561,27	1 250 000 : 6,55957 ≈ 190 561 27**1**

33. 18,75 : 1,250 = 15. Le kilogramme de viande vaut 15 euros. Son prix aurait été de 98,40 francs. 18,75 × 1 936,27 ≈ 36305,05. 18,75 × 1,95583 ≈ 36,67. Le prix aurait été de 36 305,05 lires italiennes ou de 36,67 marks allemands.

34. (73,60 + 9 = 82,60). Le prix initial des deux pantalons est de 82,60 €. Si les deux pantalons sont au même prix chacun vaut 82,60 : 2 ; soit 41,30 euros.

35. On peut convertir la somme en euros et faire le partage, ou faire le partage en francs et convertir les sommes en euros.

1° On calcule 1470 : 6,55957 ; on obtient **224,10***0* 005 533 8. Le troisième chiffre après la virgule est 0, l'arrondi au centième est la valeur par défaut.
Monsieur Morel donnera 224,10 euros.
Le tarif horaire est de 14,94 euros (224,10 : 15 = 14,94)
Monsieur Blanc donnera 134,46 euro à Arthur (14,94 × 9 = 134,46)
Monsieur Blanc donnera 89,64 euros à Paul (14,94 × 6 = 89,64)

2° Le tarif horaire est de 98 Francs (1470 : 15 = 98).
Arthur a gagné 882 francs (98 × 9 = 882) et Paul 588 francs (98 × 6 = 588).
882 : 6,55957 ≈ **134,46***0* 033203, 588 : 6,55957 ≈ **89,64***0* 0221355,
Monsieur Blanc donnera 134,46 euros à Arthur et 89,64 euros à Paul.

3 CHAPITRE

Les fractions

Tester ses connaissances

1. Quotient exact de deux nombres. Fraction.

1.1. $\frac{45}{15}$ est égal à : 45 : 15 ; 3 ; 4.

1.2. Le quotient exact de 54 par 13 est : 4 ; 4,15 ; $\frac{54}{13}$.

1.3. Chasser l'intrus : 24 : 6 ; $\frac{24}{6}$; 4 ; $\frac{12}{3}$; $\frac{22}{4}$; $\frac{40}{10}$.

1.4. Chasser l'intrus : 48 : 42 ; $\frac{24}{21}$; 1,14 ; $\frac{8}{7}$; $\frac{48}{42}$.

2. Fraction de grandeur

2.1. Quelle fraction de la surface totale représente :

a. la partie grise ? la partie noire ?

b. la partie grise ?

c. la partie noire ?

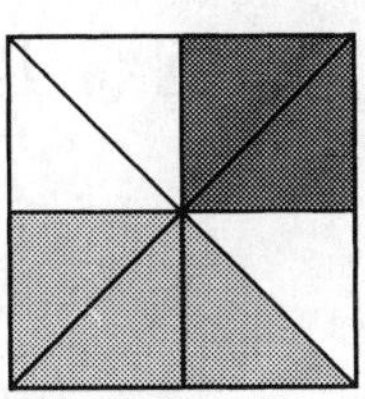

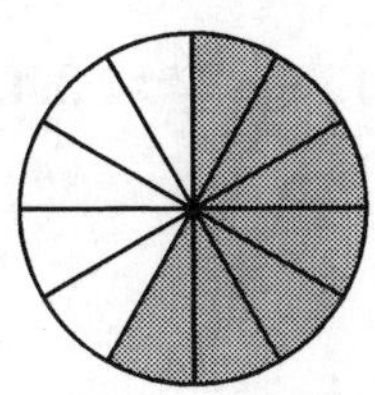

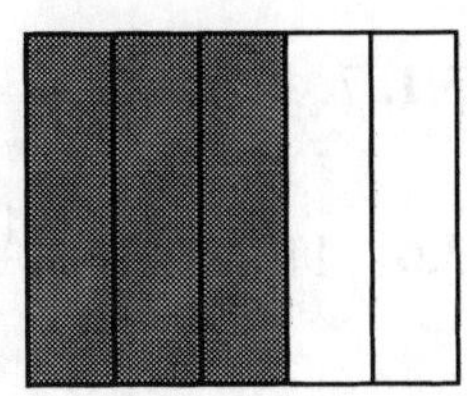

3. Fraction d'un nombre : donner la bonne réponse.

3.1. $\frac{1}{5}$ de 35 = 175 ; 7 ; 5.

3.2. $\frac{17}{17}$ de 20 = 21 ; 20 ; $\frac{37}{17}$.

3.3. $\frac{3}{7} \times 28$ = 12 ; $\frac{31}{7}$; $\frac{84}{7}$.

3.4. $\frac{5}{13} \times 9$ = $\frac{14}{13}$; $\frac{45}{13}$; $\frac{5}{117}$.

3.5. $\frac{5}{28} \times 21$ = $\frac{105}{28}$; $\frac{15}{4}$; $\frac{13}{14}$.

3.6. $\frac{38}{15} \times 4{,}5$ = 11,4 ; $\frac{57}{5}$; $\frac{171}{15}$.

4. Simplification

4.1 Simplifier $\frac{8}{12}$ c'est la remplacer par : $\frac{4}{6}$ ou $\frac{2}{3}$ ou $\frac{16}{24}$?

4.2 Simplifier $\frac{7}{84}$ c'est la remplacer par : $\frac{1}{12}$ ou $\frac{14}{168}$ ou $\frac{0{,}7}{8{,}4}$?

4.3 Simplifier $\frac{45}{21}$ c'est la remplacer par : $\frac{4{,}5}{2{,}1}$ ou $\frac{15}{7}$ ou $\frac{9}{4{,}2}$?

5. Fractions et nombres décimaux

5.1 Parmi ces fractions $\frac{27}{10}$; $\frac{8}{5}$; $\frac{4}{28}$; $\frac{298}{100}$; $\frac{21}{35}$, quelles sont les fractions décimales ?

5.2 Parmi les nombres $\frac{27}{10}$; $\frac{8}{5}$; $\frac{4}{28}$; $\frac{298}{100}$; $\frac{21}{35}$, quels sont les nombres décimaux ?

6. Opérations

6.1 Calculer $\frac{3}{8} + \frac{7}{8}$. Simplifier le résultat. **6.2.** Calculer $\frac{3}{4} + \frac{1}{8}$.

6.3 Calculer $\frac{3}{4} + \frac{5}{6}$. **6.4** Calculer $\frac{3}{7} - \frac{1}{7}$. **6.5** Calculer $\frac{11}{7} - \frac{3}{14}$.

6.6 Calculer $\frac{30}{25} - \frac{7}{15}$. **6.7** Calculer $\frac{8}{15} \times \frac{5}{17}$. **6.8** Calculer $\frac{6}{13} : \frac{15}{26}$.

Solution des tests

1. **1.1.** 45 : 15 ; 3. **1.2.** $\frac{54}{13}$. **1.3.** $\frac{22}{4}$. **1.4.** 1,14.

2. **2.1.a.** $\frac{3}{8}$ et $\left(\frac{2}{8}\right.$ ou $\left.\frac{1}{4}\right)$ **2.1.b** $\frac{7}{12}$. **2.1.c** $\frac{3}{5}$.

3. **3.1.** 7. **3.2.** 12 et $\frac{84}{7}$ **3.4.** $\frac{45}{13}$ **3.5.** $\frac{105}{28}$ **et** $\frac{15}{4}$

3.6. 11,4, $\frac{57}{5}$ et $\frac{171}{15}$

4. **4.1.** $\frac{4}{6}$ et $\frac{2}{3}$ **4.2.** $\frac{1}{12}$ **4.3.** $\frac{15}{7}$

5. **5.1.** $\frac{27}{10}$ et $\frac{298}{100}$ **5.2.** $\frac{27}{10}$, $\frac{8}{5}$, $\frac{298}{100}$ et $\frac{21}{35}$

6. **6.1.** $\frac{5}{4}$ **6.2.** $\frac{7}{8}$ **6.3.** $\frac{19}{12}$ **6.4.** $\frac{2}{7}$ **6.5.** $\frac{19}{14}$ **6.6.** $\frac{11}{15}$

6.7. $\frac{40}{255}$ ou $\frac{8}{51}$ **6.8.** $\frac{4}{5}$

L'essentiel

1. Quotient exact de deux nombres, fraction

Définition — *Fraction, Numérateur, Dénominateur*

Soit a et b deux nombres (avec $b \neq 0$) ; $\frac{a}{b}$ **est l'écriture fractionnaire du quotient de a par b.**
a est le **numérateur**, b est le **dénominateur**.

Si a et b sont des entiers, $\frac{a}{b}$ **est une fraction.**

Observons que $\frac{a}{b} \times b = a$ $\left(\frac{24}{7} \times 7 = 24\right)$.

Exemples : les tests 1

$\frac{45}{15}$ est l'écriture du quotient de 45 par 15 ; donc $\frac{45}{15} = 45 : 15 = 3$.

Les quotients $24 : 6$; $\frac{24}{6}$; $\frac{12}{3}$; $\frac{40}{10}$ sont égaux. L'intrus est $\frac{22}{4}$ qui n'est pas égal à 4.
$48 : 42 = \frac{48}{42} = \frac{24}{21} = \frac{8}{7}$. L'intrus est 1,14 qui n'est qu'une valeur approchée de $48 : 42$ à 0,01 près par défaut.

2. Fraction d'une grandeur

Définition — *Fraction d'une grandeur*

Prendre la fraction $\frac{a}{b}$ d'une grandeur, c'est la diviser en ***b*** parts égales et prendre ***a*** parts.

Exemples : les tests 2

Le carré est partagé en 8 parties. La partie grise est formée de 3 parts. Elle représente les $\frac{3}{8}$ du carré.

La partie noire est formée de 2 parts. Elle représente les $\frac{2}{8}$ ou $\frac{1}{4}$ du carré.

Les 7 parts coloriées du gâteau coupé en 12 parts égales représentent les $\frac{7}{12}$ du gâteau.

3. Fraction d'un nombre

Définition — ***Fraction d'un nombre***

Soit a et b deux nombres (avec $b \neq 0$). Prendre la fraction $\frac{a}{b}$ d'un nombre, c'est le diviser par b et multiplier le résultat par a ou le multiplier par a et diviser le résultat par b.

Exemples : les tests 3

POINT méthode

Prendre $\frac{1}{5}$ de 35, c'est diviser 35 par 5.

On écrit $\mathbf{\frac{1}{5}}$ **de 35** $= \mathbf{\frac{1}{5} \times 35 = \frac{35}{5} = 7}$

Prendre $\frac{17}{17}$ de 20. On remarque que $\frac{17}{17} = 1$.

Donc $\mathbf{\frac{17}{17}}$ **de 20** $= \mathbf{1 \times 20 = 20}$.

Prendre les $\frac{3}{7}$ de 28. On remarque que 28 est un multiple de 7.

Il est plus simple de commencer par la division par 7.

$\frac{3}{7}$ de 28 $= \mathbf{\frac{3}{7} \times 28 = (28 : 7) \times 3 = 4 \times 3 = 12}$.

Prendre les $\frac{5}{13}$ de 9. Ici, **on ne peut pas diviser 9 par 13**. On écrit $\frac{5}{13}$ de 9 $= \mathbf{\frac{5 \times 9}{13} = \frac{45}{13}}$.

Prendre les $\frac{5}{28}$ de 21 ; 21 n'est pas un multiple de 28, mais 21 et 28 ont un facteur commun 7.

On peut écrire : $\mathbf{\frac{5}{28} \times 21 = \frac{5 \times 21}{28} = \frac{5 \times 7 \times 3}{7 \times 4} = \frac{5 \times 3}{4} = \frac{15}{4}}$.

4. Simplification d'une fraction, fractions équivalentes

Définition — ***Fractions équivalentes***

Soit a et b deux entiers non nuls et $\boldsymbol{m}$ **un diviseur de** $\boldsymbol{a}$ **et de** $\boldsymbol{b}$.

Pour simplifier une fraction $\boldsymbol{\frac{a}{b}}$, **on divise** $\boldsymbol{a}$ **et** $\boldsymbol{b}$ **par un même nombre.**

$$\boldsymbol{\frac{a}{b} = \frac{a : m}{b : m}}$$

Exemples : les tests 4

En pratique

$\frac{8}{12} = \frac{2 \times 4}{3 \times 4} = \frac{2}{3}$. On a divisé 8 et 12 par le même nombre 4, les quotients de 8 par 12 et de 2 par 3 sont égaux, on dit qu'on a simplifié la fraction $\frac{8}{12}$. De même, on peut écrire $\frac{7}{84} = \frac{7 \times 1}{7 \times 12} = \frac{1}{12}$; $\frac{45}{21} = \frac{3 \times 15}{3 \times 7} = \frac{15}{7}$.

5. Nombre décimal, fraction décimale

Définition — ***Nombre décimal, fraction décimale***

Un nombre décimal est le quotient d'un entier par une puissance de dix.

Exemples :

27:10 ; 298 : 100 ; 35 : 1 000 sont des nombres décimaux.

Ils peuvent s'écrire sous la forme de fractions décimales $\frac{27}{10}$; $\frac{298}{100}$; $\frac{35}{1000}$.

Leurs écritures décimales sont $2,7$; $2,98$; $0,035$

Attention : toutes les fractions ne représentent pas un nombre décimal. Seules les fractions équivalentes à une fraction décimale représentent un nombre décimal.

$\frac{3}{4}$ peut s'écrire sous la forme d'une fraction décimale. $\frac{3}{4} = \frac{3 \times 25}{4 \times 25} = \frac{75}{100} = 0{,}75$; $\frac{3}{4}$ est un nombre décimal.

Mais on ne peut pas écrire $\frac{5}{3}$ sous la forme d'une fraction décimale, $\frac{5}{3}$ n'est pas le quotient d'un entier par une puissance de dix, ce n'est pas un décimal. (Il n'existe aucun nombre dont le produit par 3 est une puissance de 10.)

$\frac{27}{10}$ et $\frac{298}{100}$ sont des fractions décimales, $\frac{27}{10}$ et $\frac{298}{100}$ sont des nombres décimaux.

$\frac{8}{5} = \frac{8 \times 2}{5 \times 2} = \frac{16}{10} = 1{,}6$; $\frac{8}{5}$ est un nombre décimal.

$\frac{4}{28} = \frac{4 \times 1}{4 \times 7} = \frac{1}{7}$; $\frac{4}{28}$ n'est pas un nombre décimal.

$\frac{21}{35} = \frac{3 \times 7}{5 \times 7} = \frac{3}{5} = \frac{3 \times 2}{5 \times 2} = \frac{6}{10} = 0{,}6$; $\frac{21}{35}$ est un nombre décimal.

6. Addition des fractions

Définition — ***Somme des fractions***

La somme de fractions de même dénominateur est la fraction ayant ce dénominateur et dont le numérateur est la somme des numérateurs.

$\frac{a}{b} + \frac{c}{b} = \frac{a + c}{b}$ $(b \neq 0)$

Exemple : $\frac{3}{8} + \frac{7}{8} = \frac{3 + 7}{8}$.

POINT méthode

Pour effectuer la somme de fractions qui n'ont pas le même dénominateur :

1. Si possible, on simplifie chacune des fractions.
2. On recherche un multiple commun des dénominateurs de chacune des fractions (de préférence le plus petit multiple non nul possible).
3. On réduit les fractions au même dénominateur.
4. On applique la règle de calcul précédente.
5. Si possible, on simplifie le résultat.

Exemple : tests 6.2

Les fractions $\frac{3}{4}$ et $\frac{1}{8}$ ne sont pas simplifiables. 8 est un multiple de 4. 8 est le plus petit multiple commun à 4 et 8. $\frac{3}{4} + \frac{1}{8} = \frac{6}{8} + \frac{1}{8} = \frac{6 + 1}{8} = \frac{7}{8}$.

7. Soustraction des fractions

Définition — ***Différences de fractions***

La différence de deux fractions de même dénominateur est la fraction ayant ce dénominateur et dont le numérateur est la différence des numérateurs.

$\frac{a}{b} - \frac{c}{b} = \frac{a - c}{b}$ $(b \neq 0)$

POINT méthode

Pour effectuer la différence de fractions qui n'ont pas le même dénominateur, on suit la même démarche que pour la somme : simplification des fractions (si possible), réduction au même dénominateur, application de la règle (et simplification éventuelle).

Exemple : tests 6.5 et 6.6

$\frac{11}{7} - \frac{3}{14} = \frac{22}{14} - \frac{3}{14} = \frac{19}{14}$; $\frac{30}{25} - \frac{7}{15} = \frac{6}{5} - \frac{7}{15} = \frac{6 \times 3}{5 \times 3} - \frac{7}{15} = \frac{18}{15} - \frac{7}{15} = \frac{11}{15}$.

8. Produit des fractions

Définition — ***Produit de fractions***

Le produit de deux fractions est la fraction dont le numérateur est le produit des numérateurs et le dénominateur le produit des dénominateurs.

$\frac{a}{b} \times \frac{c}{d} = \frac{a \times c}{b \times d}$ *(b ≠ 0 et d ≠ 0)*

POINT méthode

Avant d'effectuer le produit des numérateurs et des dénominateurs, on cherche à simplifier. (test 6.7)

$\frac{8}{15} \times \frac{5}{17} = \frac{8 \times 5}{15 \times 17} = \frac{8}{3 \times 17} = \frac{8}{51}$ (en simplifiant par 5).

9. Quotient de deux fractions

Définition — ***Quotient de deux fractions***

Le quotient de $\frac{a}{b}$ par la fraction $\frac{c}{d}$ est le produit de la fraction $\frac{a}{b}$ par la fraction $\frac{d}{c}$ inverse de $\frac{c}{d}$.

$\frac{a}{b} : \frac{c}{d} = \frac{a}{b} \times \frac{d}{c}$ *(b ≠ 0, c ≠ 0, d ≠ 0)*

Exemples : test 6.8

$\frac{6}{13} : \frac{15}{26} = \frac{6}{13} \times \frac{26}{15} = \frac{6 \times 26}{13 \times 15} = \frac{4}{5}$ (en simplifiant par 13 et 3).

Les propriétés des suites d'opérations des fractions sont les mêmes que celles des décimaux.

Applications

1. Quotient de deux nombres

Écrire chacun des quotients suivants sous la forme d'une fraction.

a. 48 : 5 ; **b.** 75 : 9 ; **c.** 25 : 10 ; **d.** 67 : 13 ; **e.** 3,5 : 4,8.

2. Choisir la bonne écriture

Écrire chacun des quotients suivants, si possible sous la forme d'un décimal ou sinon d'une fraction.

a. 48 : 5 ; **b.** 75 : 9 ; **c.** 25 : 10 ; **d.** 67 : 13 ; **e.** 13,5 : 4,8.

3. Des lettres aux chiffres
Écrire en chiffres les fractions :
a. trois quarts ; **b.** cinq huitièmes ;
c. quatre cinquièmes ;
d. un neuvième ; **e.** cinq sixièmes ;
f. cinq vingtièmes.

4. Des chiffres aux lettres
Écrire en lettres les fractions :
a. $\frac{7}{12}$; **b.** $\frac{7}{4}$; **c.** $\frac{5}{3}$; **d.** $\frac{9}{2}$;
e. $\frac{13}{7}$.

5. La part de tarte
On coupe une tarte en deux moitiés, puis chaque moitié en 3 parts égales. Quelle fraction de la tarte a-t-on en prenant une part ?

6. Le temps qui passe
Quelle fraction de la journée représentent : **a.** 1 heure ? **b.** 7 heures ?
c. 6 heures ? **d.** 8 heures ?
e. 1 minute ? **f.** 17 minutes ?
g. 20 minutes ? **h.** 1 seconde ?

7. Partager un segment
Sur une feuille de papier calque, tracer un segment de 9 cm de longueur. En utilisant une feuille de papier réglé, partager ce segment en 7 parties de même longueur.

8. Fraction d'une longueur
Sur une feuille de papier calque, tracer un segment [AB] de 7 cm de longueur. En utilisant une feuille de papier réglé, partager ce segment en 6 parties de même longueur.
Sur la demi-droite [AB] d'origine A passant par B, marquer les points E, F et G tels que :

$$AE = \frac{5}{6} AB \; ; \quad AF = \frac{11}{6} AB \; ; \quad AG = \frac{7}{3} AB.$$

9. Fraction d'un nombre
Prendre les $\frac{2}{3}$ de chacun des nombres suivants : 54 ; 72 ; 105 ; 210 ; 333 ; 3 096.

10. Fraction d'un nombre
Prendre les $\frac{4}{11}$ de chacun des nombres suivants : 33 ; 121 ; 3 630 ; 4 631 ; 2 552 ; 3 850.

11. Simplification des fractions
a. $\frac{18}{27}$; **b.** $\frac{44}{33}$; **c.** $\frac{27}{81}$; **d.** $\frac{540}{4\,545}$;
e. $\frac{1\,313}{1\,919}$; **f.** $\frac{1\,001}{1\,144}$.

12. Différentes écritures fractionnaires d'un même nombre
Trouver une fraction équivalente (représentant le même nombre) à $\frac{85}{68}$
1. ayant pour numérateur
a. 5 ; **b.** 170 ; **c.** 35 ;
2. ayant pour dénominateur
a. 16 ; **b.** 44 ;
3. dont la somme des termes est 90.

13. Réduire au même dénominateur

Écrire chacun des nombres suivants sous la forme de fractions de même dénominateur

1. a. $\frac{3}{4}$ et $\frac{5}{7}$; b. $\frac{4}{7}$ et $\frac{2}{3}$; c. $\frac{5}{6}$ et $\frac{3}{7}$; d. $\frac{2}{3}$ et $\frac{5}{8}$;

2. a. $\frac{4}{7}$ et $\frac{5}{14}$; b. $\frac{5}{33}$ et $\frac{9}{11}$; c. $\frac{45}{29}$ et $\frac{17}{290}$; d. $\frac{8}{25}$ et $\frac{351}{125}$;

3. a. $\frac{5}{4}$ et $\frac{7}{6}$; b. $\frac{4}{9}$ et $\frac{11}{15}$; c. $\frac{7}{24}$; $\frac{13}{30}$; $\frac{7}{42}$.

14. Simplifier et réduire au même dénominateur

Simplifier chacune des fractions suivantes et les réduire au même dénominateur.

a. $\frac{21}{36}$ et $\frac{55}{60}$; b. $\frac{60}{45}$ et $\frac{49}{63}$;

c. $\frac{65}{55}$ et $\frac{208}{182}$.

15. Reconnaître des fractions décimales

Parmi les fractions suivantes quelles sont les fractions décimales ?

$\frac{3}{7}$; $\frac{8}{10}$; $\frac{15}{30}$; $\frac{8}{5}$; $\frac{9}{100}$; $\frac{34}{1\ 000}$;

$\frac{45}{500}$; $\frac{48}{10\ 000}$.

16. Reconnaître des nombres décimaux

Parmi les nombres suivants quels sont les nombres décimaux ?
Pour chacun d'eux donner l'écriture décimale, pour les autres donner l'écriture simplifiée.

1. a. $\frac{17}{25}$; b. $\frac{27}{12}$; c. $\frac{15}{7}$; d. $\frac{28}{14}$; e. $\frac{38}{15}$;

2. a. $\frac{21}{28}$; b. $\frac{44}{55}$; c. $\frac{28}{35}$; d. $\frac{87}{75}$; e. $\frac{48}{1\ 125}$;

3. a. $\frac{18}{210}$; b. $\frac{47}{49}$; c. $\frac{39}{75}$; d. $\frac{486}{165}$; e. $\frac{891}{165}$.

17. Fractions diaboliques

Vérifier que :

a. $\frac{26\ 666}{66\ 665} = \frac{2\ 666}{6\ 665} = \frac{266}{665} = \frac{26}{65} = \frac{2}{5}$; b. $\frac{1\ 666}{6\ 664} = \frac{166}{664} = \frac{16}{64} = \frac{1}{4}$;

c. $\frac{19\ 999}{99\ 995} = \frac{1\ 999}{9\ 995} = \frac{199}{995} = \frac{19}{95} = \frac{1}{5}$.

18. Dè l'écriture décimale à l'écriture fractionnaire

Écrire chacun des nombres suivants sous la forme d'une fraction irréductible.

a. 1,2 ; **b.** 3,5 ; **c.** 18,25 ; **d.** 3,4 ; **e.** 47,21 ; **f.** 18,125.

Exercices 19 à 25 : Effectuer les calculs et simplifier.

19. **Addition de deux fractions de même dénominateur**

a. $\frac{3}{7}+\frac{2}{7}$; **b.** $\frac{4}{9}+\frac{2}{9}$; **c.** $\frac{5}{11}+\frac{2}{11}$; **d.** $\frac{4}{15}+\frac{2}{15}$.

20. **Addition de deux fractions**

a. $\frac{1}{3}+\frac{5}{6}$; **b.** $\frac{3}{4}+\frac{1}{12}$; **c.** $\frac{16}{19}+\frac{3}{4}$; **d.** $\frac{2}{15}+\frac{7}{25}$; **e.** $\frac{57}{95}+\frac{95}{38}$; **f.** $\frac{3}{25}+\frac{24}{30}$

21. **Addition des fractions**

a. $\frac{3}{7}+\frac{2}{21}+\frac{5}{14}$; **b.** $\frac{11}{12}+\frac{13}{24}+\frac{5}{3}$; **c.** $\frac{16}{19}+\frac{23}{38}+\frac{12}{95}$;
d. $\frac{13}{5}+\frac{13}{10}+\frac{13}{4}$; **e.** $\frac{7}{22}+\frac{15}{22}+\frac{22}{55}$; **f.** $\frac{26}{7}+\frac{36}{14}+\frac{120}{21}$.

22. **Soustraction des fractions**

a. $\frac{16}{24}-\frac{2}{9}$; **b.** $\frac{32}{48}-\frac{5}{12}$; **c.** $\frac{14}{63}-\frac{1}{5}$; **d.** $\frac{33}{55}-\frac{28}{56}$;
e. $\frac{121}{132}-\frac{70}{180}$; **f.** $\frac{38}{95}-\frac{7}{28}$; **g.** $\frac{55}{75}-\frac{2}{13}$; **h.** $\frac{58}{96}-\frac{21}{72}$.

23. **Produit des fractions**

a. $\frac{15}{16}\times\frac{8}{25}$; **b.** $\frac{16}{21}\times\frac{14}{32}$; **c.** $\frac{51}{13}\times\frac{26}{17}$;
d. $\frac{5}{3}\times\frac{3}{5}$; **e.** $4\times\frac{5}{12}$; **f.** $9\times\frac{15}{7}\times\frac{1}{3}\times 7$.

24. **Quotient des fractions**

a. $\frac{15}{16}:\frac{3}{4}$; **b.** $\frac{12}{7}:\frac{3}{14}$; **c.** $\frac{51}{13}:\frac{17}{13}$;
d. $\frac{5}{3}:\frac{15}{19}$; **e.** $15:\frac{5}{12}$; **f.** $\left(9:\frac{5}{7}\right)\times\left(\frac{1}{3}:7\right)$.

25. **Suite d'opérations**

a. $2+\frac{5}{2}\times\frac{2}{7}-\frac{4}{5}$; **b.** $\frac{8}{15}:\frac{2}{5}+2-\frac{1}{12}:\frac{1}{5}$; **c.** $9:\frac{15}{7}\times\frac{1}{3}:7$.

26. **Ordonner dans l'ordre croissant les nombres suivants**

a. $\frac{4}{5}$; $\frac{2}{5}$; $\frac{12}{11}$; $\frac{8}{55}$ et $\frac{25}{12}$; **b.** $\frac{7}{4}$; $\frac{19}{22}$; 2 ; $\frac{22}{7}$ et 1.

27. **Ordonner dans l'ordre décroissant les nombres suivants**

a. $\frac{8}{5}$; $\frac{8}{9}$; $\frac{8}{3}$; $\frac{8}{15}$; $\frac{9}{5}$; **b.** $\frac{14}{5}$; $\frac{14}{3}$; $\frac{7}{11}$; $\frac{7}{5}$; $\frac{11}{7}$.

Exercices proposés aux concours

		A	B	C
28.	$\frac{1}{3}+5$ est égal à …	$\frac{6}{13}$	$\frac{16}{3}$	$\frac{5}{3}$
30.	$\frac{9}{70} \times \frac{28}{27} =$	$\frac{280}{1890}$	$\frac{2}{15}$	$\frac{37}{97}$
32.	$2 + \frac{3}{10} + \frac{7}{100} =$	$\frac{12}{100}$	2,37	$\frac{237}{100}$

		A	B	C
29.	$6-\frac{3}{4}$ est égal à …	$\frac{3}{4}$	$\frac{3}{5}$	5,25
31.	$\frac{11}{36} : \frac{33}{48} =$	$\frac{4}{9}$	$\frac{363}{1728}$	$\frac{22}{12}$
33.	Le quart de deux dixièmes est	$\frac{1}{20}$	$\frac{8}{10}$	$\frac{5}{4}$

34.	Quelle lettre termine logiquement cette suite ? $\frac{A}{F}$; $\frac{G}{B}$; $\frac{C}{H}$; $\frac{I}{D}$; $\frac{E}{.}$	T	R	J
35.	Quel est le résultat simplifié de $\frac{9 \times 64 \times 4 \times 3}{27 \times 16 \times 8}$	2	4	8
36.	Effectuer : $\frac{2}{3} + \left(\frac{21}{3} - 2\right)\left(\frac{3}{5} \times \frac{2}{9}\right)$	2	$\frac{2}{3}$	$\frac{4}{3}$

37. Sur le marché, des paysans ont procédé aux échanges suivants :
— 12 lièvres contre 5 dindons, — 5 poulets contre 2 canards
— 7 dindons contre 8 oies, — 10 canards contre 3 lièvres.

Sachant qu'une oie vaut 84 euros, quel est le prix d'un poulet ?

A :	B :	C :
4,8 euros	5,2 euros	3,6 euros

38. **Découpage de pièces.**
Quelle fraction de la surface totale représente chacune des pièces du puzzle de la figure ?

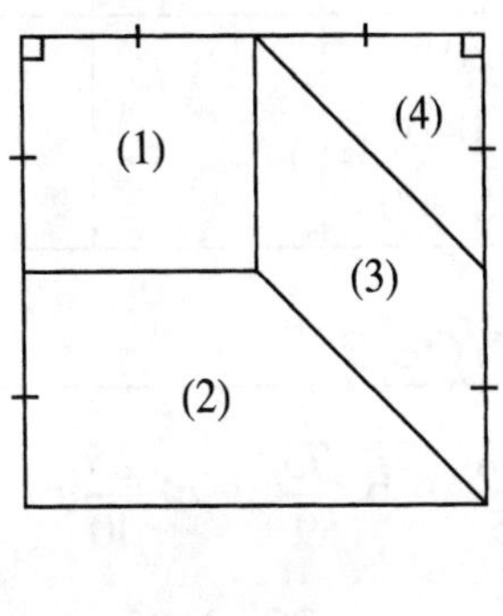

39. Euros, francs et fractions

On sait que Prix en euros = Prix en francs : 6,55957 = Prix en francs × $\frac{1}{6,55957}$

On remarque que $\frac{3}{20} = 0,15$ et $\frac{1}{6,55957} \approx 0,152\,449\,017\,2$ donc :

Prix en euros ≈ Prix en francs × $\frac{3}{20}$

Pour multiplier par $\frac{3}{20}$ on divise par 10 puis on ajoute la moitié du résultat.

Exemple : Conversion approximative de 50 francs en euros;

$50 : 10 = 5$; $5 + \frac{1}{2}$ de $5 = 5 + 2,5 = 7,5$. On a donc **50 francs ≈ 7,5 euros.**

On sait que Prix en francs = Prix en euros × 6,55957

On remarque que $\frac{20}{3} = 6,666\,6\ldots$ $\frac{20}{3}$ est une valeur approchée au $\frac{1}{100}$ de 6,55957.

Prix en francs ≈ Prix en euros × $\frac{20}{3}$

Exemple Conversion approximative de 7,5 euros en francs :

$7,5 \times \frac{20}{3} = 2,5 \times 20 = 5 \times 10 = 50$

On a donc **7,5 euros ≈ 50 francs.**

Compléter le tableau suivant :

Prix en francs	Prix en euros		Prix en euros	Prix en francs	
	Avec $\frac{3}{20}$	Avec 6,55957		Avec $\frac{3}{20}$	Avec 6,55957
600			36,9		
320			42,6		
1 040			168		
25 900			58		

Corrigés

1. **a.** $\frac{48}{5}$; **b.** $\frac{75}{9}$; **c.** $\frac{25}{10}$; **d.** $\frac{67}{13}$; **e.** $\frac{35}{48}$.

2. **a.** 9,6 ; **b.** $\frac{75}{9}$ ou $\frac{25}{3}$; **c.** 2,5 ; **d.** $\frac{67}{13}$; **e.** 2,812 5.

3. **a.** $\frac{3}{4}$; **b.** $\frac{5}{8}$; **c.** $\frac{4}{5}$; **d.** $\frac{1}{9}$; **e.** $\frac{5}{6}$; **f.** $\frac{5}{20}$.

4. **a.** sept douzièmes ; **b.** sept quarts ; **c.** cinq tiers ; **d.** neuf demis ; **e.** treize septièmes.

5. La moitié de un tiers : $\frac{1}{6}$.

6. **a.** $1h = \mathbf{\frac{1}{24}} \boldsymbol{j}$; **b.** $7h = \mathbf{\frac{7}{24}} \boldsymbol{j}$; **c.** $6h = \frac{6}{24} j = \mathbf{\frac{1}{4}} \boldsymbol{j}$;

d. 8 heures $= \frac{8}{24} j = \mathbf{\frac{1}{3}} \boldsymbol{j}$; **e.** 1 min $= \frac{1}{60 \times 24} j = \mathbf{\frac{1}{1\,440}} \boldsymbol{j}$;

f. 17 min $= \mathbf{\frac{17}{1\,440}} \boldsymbol{j}$; **g.** 20 min $= \frac{20}{1\,440} j = \mathbf{\frac{1}{72}} \boldsymbol{j}$;

h. 1 seconde $= \frac{1}{24 \times 60 \times 60} j = \mathbf{\frac{1}{86\,400}} \boldsymbol{j}$.

7. **Le dessin est à l'échelle 1/2.**
Il représente un segment [AB] de 9 cm de longueur.
Les droites parallèles sont les lignes du papier réglé, A est sur une ligne et B sur la septième ligne après celle de A. Le segment [AB] est ainsi partagé en 7 segments (parties) de même longueur.

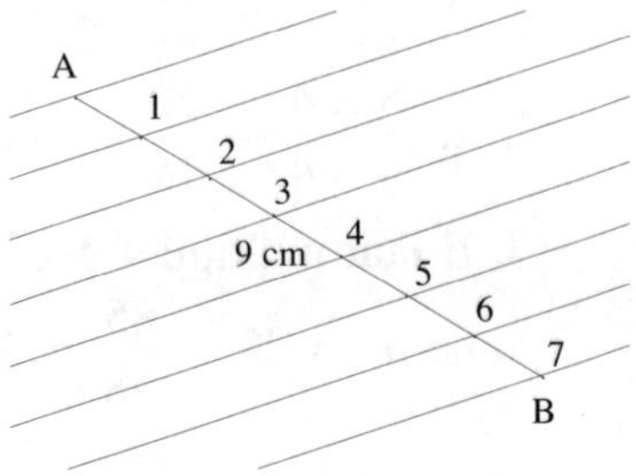

8. AE = $\frac{5}{6}$ AB ; AE < AB ; Le point E appartient au segment [AB], il est sur la 5ème parallèle après A. AF = $\frac{11}{6}$ AB et AG = $\frac{7}{3} = \frac{14}{6}$ AB;
donc AB < AF < AG. Les points F et G sont sur la demi-droite [AB à l'extérieur du segment [AB] ; sur les 11ème et 14ème parallèles à partir de A.

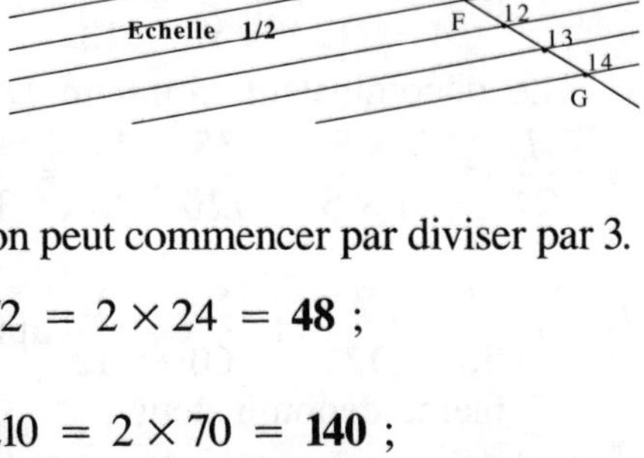

9. Tous les nombres sont des multiples de 3 ; on peut commencer par diviser par 3.

$\frac{2}{3} \times 54 = 54 : 3 \times 2 = \mathbf{36}$; $\frac{2}{3} \times 72 = 2 \times 24 = \mathbf{48}$;

$\frac{2}{3} \times 105 = 2 \times 35 = \mathbf{70}$; $\frac{2}{3} \times 210 = 2 \times 70 = \mathbf{140}$;

$\frac{2}{3} \times 333 = 2 \times 111 = \mathbf{222}$; $\frac{2}{3} \times 3\,096 = 2 \times 1\,032 = \mathbf{2\,064}$.

10. $\frac{4}{11} \times 33 = 4 \times 3 = \mathbf{12}$; $\frac{4}{11} \times 121 = 4 \times 11 = \mathbf{44}$;

$\frac{4}{11} \times 3\,630 = 4 \times 330 = \mathbf{1\,320}$; $\frac{4}{11} \times 4\,631 = 4 \times 421 = \mathbf{1\,684}$;

$\frac{4}{11} \times 2\,552 = 4 \times 232 = \mathbf{928}$; $\frac{4}{11} \times 3\,850 = 4 \times 350 = \mathbf{1\,400}$.

11. **a.** $\frac{18}{27} = \frac{2 \times 9}{3 \times 9} = \mathbf{\frac{2}{3}}$; **b.** $\frac{44}{33} = \frac{4 \times 11}{3 \times 11} = \mathbf{\frac{4}{3}}$;

c. $\frac{27}{81} = \frac{1 \times 27}{3 \times 27} = \frac{1}{\mathbf{3}}$; **d.** $\frac{540}{4\,545} = \frac{9 \times 6 \times 5 \times 2}{9 \times 5 \times 101} = \mathbf{\frac{12}{101}}$;

e. $\frac{1\,313}{1\,919} = \mathbf{\frac{13}{19}}$; **f.** $\frac{1\,001}{1\,144} = \frac{11 \times 7 \times 13}{11 \times 13 \times 8} = \frac{7}{8}$.

12. **Simplifions l'écriture** $\frac{85}{68} = \frac{17 \times 5}{17 \times 4} = \frac{5}{4}$.

1. a. $\mathbf{\frac{5}{4}}$; **b.** $\frac{85 \times 2}{68 \times 2} = \mathbf{\frac{170}{136}}$; **c.** $\frac{5 \times 7}{4 \times 7} = \mathbf{\frac{35}{28}}$

2. a. $\frac{5 \times 4}{4 \times 4} = \mathbf{\frac{20}{16}}$; **b.** $\frac{5 \times 11}{4 \times 11} = \mathbf{\frac{55}{44}}$

3. Il faut multiplier 5 et 4 par le même nombre m et que $5m + 4m = 90$ donc $m = 10$. $\frac{85}{68} = \frac{5 \times 10}{4 \times 10} = \mathbf{\frac{50}{40}}$

13. **1. a.** $\frac{3}{4} = \frac{3 \times 7}{4 \times 7} = \mathbf{\frac{21}{28}}$ et $\frac{5}{7} = \frac{5 \times 4}{7 \times 4} = \mathbf{\frac{20}{28}}$; **b.** $\frac{4}{7} = \mathbf{\frac{12}{21}}$ et $\frac{2}{3} = \mathbf{\frac{14}{21}}$;

c. $\mathbf{\frac{35}{42}}$ et $\mathbf{\frac{18}{42}}$; **d.** $\mathbf{\frac{16}{24}}$ et $\mathbf{\frac{15}{24}}$;

2. a. $\mathbf{\frac{8}{14}}$ **et** $\mathbf{\frac{5}{14}}$; **b.** $\mathbf{\frac{5}{33}}$ **et** $\mathbf{\frac{27}{33}}$; **c.** $\mathbf{\frac{450}{290}}$ **et** $\mathbf{\frac{17}{290}}$; **d.** $\mathbf{\frac{40}{125}}$ **et** $\mathbf{\frac{351}{125}}$;

3. a. $\frac{5}{4} = \mathbf{\frac{15}{12}}$ et $\frac{7}{6} = \mathbf{\frac{14}{12}}$; **b.** $\frac{4}{9} = \mathbf{\frac{20}{45}}$ et $\frac{11}{15} = \mathbf{\frac{33}{45}}$; **c.** $\frac{7}{42} = \frac{1}{6}$;

Le dénominateur commun DC $= 6 \times 5 \times 4 = 24 \times 5 = 30 \times 4 = 6 \times 20$

$\frac{7}{24} = \frac{7 \times 5}{24 \times 5} = \mathbf{\frac{35}{120}}$; $\frac{13}{30} = \frac{13 \times 4}{30 \times 4} = \mathbf{\frac{52}{120}}$ et $\frac{7}{42} = \frac{1}{6} = \frac{1 \times 20}{6 \times 20} = \mathbf{\frac{20}{120}}$

14. **a.** $\frac{21}{36} = \mathbf{\frac{7}{12}}$ et $\frac{55}{60} = \mathbf{\frac{11}{12}}$ après simplification les deux fractions ont le même dénominateur ;

b. $\frac{60}{45} = \frac{4}{3} = \mathbf{\frac{12}{9}}$ et $\frac{49}{63} = \mathbf{\frac{7}{9}}$;

c. $\frac{65}{55} = \mathbf{\frac{13}{11}} = \frac{13 \times 7}{11 \times 7} = \mathbf{\frac{91}{77}}$ et $\frac{208}{182} = \frac{26 \times 8}{26 \times 7} = \mathbf{\frac{8}{7}} = \frac{8 \times 11}{7 \times 11} = \mathbf{\frac{88}{77}}$

15. $\frac{8}{10}$; $\frac{9}{100}$; $\frac{34}{1\ 000}$; $\frac{48}{10\ 000}$

16. **Décimaux**

1. a. $\frac{17}{25}$ = **0,68** ; **b.** $\frac{27}{12}$ = **2,25** ; **c.** $\mathbf{\frac{15}{7}}$; **d.** $\frac{28}{14}$ = **2** ; **e.** $\mathbf{\frac{38}{15}}$

2. a. $\frac{21}{28}$ = **0,75** ; **b.** $\frac{44}{55}$ = **0,8** ; **c.** $\frac{28}{35}$ = **0,8** ; **d.** $\frac{87}{75}$ = **1,16** ;

e. $\frac{48}{1\ 125} = \mathbf{\frac{16}{375}}$ (3)

3. a. $\frac{18}{210} = \mathbf{\frac{3}{35}}$ (6) ; **b.** $\mathbf{\frac{47}{49}}$; **c.** $\frac{39}{75}$ = **0,52** ; **d.** $\frac{486}{165} = \mathbf{\frac{162}{55}}$ (3)

e. $\frac{891}{165}$ = **5,4**.

17. Il suffit de vérifier ces curiosités en calculant les quotients.
a. 0,4 ; **b. 0,25** ; **c. 0,2**.

18. Dans chaque cas, on peut passer par la fraction décimale puis simplifier ; on peut aussi trouver en utilisant les parties entières et des résultats connus.

a. $1{,}2 = \mathbf{\frac{6}{5}}$; **b.** $3{,}5 = \mathbf{\frac{7}{2}}$; **c.** $18{,}25 = 18 + \frac{1}{4} = \mathbf{\frac{73}{4}}$; **d.** $3{,}4 = \mathbf{\frac{17}{5}}$;

e. $47{,}21 = \mathbf{\frac{4\ 721}{100}}$; **f.** $18{,}125 = \frac{18\ 125}{1\ 000} = \mathbf{\frac{145}{8}}$

19. **a.** $\mathbf{\frac{5}{7}}$; **b.** $\frac{6}{9} = \mathbf{\frac{2}{3}}$; **c.** $\mathbf{\frac{7}{11}}$ **d.** $\frac{6}{15} = \mathbf{\frac{2}{5}}$

20. **a.** $\frac{2}{6} + \frac{5}{6} = \mathbf{\frac{7}{6}}$; **b.** $\frac{9}{12} + \frac{1}{12} = \frac{10}{12} = \mathbf{\frac{5}{6}}$;

c. $\frac{16 \times 4}{19 \times 4} + \frac{3 \times 19}{4 \times 19} = \mathbf{\frac{121}{76}}$; **d.** $\frac{2 \times 5}{15 \times 5} + \frac{7 \times 3}{25 \times 3} = \frac{10 + 21}{25 \times 3} = \mathbf{\frac{31}{75}}$;

e. $\frac{3}{5} + \frac{5}{2} = \frac{6}{10} + \frac{25}{10} = \mathbf{\frac{31}{10}}$; **f.** $\frac{3}{25} + \frac{24}{30} = \frac{3}{25} + \frac{4}{5} = \frac{3}{25} + \frac{20}{25} = \mathbf{\frac{23}{25}}$

21. **a.** DC = 42 = 7 × 6 = 21 × 2 = 14 × 3 ; $\mathbf{\frac{37}{42}}$; **b.** $\frac{75}{24} = \mathbf{\frac{25}{8}}$; **c.** $\mathbf{\frac{299}{190}}$;

d. DC = 20 ; $\mathbf{\frac{143}{20}}$; **e.** $\frac{7 + 15}{22} + \frac{2}{5} = 1 + \frac{2}{5} = \mathbf{\frac{7}{5}}$;

f. $\frac{26}{7} + \frac{18}{7} + \frac{40}{7} = \frac{84}{7}$ = **12**.

22. **a.** $\frac{2}{3}-\frac{2}{9}=\frac{6}{9}-\frac{2}{9}=\mathbf{\frac{4}{9}}$; **b.** $\frac{2}{3}-\frac{5}{12}=\frac{8}{12}-\frac{5}{12}=\frac{3}{12}=\mathbf{\frac{1}{4}}$;

c. $\frac{2}{9}-\frac{1}{5}=\frac{10-9}{9\times 5}=\mathbf{\frac{1}{45}}$; **d.** $\frac{3}{5}-\frac{1}{2}=\mathbf{\frac{1}{10}}$;

e. $\frac{11}{12}-\frac{7}{18}=\frac{33}{36}-\frac{14}{36}=\mathbf{\frac{19}{36}}$; **f.** $\frac{2}{5}-\frac{1}{4}=\mathbf{\frac{3}{20}}$;

g. $\frac{11}{15}-\frac{2}{13}=\mathbf{\frac{113}{195}}$; **h.** $\frac{58}{96}-\frac{7}{24}=\frac{58-28}{96}=\frac{30}{96}=\mathbf{\frac{5}{16}}$

23. **a.** $\frac{15\times 8}{16\times 25}=\frac{5\times 3\times 8}{8\times 2\times 5\times 5}=\mathbf{\frac{3}{10}}$; **b.** $\frac{16\times 14}{21\times 32}=\mathbf{\frac{1}{3}}$;

c. $\frac{51\times 26}{13\times 17}=\frac{17\times 3\times 13\times 2}{13\times 17}=\mathbf{6}$; **d. 1** ; **e.** $\frac{5}{3}$;

f. $9\times\frac{1}{3}=\mathbf{3}$; $\frac{15}{7}\times 7=\mathbf{15}$; donc : $9\times\frac{15}{7}\times\frac{1}{3}\times 7=3\times 15=\mathbf{45}$

24. **a.** $\frac{15}{16}\times\frac{4}{3}=\mathbf{\frac{5}{4}}$; **b.** $\frac{12}{7}\times\frac{14}{3}=\frac{12\times 14}{7\times 3}=\mathbf{8}$; **c.** $\frac{51}{13}\times\frac{13}{17}=\mathbf{3}$;

d. $\frac{5}{3}\times\frac{9}{15}=\mathbf{1}$; **e.** $15\times\frac{12}{5}=\mathbf{36}$; **f.** $9\times\frac{7}{5}\times\frac{1}{3}\times\frac{1}{7}=\mathbf{\frac{3}{5}}$

25. **a.** $2+\frac{5}{7}-\frac{4}{5}=\frac{2\times 35}{35}+\frac{5\times 5}{7\times 5}-\frac{4\times 7}{5\times 7}=\mathbf{\frac{70+25-28}{7\times 5}}=\mathbf{\frac{67}{35}}$;

b. $\frac{8}{15}\times\frac{5}{2}+2-\frac{1}{12}\times 5=\frac{4}{3}+2-\frac{5}{12}=\mathbf{\frac{35}{12}}$;

c. $9\times\frac{7}{15}\times\frac{1}{3}\times\frac{1}{7}=\frac{9\times 7}{15\times 3\times 7}=\mathbf{\frac{1}{5}}$

26. **a.** On a $\frac{2}{5}<\frac{4}{5}$; $\frac{2}{5}=\frac{22}{55}$, donc $\frac{8}{55}<\frac{2}{5}$; $\frac{4}{5}<1<\frac{12}{11}<2<\frac{25}{12}$

$\mathbf{\frac{8}{55}<\frac{2}{5}<\frac{4}{5}<\frac{12}{11}<\frac{25}{12}}$; **b.** $\mathbf{\frac{19}{22}<1<\frac{7}{4}<2<\frac{22}{7}}$.

27. **a.** $\frac{8}{3}>2>\frac{9}{5}>\frac{8}{5}>1>\frac{8}{9}>\frac{8}{15}$; donc $\mathbf{\frac{8}{3}>\frac{9}{5}>\frac{8}{5}>\frac{8}{9}>\frac{8}{15}}$;

b. $\frac{14}{3}>4>\frac{14}{5}>2>\frac{11}{7}>1,5>\frac{7}{5}>\frac{7}{11}$; donc $\mathbf{\frac{14}{3}>\frac{14}{5}>\frac{11}{7}>\frac{7}{5}>\frac{7}{11}}$

Exercises proposés aux concours

28. B $\frac{1}{3}+5=\mathbf{\frac{16}{3}}$

29. C $6-\frac{3}{4}=5{,}25$

30. B $\frac{9}{70}\times\frac{28}{27}\times\mathbf{\frac{2}{15}}$

31. A $\frac{11}{36}:\frac{33}{48}=\frac{11\times 48}{36\times 33}=\frac{4}{9}$

32. $2 + \frac{3}{10} + \frac{7}{100} = \frac{237}{100} = 2{,}37$ **33.** $\frac{1}{4} \times \frac{2}{10} = \mathbf{\frac{1}{20}}$

34. **C**. On lit A, B, C, D, E en alternant numérateur et dénominateur. La lettre manquante est **J**.

35. **A** $\frac{9 \times 16 \times 4 \times 2 \times 2 \times 3}{9 \times 3 \times 16 \times 8} = \mathbf{2}$

36. **C** $\frac{2}{3} + \left(5 \times \frac{3}{5} \times \frac{2}{9}\right) = \frac{2}{3} + \frac{5 \times 3 \times 2}{5 \times 3 \times 3} = \mathbf{\frac{4}{3}}$

37. Un dindon vaut $\frac{8}{7}$ d'oie ; un lièvre $\frac{5}{12}$ de dindon ; un canard $\frac{3}{10}$ de lièvre ; un poulet $\frac{2}{5}$ de canard ; un poulet vaut $\frac{2}{5} \times \frac{3}{10} \times \frac{5}{12} \times \frac{8}{7}$ d'oie, soit

$\frac{2}{5} \times \frac{3}{10} \times \frac{5}{12} \times \frac{8}{7} = \frac{2 \times 3 \times 5 \times 8}{5 \times 10 \times 12 \times 7} = \frac{2}{35}$

$\frac{2}{35} \times$ **84 euros.** Un poulet vaut **4,8 euros.**

On peut calculer **les autres prix :**

Le canard vaut 12 euros (4,8 $\times \frac{5}{2}$ euros)

un lièvre 40 euros ($12 \times \frac{10}{3}$) et un dindon 96 euros ($84 \times \frac{8}{7} = 96$ ou $40 \times \frac{12}{5} = 96$).

38. (1) $\frac{1}{4}$; (2) $\frac{3}{8}$; (3) $\frac{1}{4}$ ou $\frac{2}{8}$; (4) $\frac{1}{8}$. $\frac{1}{4} + \frac{3}{8} + \frac{1}{4} + \frac{1}{8} = 1$

39.

Prix en francs	Prix en euros		Prix en euros	Prix en francs	
	Avec $\frac{3}{20}$	Avec 6,55957		Avec $\frac{3}{20}$	Avec 6,55957
600	90	91,47	36,9	246	242,05
320	48	48,78	42,6	284	279,44
1 040	156	158,55	168	1120	1 102,01
25 900	3 885	3948,43	58	386,67	380,46

CHAPITRE 4 Les nombres relatifs

Tester ses connaissances

■ Nombres relatifs et graduations d'une droite

Pour chacune des questions la droite graduée est celle de la figure 4.1.

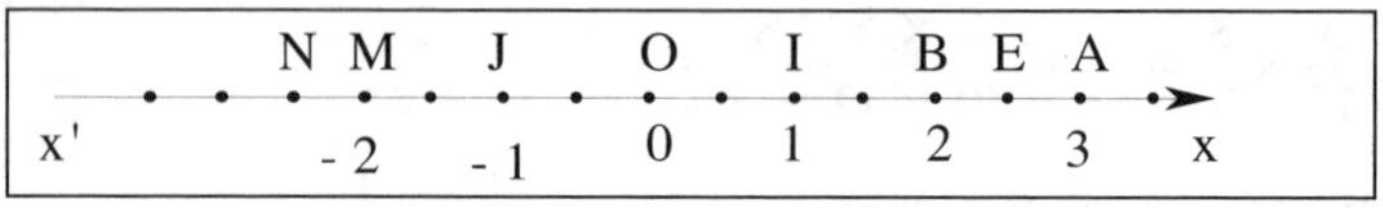

Figure 1.4

1. Quelle est l'abscisse du point A ?	-3 ;	3 ;	6
2. Quel est le point dont l'abscisse est $(-2{,}5)$?	E ;	M ;	O
3. Quelle est la distance du point M au point O ?	2 ;	-2 ;	4
4. Quelle est l'abscisse de M ?	$(+2)$;	(-2) ;	(-4)
5. Quel est l'opposé de (-2) ?	$(+2)$;	2 ;	$-\frac{1}{2}$

■ Comparaison des relatifs

6. Un nombre positif est plus grand qu'un nombre négatif (Vrai ; Faux).

7. $(-3) < (+5)$ Vrai ou Faux.

8. $(-7) < (-8)$ Vrai ou Faux.

9. $8 > -3{,}5$ Vrai ou Faux.

■ Addition et soustraction des nombres relatifs

10. $(-3) + 2 =$	(-5) ;	(-1) ;	-1.
11. $(-3) + (-2) =$	(-1) ;	(-5) ;	-5.
12. $(-5) + (+3) =$	$(+2)$;	(-2) ;	(-8).
13. $(-3) + (-3) =$	0 ;	-6 ;	$(+6)$.

14. (–3) – (– 2) = (–5) ; (–1) ; – 1.

15. (–3) – (+ 2) = (–1) ; (–5) ; – 5.

16. (+3) – (+2) = 5 ; (+5) ; (+1).

17. (+5) – (–3) = 2 ; - 8 ; 8.

Multiplication et division des nombres relatifs

18. $(-3) \times (-5) =$ (–15) ; 15 ; (+15)

19. $(-1,5) \times (+2) =$ (– 3) ; (– 3, 5) ; 3

20. $\left(-\frac{3}{2}\right) \times \left(+\frac{2}{3}\right) =$ –1 ; 1 ; (–1)

21. $\left(-\frac{3}{2}\right) : \left(+\frac{2}{3}\right) =$ – 9/4 ; (–2,25) ; $-\frac{4}{9}$

22. (–3) : (–2) = (+ 1, 5) ; 1, 5 ; (– 1, 5).

23. (–3) : (+3) = (- 1) ; 1 ; 0.

24. $(+3) \times 0 =$ 3 ; 0 ; – 3.

25. (+5) : (–3) = $-\frac{5}{3}$; $\left(-\frac{5}{3}\right)$; (– 1, 6).

Puissance d'un nombre relatif

26. $(-3) \times (-3) =$ $(-3)^2$; 9 ; (+9).

27. $(-2)^3 =$ (– 8) ; (- 6) ; 8.

28. $(+4)^2 =$ 16 ; $(-4)^2$; 8.

29. $(-3) \times (5 - 8) + 7 \times ((-1) - (-6)) =$ 44 ; –11 ; 41.

30. $(-2) : (-5) - (-3) \times (4 - 5) =$ – 2,6 ; $-\frac{3}{5}$; – 0,6.

31. $(+3) \times 0 \times (-1) - (-5) + (-5) =$ 3 ; 0 ; – 3.

Solution des tests

1. 3
2. N
3. (2)
4. (–2)
5. (+2) ou 2
6. Vrai
7. Vrai
8. Faux
9. Vrai
10. –1 ou (–1)
11. –5 ou (–5)
12. (–2)

13. (-6) **14.** -1 ou (-1) **15.** (-5) ou -5
16. $(+1)$ **17.** 8 **18.** 15 ou $(+15)$
19. (-3) **20.** -1 ou (-1) **21.** $-\frac{9}{4}$ ou $(-2{,}25)$
22. $(+1{,}5)$ ou 1,5 **23.** (-1) **24.** 0
25. $\left(-\frac{5}{3}\right)$ ou $-\frac{5}{3}$ **26.** $(-3)^2$ ou 9 ou $(+9)$ **27.** (-8)
28. 16 ou $(-4)^2$ **29.** 44 **30.** $-2{,}6$
31. 0

L'essentiel

■ *1. Nombres relatifs et graduation d'une droite*

Sur une droite, on marque un point origine **O** et un point **I**. Le point **O** correspond à **zéro**, le point **I** correspond au nombre **1**. **L'unité de longueur est** donc **OI**, le **sens positif** de parcours **est** celui de **O vers I**.

À chaque point de la droite **est associé** un nombre appelé **l'abscisse du point** et à tout nombre correspond un point.

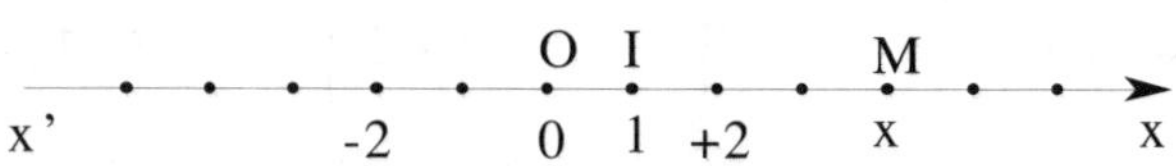

L'abscisse x d'un point M est un nombre relatif.
Les abscisses des points de la **demi-droite $[Ox)$** sont des **nombres positifs**, les abscisses des points de la **demi-droite $[Ox')$** sont des **nombres négatifs**.

Les nombres positifs s'écrivent : 3 ; 2,5 ; $\frac{2}{7}$ ou $(+3)$; $(+2{,}5)$; $\left(+\frac{2}{7}\right)$.

Les nombres négatifs s'écrivent : -3 ; $-2{,}5$; $-\frac{2}{7}$ ou (-3) ; $(-2{,}5)$; $\left(-\frac{2}{7}\right)$.

La distance d'un point de la droite au point O est positive. (C'est la valeur absolue de l'abscisse du point.)

Deux **nombres sont opposés** s'ils représentent deux points situés à la **même distance de O**.
(-2) et $(+2)$ sont opposés (ou -2 et 2).

Exemples : fig. 1.4

1. L'abscisse du point A est 3 (ou $(+3)$) ; la distance OA est de 3 unités et le point A appartient à $[Ox)$.
2. Le point N a pour abscisse $(-2{,}5)$; il appartient à la demi-droite $[Ox')$ et ON = 2,5.
3. La distance du point M au point O est 2.
4. L'abscisse du point M est (-2).

■ 2. Comparaison des nombres relatifs

Sur l'axe $(x'x)$ le sens du parcours positif est celui qui fait aller de O vers I.
Soit deux nombres a et b abscisses des points A et B.
On dit que $\boldsymbol{a < b}$ si l'on se déplace de A vers B dans le sens positif de l'axe.
On dit que $\boldsymbol{a > b}$ si l'on se déplace de A vers B dans le sens contraire de l'axe.

Règles de comparaison :

(1) Tout nombre **négatif** est **inférieur à zéro**.
(2) Tout nombre **négatif** est **inférieur** à tout nombre **positif**.
(3) Tout nombre **positif** est **supérieur à zéro**.
(4) Tout nombre **positif** est **supérieur** à tout nombre **négatif**.
(5) De **deux nombres positifs** le plus grand est celui qui est le plus éloigné de O, c'est-à-dire celui qui a la plus grande valeur absolue (distance à O).
(6) De **deux nombres négatifs**, le plus grand est celui qui est le plus près de O, c'est-à-dire celui qui a la plus petite valeur absolue (distance à O).

Exemples : tests 6, 7, 8, 9
6. Règle (4). **7.** Règle (2). **8.** Règle (6). **9.** Règle (4).

■ 3. Addition

Soit a et b deux nombres relatifs.
Pour la **somme de deux nombres positifs** qui sont les nombres traités précédemment, on calcule selon les règles énoncées dans les chapitres précédents.
En observant que $(+5) = 5$ et $(+8) = 8$; $(+5) + (+8) = 5 + 8 = 13 = (+13)$.
La **somme de deux nombres négatifs** est un nombre négatif dont la valeur absolue est la somme des valeurs absolues. $(-5) + (-3) = -(5 + 3) = (-8)$ ou $-5 - 3 = -8$.
La **somme de deux nombres de signes contraires** est un nombre dont la valeur absolue est la différence des valeurs absolues et le signe est celui des deux nombres qui a la plus grande valeur absolue.
$(-3) + (+5) = +(5 - 3) = +2$ (en effet $5 > 3$; la somme est du signe de $(+5)$ donc positive ; sa valeur absolue est $5 - 3$).
$(+3) + (-5) = -(5 - 3) = -2$ (en effet $5 > 3$; la somme est du signe de (-5) donc négative ; sa valeur absolue est $5 - 3$).
La **somme de deux nombres opposés est zéro**. $((-4) + (+4) = 0)$.
Exemples : tests 10 à 13. Il suffit d'appliquer les règles.

■ 4. Soustraction

Soit a et b deux nombres relatifs. La différence $a - b$ est la somme de a et de l'opposé de b. $\boldsymbol{a - b = a +}$ **opposé de** $\boldsymbol{b}$.

Exemples : tests
$(-3) - (-2) = (-3) + (+2) = -(3 - 2) = (-1) = -1$;
$(-3) - (+2) = (-3) + (-2) = -(3 + 2) = (-5) = -5$;
$(+3) - (+2) = +(3 - 2) = (+1)$;
$(+5) - (-3) = (+5) + (+3) = (+8) = 8$.

■ 5. Multiplication et division

La valeur absolue du **produit** de deux **nombres relatifs** est le produit des valeurs absolues des deux nombres.
Si les deux nombres sont de **même signe**, le **produit** est **positif**.
Si les deux nombres sont de **signes contraires**, le **produit** est **négatif**.
On dit que l'on applique la règle des signes :
$+ \times + = +$; $- \times - = +$; $+ \times - = -$; $- \times + = -$.

La valeur absolue du **quotient** de deux **nombres relatifs** est le **quotient des valeurs absolues** des deux nombres.
Si les deux nombres sont de **même signe** le **quotient** est **positif.**
Si les deux nombres sont de **signes contraires** le **quotient** est **négatif.**

Exemples : tests 18 à 25

Dans chacun des cas, on applique la règle. On cherche le signe puis on effectue les produits et les quotients en ne se préoccupant plus des signes.

■ 6. Puissance

Soit $\boldsymbol{a}$ un nombre relatif et $\boldsymbol{n}$ un entier positif supérieur ou égal à deux.
On appelle **puissance d'un nombre *a* d'exposant *n***, le produit de $\boldsymbol{n}$ facteurs égaux à $\boldsymbol{a}$.
$a \times a = a^2$, $\boldsymbol{a^2}$ se lit ***a* au carré** ; $a \times a \times a = a^3$; a^3 se lit ***a* au cube**.
$a \times a \times a \times a = a^4$, se lit ***a* exposant 4** ou par abus de langage ***a* puissance 4**.

Par définition : **1.** $a^1 = a$; **2.** si $a \neq 0$, $a^0 = 1$; **3.** $a^{-n} = \dfrac{1}{a^n}$.

Exemple : $(-3)^2 = (-3) \times (-3) = (+9) = +9$;
$(-2)^3 = (-2) \times (-2) \times (-2) = (-8) = -8$; $(+4)^2 = 4 \times 4 = 16$.

POINT méthode

Règles de calcul

Soit ***a*, *b*, *c*, *d* des nombres relatifs** : (règles applicables à tous les nombres positifs ou négatifs, décimaux ou non).
$a + (b + c) = a + b + c$; $a + (b - c) = a + b - c$;
$a - (b + c) = a - b - c$; $a - (b - c) = a - b + c$.
Dans une **suite d'additions et de soustractions**, on peut ramener à l'écriture dite simplifiée, en supprimant les parenthèses, selon les règles précédentes puis :

- ajouter tous les termes précédés du signe +
- ajouter tous les termes précédés du signe -
- achever les calculs en appliquant la règle d'addition des nombres relatifs de signes contraires.

Avec les quatre opérations

$a \times (b + c) = a \times b + a \times c$; $a \times (b - c) = a \times b - a \times c$;
$(b + c) \times a = b \times a + c \times a$; $(b - c) \times a = b \times a - c \times a$;
$(b + c) : a = b : a + c : a$; $(b - c) : a = b : a - c : a$.

Rappel : la multiplication et la division sont prioritaires sur l'addition et la soustraction.

Exemples : test 29

Calcul de deux manières de $(-3) \times (5 - 8) + 7 \times ((-1) - (-6))$

1. $(-3) \times (5 - 8) + 7 \times ((-1) - (-6)) = (-3) \times (-3) + 7 \times 5$
$= 9 + 35 = 44.$

2. $(-3) \times (5 - 8) + 7 \times ((-1) - (-6)) = (-3) \times 5 - (-3) \times 8) +$
$7 \times (-1) - 7 \times (-6)) = -15 + 24 - 7 + 42 = 44.$

Autres cas :

Calculer $A = (-4{,}5) - ((-2) + 5)) + (8{,}5 - (-3))$

$A = -4{,}5 + 2 - 5 + 8{,}5 + 3 = -(4{,}5 + 5) + (2 + 8{,}5 + 3)$

$A = -9{,}5 + 13{,}5 = 4.$

Applications

1. **Les températures** minimales mois par mois en 1995

Pays	Janvier	Février	Mars	Avril	Mai	Juin
Irkoutsk (Russie)	−47	−40	−29	−14	−1	12
Moscou	−14	−14	−8	0	6	10
Saporo (Japon)	−12	−11	−7	0	4	10

1. Au mois de janvier, quelle est la ville où la température a été la plus basse ?
2. Au mois de février quel a été l'écart de température entre Moscou et Irkoutsk ?

2. **Altitudes et profondeurs sous-marines. Calculer les dénivellations.**

Pays	**Altitude maximale** (en m)	**Altitude minimale** (en m)	**Dénivellation (en m)**
Afrique	Kibo 5 895	Lac Assal - 155	
Amérique du Nord	Mac kinley 6 194	Lac Salton - 90	
Amérique du Sud	Aconcagua 6 959	Rio Negro - 29,9	
Antarctique	Vinson 5140	Fossé de l'Astrolabe - 2 341	
Asie	Everest 8 846	Mer Morte - 405	
Europe	Elbrouz 5 642	Caspienne - 28	
Océanie	Pic Jaya 5 030	Lac Eyre - 405	

3. **Avancer et reculer**. Sur la droite graduée, un déplacement de 3 vers la droite (ordre croissant) se note $(+3)$, un déplacement de 3 vers la gauche se note (-3). Compléter le tableau suivant.

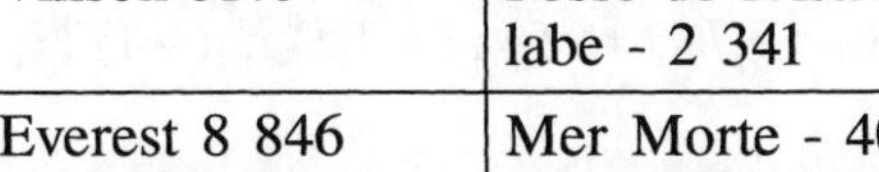

Figure 2.4

Départ	Déplacement	Arrivée
(+3)		(+8)
(−4)	(+7)	
	(−7)	(−22)
(+5)	(−3)	

Départ	Déplacement	Arrivée
(+7,3)		(+3,1)
	(−8,2)	(−3,1)
(−1,5)		(−16,8)
$\left(-\frac{5}{3}\right)$	$\left(+\frac{2}{3}\right)$	

4. **Dette et avoir** : On note (+30) une recette de 30 francs et (−35) une dépense (ou retrait) de 35 francs.
Compléter le tableau suivant. Le « nouvel avoir » d'une ligne est « l'avoir précédent » de la ligne suivante.

Avoir précédent	Opération	Nouvel avoir
(+850)	(+55)	
	(−525)	
	(−975)	
	(+9 850)	
	(−5 999)	
	(−3 645)	
	(+ 6 450)	

5. **Comparer** : **a.** (−3) et (+4) ; **b.** (−8,5) et (−6,4) ; **c.** (−3) et (−3,2) ; **d.** $\frac{15}{17}$ et $\left(-\frac{5}{7}\right)$.

6. **Simplification d'écriture**
Simplifier les écritures des nombres (exemple (+3) = 3 ou (– 5) = – 5)
(+ 6) ; (– 4,1) ; (– 15,7) ; (+ 5) ; (+ 7,5) ; (– 1) ; (– 9).

7. **Ordonner** du plus petit au plus grand :
(+6) ; (−4,1) ; (− 15,7) ; (+5) ; (+7,5) ; (−1) ; (−9).

8. **Ordonner** du plus grand au plus petit : $\frac{7}{3}$; $-4{,}1$; $-\frac{15}{7}$; 5 ; $\frac{7}{5}$; -1 ; -9.

9. **Addition.** Calculer : **a.** (+850) + (+55) ; **b.** 905 + (−525) ; **c.** (+380) + (−975) ; **d.** (−595) + (+9 850) ; **e.** 9 255 + (−5 999) ; **f.** 3 256 + (−3 645) ; **g.** (−389) + (+6 450).
Comparer avec les résultats obtenus à l'exercice 4.

10. **Soustraction.** Calculer : **a.** $(+8{,}50) - (+55)$; **b.** $(+905) - (+525)$; **c.** $(-17) - (-3{,}5)$; **d.** $(-105) - (+9\,850)$; **e.** $3{,}5 - 9{,}9$;
f. $5{,}8 - 4{,}3$; **g.** $-39 + 42$; **h.** $-\frac{5}{7} - \frac{3}{8}$.

11. **Addition et soustraction. a.** $(-5{,}8) + (1{,}5) - (3{,}9) + (+8)$;
b. $(-3{,}8) + (-6{,}7) - (+31{,}4) - (-8)$;
c. $-1{,}8 + 3{,}5 - 2{,}6 + 4{,}86 - 8{,}7 + 6{,}89$;
d. $-3{,}25 + \frac{5}{4} - 18{,}3 + 4{,}7 - \frac{7}{2}$.

12. **Calcul avec parenthèses** : Calculer de deux manières :
a. $(3{,}07 - 5{,}26) - (3{,}8 - 4{,}7)$; **b.** $6{,}4 - (4{,}6 + 6{,}4)$;
c. $(8{,}9 - 3{,}7) + (5{,}7 - 8{,}9)$; **d.** $\frac{4}{5} - \left(\frac{6}{7} - \frac{1}{5}\right)$;
e. $\left(\frac{6}{14} + \frac{8}{9}\right) - \left(\frac{24}{27} + \frac{3}{7}\right)$; **f.** $4 + \left(\frac{1}{2} - 3\right) - \left(\frac{5}{3} + \frac{5}{6}\right)$.

13. **Multiplication.** Effectuer : **a.** $(-3) \times (+4)$; **b.** $(-6) \times \left(-\frac{5}{3}\right)$;
c. $\left(-\frac{3}{4}\right) \times \left(+\frac{4}{3}\right)$; **d.** $\left(+\frac{7}{9}\right) \times \left(-\frac{3}{5}\right) \times \left(-\frac{15}{7}\right)$;
e. $\left(-\frac{7}{3} + \frac{14}{6}\right) \times \left(-\frac{3}{5}\right) \times \left(-\frac{5}{7}\right)$; **f.** $-3{,}5 \times 4{,}2 \times 10$.

14. **Division.** Effectuer : **a.** $(-3) : (+4)$; **b.** $(-15) : \left(-\frac{5}{3}\right)$;
c. $\left(-\frac{3}{4}\right) : \left(+\frac{3}{4}\right)$; **d.** $\left(+\frac{7}{9}\right) : \left(-\frac{14}{27}\right) : \left(-\frac{3}{2}\right)$;
e. $\left(-\frac{7}{3} + \frac{14}{6}\right) : \left(-\frac{3}{5}\right) : \left(-\frac{5}{7}\right)$; **f.** $-3{,}5 : 7$.

15. **Multiplication et division.** Effectuer :
a. $(-5) \times (-9) : (-4)$; **b.** $\left(-\frac{3}{4}\right) : \left[\left(-\frac{5}{8}\right) \times \left(+\frac{2}{3}\right)\right]$

16. **Opérations :**
$\{-3{,}5 + 4{,}8\} \times (-3{,}2) : (-0{,}5) + (-9{,}5) \times \{(-3{,}4) - (-1{,}2)\}$

(D'après concours)

17. $(-8)^2 =$; -8 ; 8 ; 64.

18. $-1,2^2 =$; $-1{,}44$; $2{,}4$; $1{,}44$.

19. $3 - 3 \times 7 =$ 0 ; impossible ; -18.

20. A $= \frac{5}{10} + \frac{14}{21} - \frac{15}{12} =$ $\quad \frac{130}{210}$; $\frac{14}{19}$; $-\frac{1}{12}$

21. **Simplifier l'écriture suivante** :

$\frac{2}{3} - \left(\frac{21}{3} - 2\right)\left(\frac{3}{5} \times \frac{2}{3}\right) =$ $\quad \frac{4}{3}$; $\quad 0$; $\quad -\frac{4}{3}$

22. **Compléter la série** : 5 ; 1 ; −3 ; −7 ; … ; … ; … .

23. **Compléter la série** : 8 ; − 16 ; 32 ; −64 ; … ; … ; … .

24. **Questionnaire de logique.**
Si TOISE = 67851 ; GOMME = 47221 ; PIEGE = 38141.
alors TEMPO = ?
A : 67329 ; B : 61 237 ; C : 41724 ; D : 62372 ; E : 13745.

Corrigés

1. **Les températures mois par mois en 1995**
1. Irkoutsk. **2.** L'écart entre −40 et − 14 est de 26°.

2. La dénivellation est la somme de l'altitude maximale et de la valeur absolue de l'altitude minimale (c'est-à-dire la profondeur maximale).

Pays	Dénivellation (en m)
Afrique	6 050 m
Amérique du Nord	6 284 m
Amérique du Sud	6 988,9 m
Antartique	7 481 m
Asie	9 251 m
Europe	5 670 m
Océanie	5 435 m

3.

Départ	Déplacement	Arrivée
(+3)	**(+5)**	(+8)
(−4)	(+7)	**(+3)**
(−15)	(−7)	(−22)
(+5)	(−3)	**(+2)**

Départ	Déplacement	Arrivée
(+7,3)	**(−4,2)**	(+3,1)
(+5,1)	(−8,2)	(−3,1)
(−1,5)	**(−15,3)**	(−16,8)
$\left(-\frac{5}{3}\right)$	$\left(+\frac{2}{3}\right)$	**(−1)**

4. **Dette et avoir**

Avoir précédent	Opération	Nouvel avoir
+ 850	+ 55	+ 905
+ 905	−525	+ 380
+ 380	−975	−595
−595	+9 850	+ 9255
+ 9255	−5 999	+ 3256
+ 3256	−3 645	−389
−389	+ 6 450	+ 6061

5. **a.** $-3 < +4$; **b.** $-8{,}5 < -6{,}4$; **c.** $-3{,}2 < -3$ **d.** $-\frac{5}{7} < \frac{15}{17}$

6. **6 ; −4,1 ; −15,7 ; 5 ; 7,5 ; −1 ; −9.**

7. $\mathbf{-15{,}7 < -9 < -4{,}1 < -1 < +5 < +6 < +7{,}5}$.

8. $\mathbf{5 > \frac{7}{3} > \frac{7}{5} > -1 > -\frac{15}{7} > -4{,}1 > -9}$.

On applique la règle de comparaison. Pour comparer $\frac{7}{3}$ et $\frac{7}{5}$, il suffit de remarquer que $\frac{7}{3} > 2 > \frac{7}{5}$. On remarque aussi que $2 < \frac{15}{7} < 3$.

9. **a. +905** ; **b. +380** ; **c. −595** ; **d. +9 255** ; **e. +3 256** ; **f. −389** ; **g. +6 061**.
On retrouve la suite des avoirs de l'exercice 4.

10. On applique la règle : retrancher un nombre, c'est ajouter son opposé.

a. $(+8{,}50) - (+55) = (+8{,}50) + (-55) = \mathbf{-46{,}5}$;

b. $(+905) - (+525) = 905 + (-525) = \mathbf{380}$ (même réponse qu'à l'exercice **4.**) ; **c.** $(-17) - (-3{,}5) = (-17) + (+3{,}5) = \mathbf{-13{,}5}$;

d. $(-105) - (+9\,850) = (-105) + (-9\,850) = \mathbf{-9\,955}$;

e. $3{,}5 - 9{,}9 = \mathbf{-6{,}4}$; **f.** $5{,}8 - 4{,}3 = \mathbf{1{,}5}$; **g.** $-39 + 42 = \mathbf{3}$;

h. $-\frac{5}{7} - \frac{3}{8} = -\left(\frac{40 + 21}{56}\right) = -\mathbf{\frac{61}{56}}$.

11. **a.** $-0{,}2$; **b.** $-33{,}9$; **c.** $2{,}15$; **d.** $-19{,}1$.

12. **a.** $(3{,}07 - 5{,}26) - (3{,}8 - 4{,}7) = -2{,}19 - (-0{,}9)$
$= -2{,}19 + 0{,}9 = -1{,}29$;
en respectant l'ordre imposé par les parenthèses.

$(3{,}07 - 5{,}26) - (3{,}8 - 4{,}7) = 3{,}07 - 5{,}26 - 3{,}8 + 4{,}7$
$= (3{,}07 + 4{,}7) - (5{,}26 + 3{,}8)$
$= 7{,}77 - 9{,}06 = \mathbf{-1{,}29}$

ou encore en tapant **3,07 – 5,26 – 3,8 + 4,7** avec une calculatrice.

b. $6{,}4 - (4{,}6 + 6{,}4) = 6{,}4 - 11 = \mathbf{-4{,}6}$;
ou $6{,}4 - (4{,}6 + 6{,}4) = 6{,}4 - 6{,}4 - 4{,}6 = 0 - 4{,}6 = \mathbf{-4{,}6}$.

c. $(8{,}9 - 5{,}7) + (5{,}7 - 8{,}9) = 5{,}2 + (-5{,}2) = \mathbf{0}$;
ou $8{,}9 - 5{,}7 + 5{,}7 - 8{,}9 = 8{,}9 - 8{,}9 + 5{,}7 - 5{,}7 = \mathbf{0}$.

d. $\frac{4}{5} - \left(\frac{6}{7} - \frac{1}{5}\right) = \frac{4}{5} - \left(\frac{23}{35}\right) = \frac{28}{35} - \frac{23}{35} = \frac{5}{35} = \mathbf{\frac{1}{7}}$

ou $\frac{4}{5} - \left(\frac{6}{7} - \frac{1}{5}\right) = \frac{4}{5} - \frac{6}{7} + \frac{1}{5} = 1 - \frac{6}{7} = \mathbf{\frac{1}{7}}$;

e. $\left(\frac{6}{14} + \frac{8}{9}\right) - \left(\frac{24}{27} + \frac{3}{7}\right) = \left(\frac{3}{7} + \frac{8}{9}\right) - \left(\frac{8}{9} + \frac{3}{7}\right) = \mathbf{0}$

ou $\frac{3}{7} + \frac{8}{9} - \frac{8}{9} - \frac{3}{7} = \mathbf{0}$;

f. $4 + \left(\frac{1}{2} - 3\right) - \left(\frac{5}{3} + \frac{5}{6}\right) = 4 - \frac{5}{2} - \frac{5}{2} = \mathbf{-1}$

ou $4 + \frac{1}{2} - 3 - \frac{5}{3} - \frac{5}{6} = 1 + \frac{1}{2} - \frac{5}{3} - \frac{5}{6} = \mathbf{-1}$.

13. **a.** $\mathbf{-12}$; **b.** $\mathbf{10}$; **c.** $\mathbf{-1}$; **d.** $\frac{7 \times 3 \times 15}{9 \times 5 \times 7} = \mathbf{1}$;

e. $0 \times \left(-\frac{3}{5}\right) \times \left(-\frac{5}{7}\right) = \mathbf{0}$; **f.** $-3{,}5 \times 4{,}2 \times 10 = \mathbf{-147}$.

14. **a.** $-0{,}75 = \mathbf{-\frac{3}{4}}$; **b.** $(-15) \times \left(-\frac{3}{5}\right) = \mathbf{9}$; **c.** $\left(-\frac{3}{4}\right) \times \left(+\frac{4}{3}\right) = \mathbf{-1}$;

d. $+\frac{7}{9} \times \frac{27}{14} \times \frac{2}{3} = \frac{7 \times 27 \times 2}{9 \times 14 \times 3} = \mathbf{1}$; **e.** $0 : \left(-\frac{3}{5}\right) : \left(-\frac{5}{7}\right) = \mathbf{0}$;

f. $-3{,}5 : 7 = \mathbf{-\frac{1}{2}} = \mathbf{-0{,}5}$.

15. **a.** $\mathbf{-\frac{45}{4}} = \mathbf{-11{,}25}$; **b.** $\frac{3}{4} \times \frac{8}{5} \times \frac{3}{2} = \mathbf{\frac{9}{5}} = \mathbf{1{,}8}$.

16. $1{,}3 \times 3{,}2 \times 2 + 9{,}5 \times 2{,}2 = 8{,}32 + 20{,}9 = \mathbf{29{,}22}$.

17. $(-8)^2 = \mathbf{64}$.

18. $-1{,}2^2 = \mathbf{-1{,}44}$.

19. $3 - 3 \times 7 = 3 - 21 = \mathbf{-18}$.

20. $A = \frac{1}{2} + \frac{2}{3} - \frac{5}{4} = \frac{6}{12} + \frac{8}{12} - \frac{15}{12} = -\mathbf{\frac{1}{12}}$.

21. $\frac{2}{3} - \left(\frac{21}{3} - 2\right)\left(\frac{3}{5} \times \frac{2}{3}\right) = \frac{2}{3} - (7 - 2) \times \frac{2}{5} = \frac{2}{3} - 5 \times \frac{2}{5} = -\mathbf{\frac{4}{3}}$.

22. 5 ; 1 ; −3 ; −7 ; −11 ; −15 ; −19. On passe d'un nombre au suivant en ajoutant (−4), ou en retranchant 4.

23. 8 ; −16 ; 32 ; −64 ; 128 ; −256 ; 512. On passe d'un nombre au suivant en multipliant par (−2).

24. Réponse B ; TEMPO = 61237.
T = 6 ; E = 1 ; M = 2 ; P = 3 ; S = 5 ;
I = 8 ; G = 4 ; O = 7.

CHAPITRE 5 Calcul littéral et équations

Tester ses connaissances

■ Calculer

Pour les questions 1 et 2, on donne : a = 2 ; b = - 3 ; c = 8 et d = 5.

1. $\left(\frac{1}{2}a + b\right) \times c$ est égal à … -16 ; 16 ; -4

2. $\frac{a}{d} + \frac{b}{c}$ est égal à … $-\frac{1}{40}$; $\frac{1}{40}$; $\frac{31}{40}$

Calculer le périmètre P et l'aire A d'une porte rectangulaire de 75 cm de large et 1,80 m de haut.

3. $P = 2(L + \ell) =$ 153,6 cm ; 4,35 m ou 5,10 m

4. $A = L \times \ell =$ 1,35 m^2 ; 13,5 cm^2 ou 135 cm^2

■ Développer

5. $5x + (2x + 5) =$

6. $5x + (2x - 5) =$

7. $5x - (2x + 5) =$

8. $5x - (2x - 5) =$

9. $5(x + 4) =$

10. $3a(b - 5) =$

11. $(3a + 2)(b + 3) =$

12. $(3a - 2)(b + 3) =$

13. $(3x - 2)(x - 3) =$

14. $(3x - 2)(x + 3) =$

■ Factoriser

15. $4a - 8b =$

16. $5a - 3ab =$

17. $(2x - 5)(x + 7) + (2x - 5)(3x - 2) =$

Egalités usuelles

18. $(x + 5)^2 =$ *19.* $(3y - 7)^2 =$ *20.* $(3a - 4)(3a + 4) =$

Résoudre des équations

21. $6x - 7 = x + 2 =$ a pour solution $\frac{9}{5}$; 1,8 ; –1

22. $7x + 2 = 3x + 10$ a pour solution 2 ; 3 ; $\frac{5}{3}$

23. $(2x - 1)(5x + 7) = 0$ a pour solution $\frac{1}{2}$ ou $\frac{7}{5}$; $-\frac{1}{2}$ ou $\frac{7}{5}$; $\frac{1}{2}$ ou $-\frac{7}{5}$

Solution des tests

1. – 16 ; **2.** $\frac{1}{40}$; **3.** 5,10 m ; **4.** 1,35 m² ; **5.** $7x + 5$; **6.** $7x - 5$;
7. $3x - 5$; **8.** $3x + 5$; **9.** $5x + 20$; **10.** $3ab - 15a$;
11. $3ab + 9a + 2b + 6$; **12.** $3ab + 9a - 2b - 6$; **13.** $3x^2 - 11x + 6$;
14. $3x^2 + 7x - 6$; **15.** $4(a - 2b)$; **16.** $a(5 - 3b)$;
17. $(2x - 5)(4x + 5)$; **18.** $x^2 + 10x + 25$; **19.** $9y^2 - 42y + 49$;
20. $9a^2 - 16$; **21.** $\frac{9}{5}$; 1,8 ; **22.** 2 ; **23.** $\frac{1}{2}$ ou $-\frac{7}{5}$

L'essentiel

Calculer des expressions, appliquer des formules

1. Expressions littérales

Les lettres *a*, *b*, *c* représentent des nombres ; $(a + b) \times c$; $\frac{a}{d} + \frac{b}{c}$ sont des expressions littérales (exprimées à l'aide de lettres).

On peut calculer ces expressions pour des valeurs données des nombres *a*, *b*, *c* et *d*.

Exemple :

Calculer $(a + b) \times c$ et $\frac{a}{d} + \frac{b}{c}$ lorsque $a = 2$; $b = -3$; $c = 8$ et $d = 5$

$(a + b) \times c = (2 - 3) \times 8 = -1 \times 8 = -8$;

$\frac{a}{d} + \frac{b}{c} = \frac{2}{5} + \left(\frac{-3}{8}\right) = \frac{16}{40} - \frac{15}{40} = \frac{1}{40}$

2. Appliquer des formules

Le périmètre d'un rectangle est deux fois la somme de la longueur et de la largeur.
L'aire d'un rectangle est le produit de la longueur par la largeur.
On appelle **L** la longueur, ℓ la largeur, **P** le périmètre et **A** l'aire du rectangle.
On écrit $\mathbf{A} = \mathbf{L} \times \ell$; $P = 2(L + \ell)$.
Le périmètre et l'aire du rectangle sont des fonctions de L et ℓ.

Développer

1. Sommes et différences

Les lettres a, b, c, d désignent des nombres.
$\boldsymbol{a + (b + c) = a + b + c}$; $\boldsymbol{a + (b - c) = a + b - c}$;
$\boldsymbol{a - (b + c) = a - b - c}$; $\boldsymbol{a - (b - c) = a - b + c = a + c - b}$.

Exemples :
$5x + (2x + 5) = 5x + 2x + 5 = 7x + 5$;
$5x + (2x - 5) = 5x + 2x - 5 = 7x - 5$;

2. Produit d'un nombre par une somme ou une différence

Avec des lettres, $a \times b$ s'écrit ab ; $a : b$ s'écrit $\frac{a}{b}$ et $a \times (b + c) = a(b + c)$.
Soit k, a, b trois nombres.

2.1. $\boldsymbol{k(a + b) = ka + kb}$

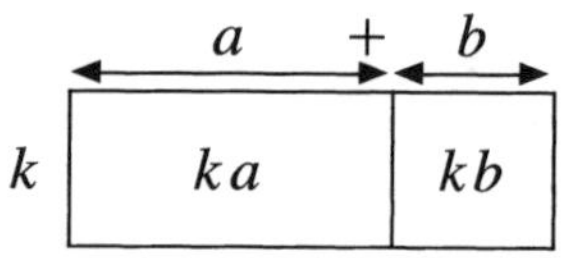

2.2. $\boldsymbol{k(a - b) = ka - kb}$

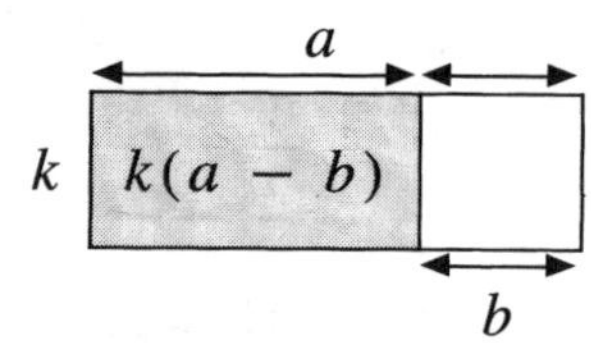

Exemples : $5(x + 4) = 5x + 20$; $3a(b - 5) = 3ab - 15$.

3. Produit d'une somme ou d'une différence par une somme ou une différence

Soit a, b, c, d quatre nombres.

3.1. $\boldsymbol{(a + b)(c + d) = a(c + d) + b(c + d) = ac + ad + bc + bd}$
3.2. $\boldsymbol{(a - b)(c + d) = a(c + d) - b(c + d) = ac + ad - bc - bd}$
3.3. $\boldsymbol{(a + b)(c - d) = a(c - d) + b(c - d) = ac - ad + bc - bd}$
3.4. $\boldsymbol{(a - b)(c - d) = a(c - d) - b(c - d) = ac - ad - bc + bd}$

Exemples :
$\boldsymbol{(3a + 2)(b + 3)}$, on multiplie $3a$ par $(b + 3)$ puis 2 par $(b + 3)$ et on ajoute les résultats :
$(3a + 2)(b + 3) = 3a(b + 3) + 2(b + 3) = 3ab + 9a + 2b + 6$.
On peut écrire directement : $\boldsymbol{(3a + 2)(b + 3) = 3ab + 9a + 2b + 6}$.

Factoriser

Factoriser c'est remplacer une somme de termes par un produit de facteurs.
Pour factoriser, on applique les règles précédentes, en les lisant de droite à gauche.
Trouver un facteur commun simple.
$\mathbf{4a - 8b} = 4(a - 2b)$; $5a - 3ab = a(5 - 3b)$.
Trouver un facteur commun qui soit une somme ou une différence.
$(2x - 5)(x + 7) + (2x - 5)(3x - 2)$
$= (2x - 5)\{(x + 7) + (3x - 2)\} = (2x - 5)(4x + 5)$

Les égalités usuelles (ou remarquables)

Carré d'une somme $(\boldsymbol{a} + \boldsymbol{b})^2 = a^2 + 2ab + b^2$
Carré d'une différence $(\boldsymbol{a} - \boldsymbol{b})^2 = a^2 - 2ab + b^2$
Produit d'une somme par une différence
$(\boldsymbol{a} + \boldsymbol{b})(\boldsymbol{a} - \boldsymbol{b}) = \boldsymbol{a}^2 - b^2$

	$a + b$	
a	a^2	ab
+		
b	ab	b^2

Exemples :
$(x + 5)^2 = x^2 + 2 \times 5x + 5^2 = x^2 + 10x + 25$;
$(3y - 7)^2 = (3y)^2 - 2(3y) \times 7 + 7^2 = 9y^2 - 42y + 49$;
$(3a - 4)(3a + 4) = (3a)^2 - (4)^2 = 9a^2 - 16$.

Résoudre des équations

1. Résoudre une équation simple

$6x - 7 = x + 2$; $5x = 9$; $x = \frac{9}{5}$. **La solution s'écrit $\mathbf{\frac{9}{5}}$ ou 1, 8.**

$7x + 2 = 3x + 10$; $4x = 8$; $x = 2$. **La solution est 2.**

2. Résoudre une équation produit

Un produit de deux nombres est nul dans le seul cas où l'un de ses facteurs est nul.
Résoudre l'équation : $(2x - 1)(5x + 7) = 0$.
Le produit est nul pour : $2x - 1 = 0$ ou $5x - 7 = 0$;
$x = \frac{1}{2}$ ou $x = \frac{7}{5}$ qui s'écrit encore 1,4. **Les solutions sont $\mathbf{\frac{1}{2}}$ et 1,4.**

Exemples d'exercices proposés aux concours

(solutions en gras)

1. Quelle est la valeur numérique de $3ab^2 - \frac{7a}{5}$, pour $a = 10$ et $b = 2$?
1 186 ; **106** ; 117,2 ou 78 ?

2. En France, la température est de 9°C. Quelle est la température en degrés Fahrenheit ? (La température en degrés Fahrenheit (°F) en fonction de la température en degrés centigrades (°C) est $F = \frac{9C}{5} + 32$.)
48,2 ; 22,6 ou 37 ?

3. L'équation $(2x + 3)(4x - 1) = 0$ a pour solutions $\frac{3}{2}$ et $\frac{1}{4}$; $\mathbf{-\frac{3}{2}}$ **et** $\mathbf{\frac{1}{4}}$ ou pas de solution.

Applications

1. **Remplacer des lettres par des nombres et calculer** :
Pour $a = (-3)$; $b = 2$
1.1. Calculer $(a + b)$; $(a - b)$;
1.2. Calculer $(a + b)^2$; $(a - b)^2$;
1.3. Calculer $a^2 + 2ab + b^2$; $a^2 - 2ab + b^2$.
1.4. Comparer les résultats obtenus aux deux dernières questions.

2. **On donne la formule** $\mathbf{(a + b)^3 = a^3 + 3a^2b + 3ab^2 + b^3}$.
Vérifier cette formule pour :
2.1. $a = 5$; $b = 7$ **2.2.** $a = 7$; $b = -3$ **2.3.** $a = -2,5$; $b = 4$
2.4. $a = \frac{2}{3}$; $b = \frac{1}{2}$

3. **Table ovale**
L'aire d'une table ovale de longueur AB est :
$\frac{1}{9}\left(2\pi - \frac{1}{2}\sqrt{3}\right) AB^2$.
Calculer l'aire d'une table ovale de 1,80 m de longueur (arrondi à 0,01 m² près) en prenant pour $\pi = 3,14$ et pour $\sqrt{3} = 1,73$; ou utiliser les touches π et $\sqrt{\ }$ de la calculatrice.

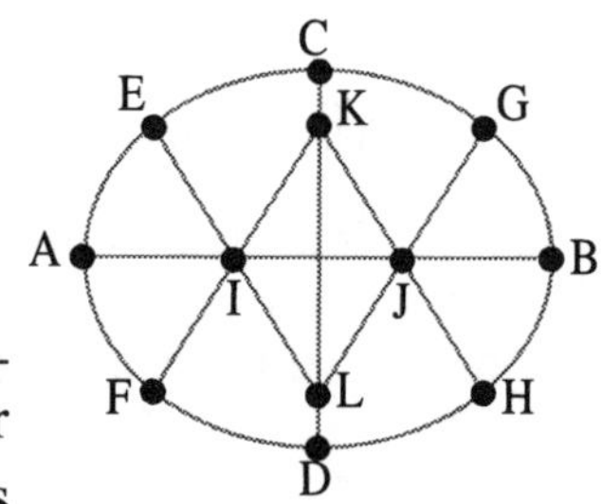

4. **Pièce métallique**
Une pièce métallique a la forme d'un tronc de cône dont les bases sont des disques de rayon R = 10 cm et $r = 6$ cm. Sa hauteur h est 15 cm.
Le volume d'une telle pièce est :
$\frac{\pi h}{3}(R^2 + Rr + r^2)$.
Calculer ce volume (résultat arrondi au cm³).

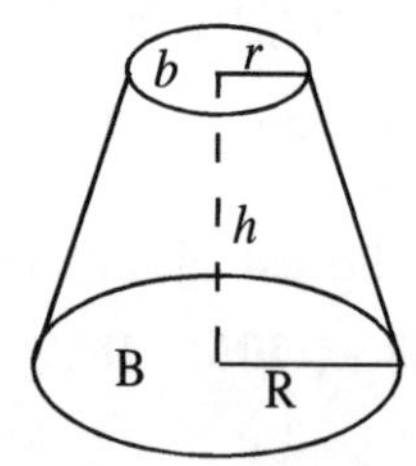

5. Développer des suites d'additions et de soustractions

5.1. $(8a + b) + (3a + 2b)$ **5.2.** $(4t - 5) + (2t - 9)$

5.3. $(5v + 3u) + (2u + 4v)$ **5.4.** $(2x - 3) - (4x + 7)$

5.5. $3x - (5 + 4x)$ **5.6.** $\left(\frac{1}{2}x + 4\right) - \left(2x + \frac{4}{3}\right)$

5.7. $\left(5x + \frac{7}{2}\right) - \left(4x - \frac{1}{2}\right)$ **5.8.** $\left(\frac{5}{4}x - 3\right) - \left(\frac{1}{6}x - \frac{1}{2}\right)$

5.9. $(9x - 6a + 4) - (11x + 2a - 1)$

6. Développer des expressions de la forme ($k(a \pm b)$; $k(a \pm b \pm c)$)

6.1. $3(a + 5b)$ **6.2.** $\frac{2}{3}(6x - 7)$ **6.3.** $\frac{8}{3}\left(9a - 15b + \frac{3}{4}c\right)$

7. Développer des expressions de la forme ($a \pm b)(c \pm d$)

7.1. $(3a + b)(a + 5b)$ **7.2.** $(3a + 2)(a + 5)$ **7.3.** $(3a + 2)(a - 5)$

7.4. $(3a - 2)(a - 5)$ **7.5.** $\left(\frac{2}{3}\times -5\right)(6x - 7)$ **7.6.** $\left(\frac{8}{3}x - 4y\right)\left(3x - \frac{1}{2}y\right)$

8. Développer des sommes de produits

8.1. $(a + 3)(a + 2) + (2a + 1)(3a + 1)$

8.2. $(3a - 2)(3a + 4) + (a + 5)(3a - 4)$

8.3. $(5 + x)(x - 2) - (2x - 1)(3x + 1)$

8.4. $(5 + x)(x - 2) - (2x - 7)(3x + 1)$

8.5. $(7 - x)(0{,}5x + 2) - (3x - 2)(2x - 5)$

8.6. $(x - 2{,}5)(-2 + x) - (2x - 7)(3x - 1)$

9. Factoriser

9.1. $5x + 15b - 35$ **9.2.** $8a - 56b + 72c$ **9.3.** $(5ax + 15ay - 25a)$

9.4. $(9ab - 6b + 3)$ **9.5.** $\frac{15}{2}abc - 5ab^2 + 5ab$ **9.6.** $8x^2 - 3x$

10. Factoriser

10.1. $(3x - 1)(5x + 2) + (4x - 3)(3x - 1)$

10.2. $(6x + 2)(x - 5) - (3x + 1)(2x - 3) - (5x + 6)(3x + 1)$

10.3. $(4x - 5)^2(x - 2) + (4x - 5)(x - 2)^2$

10.4. $\left(\frac{7}{3}a - \frac{2}{3}b\right)(2a - 5) - (7a - 2b)(8 - 3a)$

11. Développer en utilisant les égalités remarquables

11.1. $(a + 3)^2$ **11.2.** $(a - 3)^2$ **11.3.** $(2x + 5)^2 - (3x - 5)^2$

11.4. $(x - 5)^2 + (3x + 1)^2$ **11.5.** $(2a + 1)(2a - 1)$ **11.6.** $(a - 3)(a + 3)$

11.7. $(-1 - 3y)(-1 + 3y)$ **11.8.** $\left(\frac{3}{2}a - \frac{1}{3}b\right)\left(\frac{3}{2}a + \frac{1}{3}b\right)$

12. Développer des produits des sommes, utiliser les égalités usuelles

12.1. $(3x - 1)(3x + 1) + (2x - 1)(x + 2) - 2(x - 3)^2$

12.2. $(4a - b)^2 - (3a + 7b)(3a - 7b)$

13. Résoudre des équations

13.1. $8x - 5 = 3x + 15$ **13.2.** $7x + 12 = 5x - 2$

13.3. $\frac{3}{2}x - 4 = \frac{1}{2}x + 1$ **13.4.** $2(y - 3) = 3(y + 5)$

13.5. $\frac{1}{2}(4a - 5) = \frac{1}{3}(6a + 3)$ **13.6.** $\frac{3}{4}(b + 8) = 2b + 6$

14. Résoudre des équations

14.1. $(3x - 6)(x + 4) = 0$ **14.2.** $3x(4x - 5) = 0$

14.3. $(3x - 5)\left(\frac{3}{4}x + \frac{7}{3}\right) = 0$

15. Calculer mentalement à l'aide de l'égalité $(a + b)(a - b)$

$18 \times 22 = (20 - 2)(20 + 2) = 20^2 - 2^2 = 400 - 4 = 396.$

Calculer de même :

15.1. 28×32 **15.2.** 19×21 **15.3.** 39×41 **15.4.** 37×43

Problème (d'après concours)

16. Pour une compétition une rencontre perdue donne un point et une rencontre gagnée donne 3 points au classement. Sachant qu'une équipe a 35 points au classement et qu'elle compte deux fois plus de victoires que de défaites, quel est le nombre de rencontres disputées ?

En appelant x le nombre de défaites :

1. Calculer en fonction de x le nombre de victoires ?
2. Calculer en fonction de x le nombre de points gagnés.
3. Quelle équation peut-on alors résoudre pour déterminer x ?
4. Résoudre le problème.

17. Un client se présente à la caisse d'un supermarché avec 5 bouteilles d'un produit A et 3 bouteilles d'un produit B. Il donne 3 billets de 10 euros, la caissière lui rend un billet de 5 euros, une pièce de 50 cents (centimes), une pièce de 20 cents et une de 5 cents.

1. Quel est le montant de son achat ?

2. Soit x le prix du produit B.

   Exprimer en fonction de x le prix de 3 bouteilles du produit B, le prix de 5 bouteilles du produit A, puis le prix d'une bouteille du produit A.

3. Le client s'aperçoit alors qu'il s'est trompé. Il revient à la caisse avec, en remplacement, 3 bouteilles du produit A et 5 bouteilles du produit B. La caissière lui réclame alors en complément 1,5 euro pour régulariser la note. Quel est le montant de ce nouvel achat ?

4. Quelle équation peut-on alors résoudre pour déterminer x ? Résoudre l'équation.

Corrigés

1.1. $(a + b) = -3 + 2 = -1$; $(a - b) = -3 - 2 = -5$;

1.2. $(a + b)^2 = (-1)^2 = 1$; $(a - b)^2 = (-5)^2 = 25$;

1.3. $a^2 + 2ab + b^2 = (-3)^2 + 2 \times (-3) \times 2 + (2)^2 = 9 - 12 + 4 = 1$;

$a^2 - 2ab + b^2 = (-3)^2 - 2 \times (-3) \times 2 + (2)^2 = 9 + 12 + 4 = 25$;

1.4. On vérifie que :

$(a + b)^2 = a^2 + 2ab + b^2$; $(a - b)^2 = a^2 - 2ab + b^2$

2.1. $(a + b)^3 = (5 + 7)^3 = 12^3 = \mathbf{1728}$

$a^3 + 3a^2b + 3ab^2 + b^3 = 5^3 + 3 \times 5^2 \times 7 + 3 \times 5 \times 7^2 + 7^3$

$= 125 + 525 + 735 + 343 = \mathbf{1728}$

2.2. $(a + b)^3 = (7 - 3)^3 = 4^3 = \mathbf{64}$

$a^3 + 3a^2b + 3ab^2 + b^3 = 7^3 + 3 \times 7^2 \times (-3) + 3 \times 7 \times (-3)^2 + (-3)^3$

$= 343 - 441 + 189 - 27 = \mathbf{64}$

2.3. $(a + b)^3 = (-2{,}5 + 4)^3 = 1{,}5^3 = \mathbf{3{,}375}$

$a^3 + 3a^2b + 3ab^2 + b^3 =$

$(-2{,}5)^3 + 3 \times (-2{,}5)^2 \times 4 + 3 \times (-2{,}5) \times 4^2 + 4^3$

$= -15{,}625 + 75 - 120 + 64 = \mathbf{3{,}375}$

2.4. $(a + b)^3 = \left(\frac{2}{3} + \frac{1}{2}\right)^3 = \left(\frac{7}{6}\right)^3 = \mathbf{\frac{343}{216}}$

$a^3 + 3a^2b + 3ab^2 + b^3 =$

$\left(\frac{2}{3}\right)^3 + 3 \times \left(\frac{2}{3}\right)^2 \times \frac{1}{2} + 3 \times \frac{2}{3} \times \left(\frac{1}{2}\right)^2 + \left(\frac{1}{2}\right)^3 = \frac{8}{27} + \frac{2}{3} + \frac{1}{2} + \frac{1}{8} = \frac{343}{216}$

Dans les 4 cas, la formule est vérifiée

3. Aire $= \frac{1}{9}\left(2\pi - \frac{1}{2}\sqrt{3}\right) 1{,}8^2 \text{ m}^2 \approx \mathbf{1{,}95 \text{ m}^2}$

4. Volume $\frac{\pi h}{3}(R^2 + Rr + r^2) = \frac{\pi}{3}(100 + 60 + 36) \times 15 = 980\pi$

$\approx 3\,079 \text{ cm}^3$

5.1. $(8a + b) + (3a + 2b) = 8a + b + 3a + 2b = \mathbf{11a + 3b}$

5.2. $(4t - 5) + (2t - 9) = 4t - 5 + 2t - 9 = \mathbf{6t - 14}$

5.3. $(5v + 3u) + (2u + 4v) = 5v + 3u + 2u + 4v = \mathbf{5u + 9v}$
5.4. $(2x - 3) - (4x + 7) = 2x - 3 - 4x - 7 = \mathbf{-2x - 10}$
5.5. $3x - (5 + 4x) = 3x - 5 - 4x = \mathbf{-x - 5}$

5.6. $\left(\frac{1}{2}x + 4\right) - \left(2x + \frac{4}{3}\right) = \frac{1}{2}x + 4 - 2x - \frac{4}{3} = \frac{1}{2}x - 2x + 4 - \frac{4}{3}$
$= \mathbf{-\frac{3}{2}x + \frac{8}{3}}$

5.7. $\left(5x + \frac{7}{2}\right) - \left(4x - \frac{1}{2}\right) = 5x - 4x + \frac{7}{2} + \frac{1}{2} = \mathbf{x + 4}$

5.8. $\left(\frac{5}{4}x - 3\right) - \left(\frac{1}{6}x - \frac{1}{2}\right) = \frac{5}{4}x - 3 - \frac{1}{6}x + \frac{1}{2} = \frac{5}{4}x - \frac{1}{6}x - 3 + \frac{1}{2}$
$= \mathbf{\frac{13}{12}x - \frac{5}{2}}$

5.9. $(9x - 6a + 4) - (11x + 2a - 1) = 9x - 6a + 4 - 11x - 2a + 1$
$= \mathbf{-2x - 8a + 5}$

6.1. $3(a + 5b) = \mathbf{3a + 15b}$ **6.2.** $\frac{2}{3}(6x - 7) = \mathbf{4x - \frac{14}{3}}$

6.3. $\frac{8}{3}\left(9a - 15b + \frac{3}{4}c\right) = \mathbf{24a - 40b + 2c}$

7.1. $(3a + b)(a + 5b) = 3a^2 + 15ab + ab + 5b^2 = \mathbf{3a^2 + 16ab + 5b^2}$
7.2. $(3a + 2)(a + 5) = 3a^2 + 15a + 2a + 10 = \mathbf{3a^2 + 17a + 10}$
7.3. $(3a + 2)(a - 5) = 3a^2 - 15a + 2a - 10 = \mathbf{3a^2 - 13a - 10}$
7.4. $(3a - 2)(a - 5) = 3a^2 - 15a - 2a + 10 = \mathbf{3a^2 - 17a + 10}$
7.5. $\left(\frac{2}{3}x - 5\right)(6x - 7) = 4x^2 - \frac{14}{3}x - 30x + 35 = \mathbf{4x^2 - \frac{104}{3}x + 35}$
7.6. $\left(\frac{8}{3}x - 4y\right)\left(3x - \frac{1}{2}y\right) = 8x^2 - \frac{4}{3}xy - 12xy + 2y^2 = \mathbf{8x^2 - \frac{40}{3}xy + 2y^2}$

8.1. $7a^2 + 10a + 7$ **8.2.** $12a^2 + 17a - 28$
8.3. $-5x^2 + 4x - 9$ **8.4.** $-5x^2 + 22x - 3$
8.5. $-6{,}5x^2 + 20{,}5x + 4$ **8.6.** $-5x^2 + 18{,}5x - 2$

9.1. $5x + 15b - 35 = 5(x + 3b - 7)$
9.2. $8a - 56b + 72c = 8(a - 7b + 9c)$
9.3. $(5ax + 15ay - 25a) = 5a(x + 3y - 5)$
9.4. $(9ab - 6b + 3) = 3(3ab - 2b + 1)$
9.5. $\frac{15}{2}abc - 5ab^2 + 5ab = 5ab\left(\frac{3}{2}c - b + 1\right)$
9.6. $8x^2 - 3x = x(8x - 3)$

10.1. $(3x - 1)(5x + 2) + (4x - 3)(3x - 1)$
$= (3x - 1)(5x + 2 + 4x - 3) = (3x - 1)(9x - 1)$

10.2. $(3x+1)(2(x-5)-(2x-3)-(5x+6)) = (3x+1)(-5x-13)$
10.3. $(4x-5)(x-2)((4x-5)+(x-2)) = (4x-5)(x-2)(5x-7)$
10.4. $\left(\frac{7}{3}a - \frac{2}{3}b\right)(2a-5) - (7a-2b)(8-3a)$

$$= \frac{(7a-2b)}{3}(2a-5-3(8-3a)) = \frac{(7a-2b)}{3}(11a-29).$$

11.1. $a^2 + 6a + 9$
11.2. $a^2 - 6a + 9$
11.3. $-5x^2 + 50x$
11.4. $10x^2 - 4x + 26$
11.5. $4a^2 - 1$
11.6. $a^2 - 9$
11.7. $1 - 9y^2$
11.8. $\frac{9}{4}a^2 - \frac{1}{9}b^2$

12.1. $9x^2 - 1 + 2x^2 + 3x - 2 - 2(x^2 - 6x + 9) = 9x^2 + 15x - 21$
12.2. $(4a-b)^2 - (3a+7b)(3a-7b) = 7a^2 - 8ab + 50b^2$

13.1. $8x - 5 = 3x + 15$
$5x = 20$
$\boldsymbol{x = 4}$

13.2. $7x + 12 = 5x - 2$
$2x = -14$
$\boldsymbol{x = -7}$

13.3. $\boldsymbol{x = 5}$
13.4. $\boldsymbol{y = -21}$

13.5. $2a - 2{,}5 = 2a + 1$ **impossible**
13.6. $\frac{3}{4}b + 6 = 2b + 6$; $\boldsymbol{b = 0}$

14.1. $x = 2$ ou $x = -4$ **14.2.** $x = 0$ ou $x = \frac{5}{4}$ **14.3.** $x = \frac{5}{3}$ ou $x = -\frac{28}{9}$

15.1. $28 \times 32 = (30-2)(30+2) = 900 - 4 = 896$
15.2. $19 \times 21 = (20-1)(20+1) = 400 - 1 = 399$
15.3. $39 \times 41 = (40-1)(40+1) = 1\,600 - 1 = 1\,599$
15.4. $37 \times 43 = (40-3)(40+3) = 1\,600 - 9 = 1\,591$

16.1. $(2x)$; **16.2.** $1x + 3(2x) = 7x$; **16.3.** $7x = 35$.
16.4. En résolvant l'équation on trouve $x = 5$. L'équipe a perdu 5 fois et gagné deux fois plus c'est-à-dire 10 fois en 15 rencontres.

17.1. Le montant de son achat est (30 – 5,75) € soit 24,25.
2. Soit x le prix du produit B. Le prix de 3 bouteilles du produit B est $3x$.
Le prix de 5 bouteilles du produit A est $(24,25 - 3x)$.
Le prix d'une bouteille est $\frac{24{,}25 - 3x}{5}$
Le montant de ce nouvel achat est (24,25 + 1,50) € soit 25,75 €.
3. $5x + 3\left(\frac{24{,}25 - 3x}{5}\right) = 25{,}75.$
4. En multipliant les deux membres de l'équation par 5, on trouve :
$25x + 3(24,25 - 3x) = 25{,}75 \times 5$; puis $25x + 72{,}75 - 9x = 128{,}75$;
$16x = 128{,}75 - 72{,}75$; puis $16x = 56$ et enfin $x = 3{,}5$.
La bouteille de produit B vaut 3,5 €, celle de produit A vaut 2,75 €.
(24,25 - 10,55 = 2,75)

CHAPITRE 6

Gestion de données

Tester ses connaissances

■ *Analyse de données statistiques*

Voici les superficies des espaces verts (en m^2 par habitant) dans quelques villes de France ordonnées par ordre alphabétique.

Villes	Superficies (en m^2)
Aix en Provence	3,4
Besançon	55,4
Bordeaux	22,8
Boulogne Billancourt	2,7
Brest	0,9
Caen	19,6
Dijon	18,8
Le Havre	23,8
Le Mans	6,5
Limoges	19

Villes	Superficies (en m^2)
Lyon	5,7
Metz	18,5
Mulhouse	18,5
Orléans	20,6
Perpignan	5,6
Rennes	24,4
Roubaix	5,4
Toulon	2,7
Tourcoing	5,6
Villeurbanne	4,1

1. Quelle est la **population** étudiée ?
2. Quel est **l'effectif** de cette population ?
3. Quelle est la ville où la superficie des espaces verts par habitant est la plus grande ?
4. Quelle est la ville où la superficie des espaces verts par habitant est la plus faible ?
5. Ordonner les villes dans l'ordre croissant des superficies d'espaces verts. Quelle ville occupe : a) le 5ème rang ? b) le 10ème ? c) le 15ème ? d) le 20ème ?
6. Calculer les **moyennes** des superficies : a) des 5 premières villes ; b) des 5 suivantes ; c) des 5 suivantes ; d) des 5 dernières.
7. Calculer la **moyenne** des 20 superficies et la moyenne des 4 moyennes précédentes. Comparer les résultats.

8. Quelle est la **médiane** de la série statistique ?

9. Quels sont les **quartiles** ?

10. Construire un **graphique** représentant les variations de la superficie des espaces verts selon les villes ordonnées à la question 1.

■ *Lecture de graphiques*

Le graphique ci-dessous donne les variations de la valeur du franc, de 1901 à 2000. Les valeurs du franc au cours de ces années, par rapport au franc 2000, de la plus basse à la plus haute, sont : 0,0860 ; 0,1260 ; 0,9760 ; 1,0170 ; 1,0420 ; 1,1480 ; 1,3440 ; 1,9230 ; 2,4640 ; 2,9950 ; 3,2710 ; 3,3370 ; 4,0550 ; 5,2840 ; 5,7310 ; 6,9370 ; 8,2950 ; 17,5740 ; 20,2770.

1.a) Utiliser le graphique et les valeurs données pour compléter le tableau suivant : (en indiquant les valeurs en franc et en calculant les valeurs correspondantes en euros.)

b) Comment expliquer la chute importante de la deuxième à la troisième valeur ? Comment expliquer la remontée importante en 1960 ?

Remarque : Sur l'axe des abscisses, les numéros correspondent au rang des années (1 pour 1901 ; 2 pour 1914 …, l'échelle du temps n'est donc pas respectée).

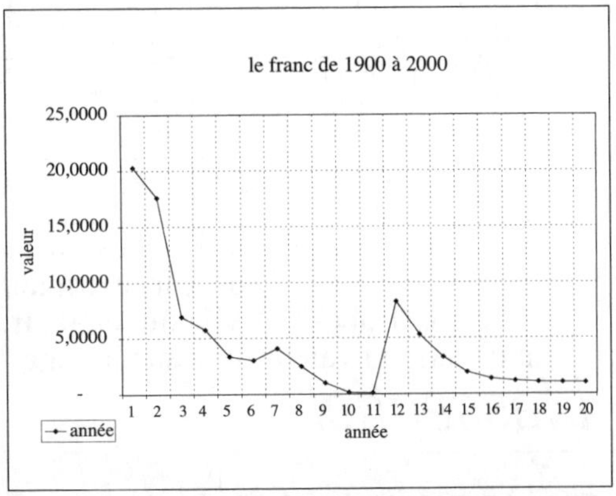

1.a) En utilisant le graphique, compléter le tableau suivant en indiquant les valeurs du franc en franc et en calculant les valeurs correspondantes en euros.

b) Comment expliquer la chute importante de la deuxième à la troisième valeur ? Comment expliquer la remontée importante en 1960 ?

Remarque : Sur l'axe des abscisses, les numéros correspondent au rang des années (1 pour 1901 ; 2 pour 1914…, l'échelle du temps n'est donc pas respectée).

	Valeur en F	Valeur en €		Valeur en F	Valeur en €
1901			1959	0,0860	
1914			1960		
1919			1971		
1921	5,7310		1976	3,2710	
1926			1981	1,9230	
1930	2,9950		1986		
1935			1991	1,1480	
1939			1996		
1944	0,9760		1999	1,0170	
1951	0,1260		2000	1	

2.Comment expliquer la chute importante de la deuxième à la troisième valeur ? Comment expliquer la remontée important en 1960.

Solution des tests

1. Les villes ; **2.** 20 ; **3.** Besançon ; **4.** Brest.

5. ordre voir page suivante

a) 5ᵉ rang : *Villeurbanne* (4,1) ; b) 10ᵉ rang : *Le Mans* (6,5) ;

c) $15^{\text{ème}}$ rang : *Caen* (19,6) ; d) $20^{\text{ème}}$ rang : *Besançon* (55,4).

6. a) 2,76 ; b) 5,76 ; c) 18,88 ; d) 29,4.

7. La **moyenne** 14,2 est la moyenne des 4 moyennes précédentes.

8. La **médiane** est $\frac{1}{2}(6{,}5 + 18{,}5) = 12{,}5$.

9. Les **quartiles sont** $\frac{1}{2}(4{,}1 + 5{,}4) = 4{,}75$; $\frac{1}{2}(19{,}6 + 20{,}6) = 20{,}1$.

10. Le graphique est donné dans l'essentiel.

11. a) Tableau

1901	20,2770	3,09124	1959	0,0860	0,01310
1914	17,5740	2,67907	1960	8,2950	1,26451
1919	6,9370	1,05753	1971	5,2840	0,80549
1921	5,7310	0,87361	1976	3,2710	0,49865
1926	3,3370	0,50868	1981	1,9230	0,29309
1930	2,9950	0,45666	1986	1,3440	0,20492
1935	4,0550	0,61825	1991	1,1480	0,17503
1939	2,4640	0,37557	1996	1,0420	0,15881
1944	0,9760	0,14884	1999	1,0170	0,15503
1951	0,1260	0,01916	2000	1	0,15245

b) La chute de 1914 à 1919 est due à la guerre de 1914-1918.
La remontée de 1960 est artificielle : elle la conséquence du passage des "anciens francs" aux "nouveaux francs" (1 franc nouveau vaut 100 francs anciens) ; la valeur du franc a donc "parue" être multipliée par 100.

L'essentiel

■ *Données statistiques et tableau de données*

Villes	Superficies (en m²)	Rang
Brest	0,9	1
Boulogne Billancourt	2,7	2
Toulon	2,7	2
Aix en Provence	3,4	4
Villeurbanne	4,1	5
Roubaix	5,4	6
Perpignan	5,6	7
Tourcoing	5,6	7
Lyon	5,7	9
Le Mans	6,5	10

Villes	Superficies (en m²)	Rang
Metz	18,5	11
Mulhouse	18,5	11
Dijon	18,8	13
Limoges	19	14
Caen	19,6	15
Orléans	20,6	16
Bordeaux	22,8	17
Le Havre	23,8	18
Rennes	24,4	19
Besançon	55,4	20

On a ordonné ces villes dans l'ordre croissant des superficies.
On pourrait également les ordonner dans l'ordre décroissant des superficies.

Définition — ***Population, Caractère, Effectif***

La **population statistique** est constituée par les villes citées. Le **caractère étudié** est la superficie d'espace vert en mètres carrés par habitant. Le nombre d'éléments de la population est **l'effectif**.

Définition – *Moyenne, Médiane, Quartiles, Déciles*

La **moyenne** est la somme des valeurs du caractère étudié divisée par l'effectif.
La population étant ordonnée, la **médiane** est la valeur de la superficie qui partage la série des valeurs en **deux parties** de **même effectif**.
Lorsque l'effectif est impair, c'est la valeur centrale ; lorsqu'il est pair, on calcule la moyenne entre le dernier de la première moitié et le premier de la seconde.
Les **quartiles** correspondent au partage en 4 parties, les **déciles** en 10.

Exemple : tests 6 à 9

La **moyenne** est :

$(0{,}9 + 2{,}7 + 2{,}7 + 3{,}4 + 4{,}1 + 5{,}4 + 5{,}6 + 5{,}6 + 5{,}7 + 6{,}5 + 18{,}5 + 18{,}5 + 18{,}8 + 19 + 19{,}6 + 20{,}6 + 22{,}8 + 23{,}8 + 24{,}4 + 55{,}4) : 20 = \mathbf{14{,}2}$

La **médiane** est la moyenne entre la superficie de la 10ème et de la 11ème ville.

$(6{,}5 + 18{,}5) : 2 = \mathbf{12{,}5}$

En séparant la population en deux parties de même effectif, on observe que l'écart entre ces deux parties est très important, l'étude proposée porte sur 10 villes ayant peu d'espaces verts par habitant et 10 villes ayant de grands espaces verts.

Quartiles :

Le premier est la moyenne entre les 5ème et 6ème observations : $\frac{1}{2}(4{,}1+5{,}4)=\mathbf{4{,}75}$;
le deuxième est la médiane ; c'est **12,5** et **le troisième** est la moyenne entre les 15ème et 16ème observations soit $\frac{1}{2}(19{,}6 + 20{,}6) = \mathbf{20{,}1}$

■ *Représentations graphiques*

● *Diagramme en bâton (figure 3.6)*

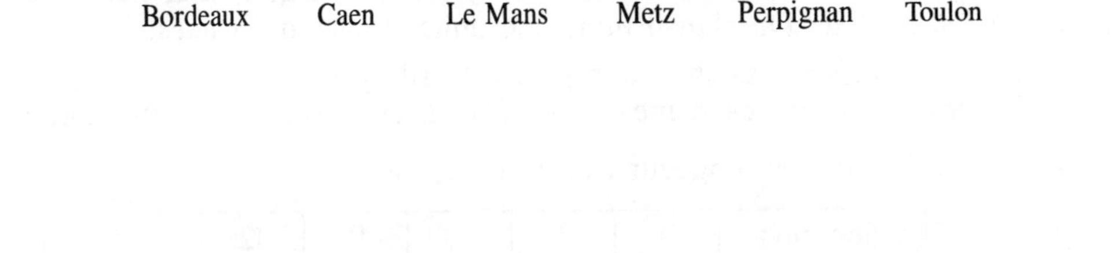

Histogramme

Représentation dans le cas où les villes sont ordonnées.

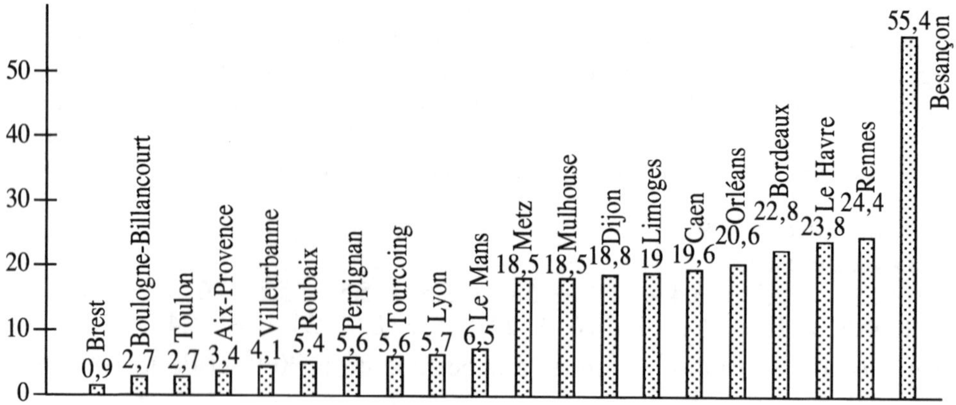

Figure 4.6

Diagrammes circulaires

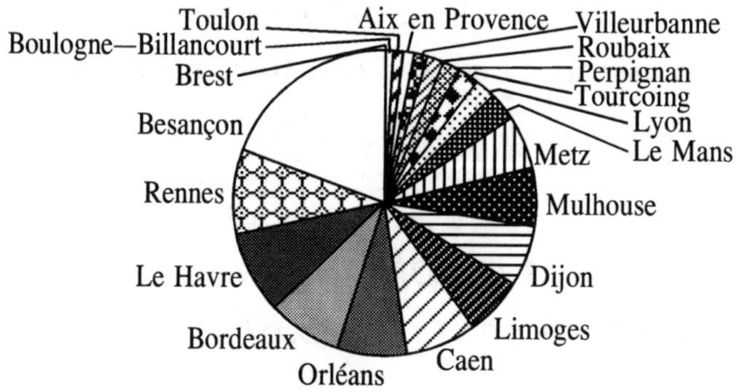

Figure 5.6

Graphique en ligne

Pour représenter les variations d'une grandeur en fonction d'une autre, en mathématiques, on utilise le plus souvent un graphique en ligne.

Choix du repère : les axes sont gradués de telle sorte que le graphique tienne dans la place qu'on lui fixe. On choisit donc une unité sur les deux axes.

Si les axes sont perpendiculaires, le repère est orthogonal.
Si, de plus, les unités sont les mêmes sur les deux axes, le repère est orthonormal.

Périmètre (y) du carré et longueur (x) du côté

x (en cm)	0	3	6	9	12
y (en cm)	0	12	24	36	48

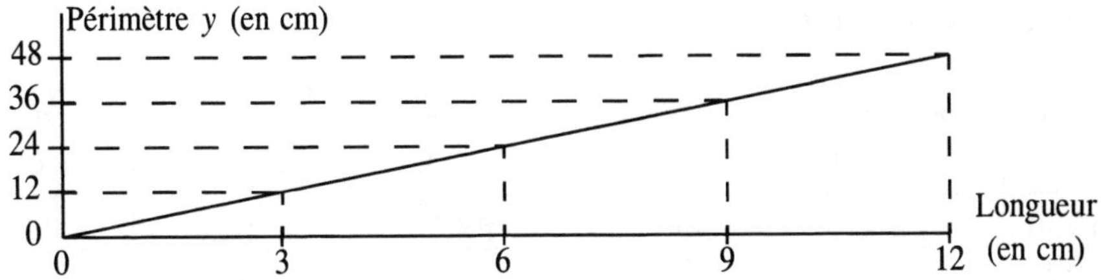

Figure 6.6

Aire (y) du carré et longueur (x) du côté

x (en cm)	3	7	11	15	19
y (en cm^2)	9	49	121	225	361

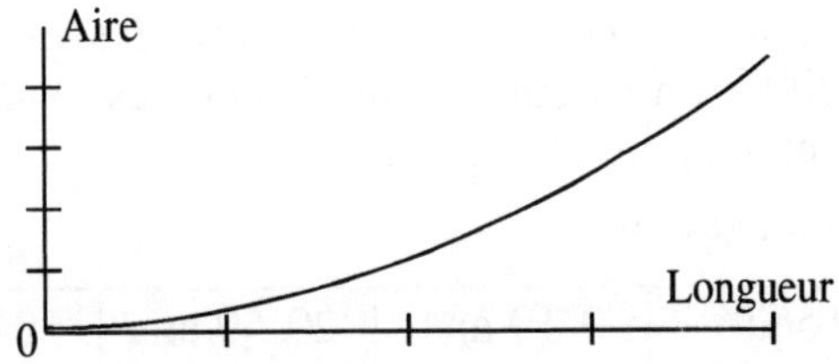

Figure 7.6

Applications

1. **Examen.** Notes obtenues par 20 candidats ; 10 ; 12 ; 10 ; 09 ; 05 ; 13 ; 15 ; 07 ; 10 ; 11 ; 09 ; 07 ; 12 ; 17 ; 11 ; 10 ; 09 ; 11 ; 10 ; 08. L'effectif cumulé est le nombre de notes inférieures ou égales à la note indiquée.

1.1. En ordonnant les notes dans l'ordre croissant, recopier et compléter le tableau suivant.

Note	Effectif	Effectif cumulé	Effectif x note
05	1	1	
07	2	3	
08	1	4	

1.2. Calculer la moyenne, la médiane et les quartiles.

1.3. Représenter cette série statistique par un diagramme à bâtons.

Exercices 2 et 3 Voici un document de l'INSEE donnant la répartition de la population selon les tranches d'âge de 1950 à 2030 (résultats connus jusqu'en 2000 et estimés au-delà).

Année	Population (en milliers)	% des 0-19 ans	% des 20-59 ans	% des 60 ans et plus	% des 65 ans et plus
1950	41 647	30,1	53,7	16,2	11,4
1990	56 577	27,8	53,2	19,0	13,9
1995	57 753	26,1	53,8	20,1	15,0
2000	58 744	25,6	53,8	20,6	16,0
2005	59 983	24,7	54,3	21,0	16,6
2010	61 061	23,8	53,1	23,1	17,0
2020	62 734	22,5	50,2	27,3	21,0
2030	63 927	21,3	47,6	31,1	24,9

2 1. Compléter le tableau suivant :

Pour représenter, par un diagramme circulaire, les effectifs des différentes classes d'âge en 2000, on calcule les angles correspondant à chaque tranche d'âge en multipliant les pourcentages par 3,6.

Compléter le tableau suivant :

Population	Total	0-19 ans	20-59 ans	60-64 ans	65 ans et plus
Pourcentage	100				
Angles	360°				

2. Représenter par un diagramme circulaire la répartition de la population de 2000 selon ces tranches d'âge.

3 1. Compléter le tableau suivant

(Pour l'âge de la retraite, on prendra 65 ans en 1950, 60 ans en 1990, pour le début de l'âge actif)

	Population de 0 à 19 ans	Population active	Population ou retraitée
1950			
1990			
2000			
2010			
2020			
2030			

2. Sur un même graphique, représenter les variations des populations de ces trois catégories de population.
   En abscisses, on prendra 2 cm pour 10 ans et en ordonnées 1 cm pour 10%.

Corrigés

1.1.

Note x	Effectif n	Effectif cumulé	$x \times n$
05	1	1	$5 \times 1 = 5$
07	2	3	$7 \times 2 = 14$
08	1	4	$8 \times 1 = 8$
09	3	7	$9 \times 3 = 27$
10	5	12	$10 \times 5 = 50$
11	3	15	$11 \times 3 = 33$
12	2	17	$12 \times 2 = 24$
13	1	18	$13 \times 1 = 13$
15	1	19	$15 \times 1 = 15$
17	1	20	$17 \times 1 = 17$
Moyenne = 206 : 20 = 10,3			Total **206**

1.2. La moyenne est la somme des notes divisée par le nombre de notes. On peut aussi la calculer comme la dernière colonne du tableau ci-dessus : on multiplie chaque note par son effectif puis on divise la somme des produits obtenus par l'effectif total.
Voici les notes, écrites dans l'ordre, partagées en **quatre parties** de même effectif. Chaque partie représente le quart de la série. La moyenne entre le dernier de chaque série et le premier de la suivante représente un **quartile**.

05-07-07-08-09	09-09-10-10-10	10-10-11-11-11	12-12-13-15-17
09	09 10	10 11	12

Premier quartile **9**   Deuxième quartile ou médiane **10**   Troisième quartile $\frac{11 + 12}{2} = \mathbf{11,5}$

1.3. **Graphique des notes par un diagramme en bâtons**

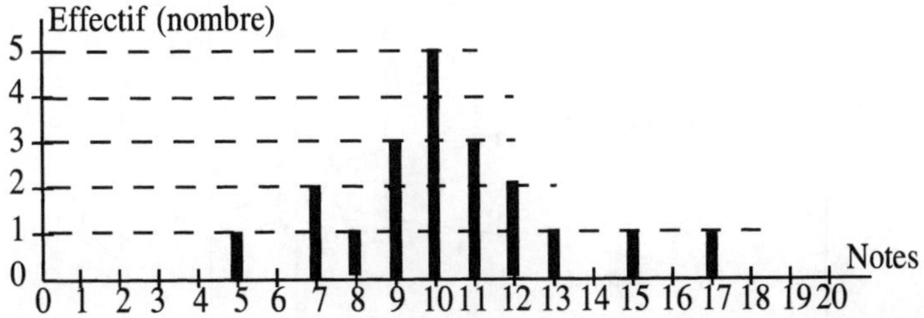

Figure 11.6

2 1. Le pourcentage de la classe de 60 à 64 ans est la différence entre le pourcentage de 60 et plus et celui de 65 et plus. 20,6 - 16 = 4,6

Population	Total 58 744	0-19 ans	20-59 ans	60-64 ans	65 ans et plus
Pourcentage	100	25,6	53,8	4,6	16
Angles	360°	92,16	193,68	16,56	57,6

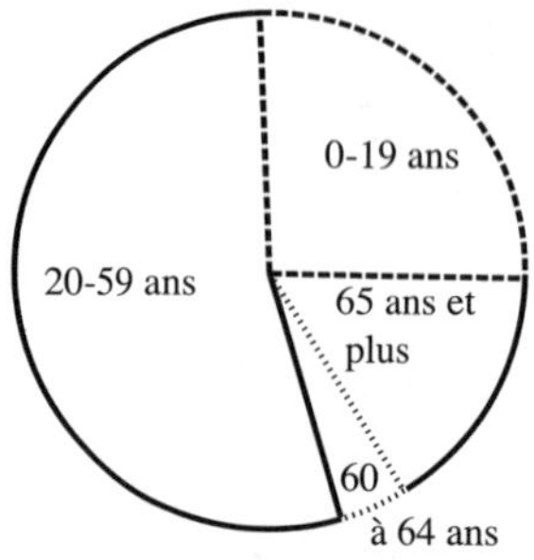

2. Diagramme circulaire représentant la répartition de la population de 2 000 selon les tranches d'âge.

3 1. Tableau

100 %	0 à 19 ans	active	retraitée
1950	30,1	58,5	11,4
1990	27,8	53,2	19,0
2000	25,6	53,8	20,6
2010	23,8	53,1	23,1
2020	22,5	50,2	27,3
2030	21,3	47,6	31,1

2. Graphique

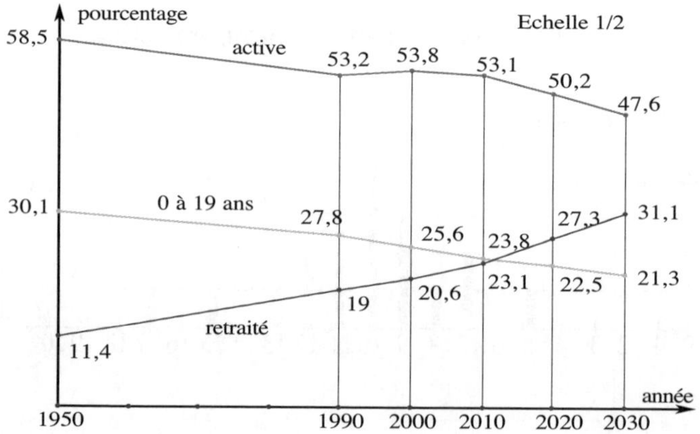

CHAPITRE 7

Proportionnalité

Tester ses connaissances

■ Grandeurs proportionnelles

1. Dans un magasin, on lit :

Le coffret de 2 DVD 69 €	Le coffret de 5 DVD 159 €	Le coffret de 10 DVD 299 €

Le prix est proportionnel au nombre de CD dans le coffret. **Vrai ou Faux ?**

2. Tableau donnant le prix des pommes selon le poids.

Poids en kg	5	6	10	15
Prix en euros	10,5	12,6	21	31,5

Le prix est proportionnel au poids de pommes qu'il contient. **Vrai ou Faux ?**

■ Tableaux de proportionnalité

3. Les tableaux suivants sont-ils des tableaux de proportionnalité ?

Tableau 3.1

4,2	8,4	12,6	21	84	105
14,7	29,4	44,1	73,5	294	367,5

Oui	**Non**

Tableau 3.2

3,4	10,2	13,6	136	544	680
5,1	15,3	20,4	204	806	1 020

Oui	**Non**

4. Compléter les tableaux de proportionnalité suivants :

4.1.

6,3	8,1	14,4	36	62,1	621
	0,9				

4.2.

(× 8,3)

15	30		90	180	
		373,5			2 241

■ Graphiques

5. Les graphiques suivants traduisent-ils des situations de proportionnalité ?

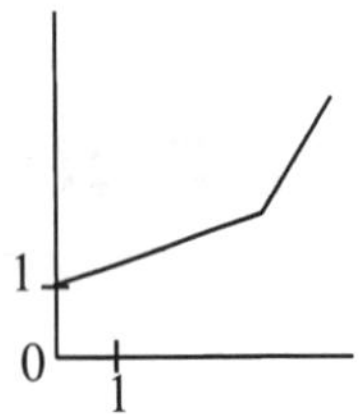

5.1

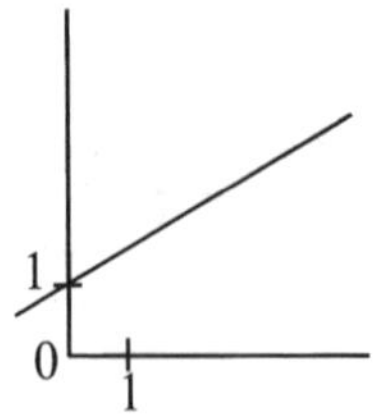

5.2

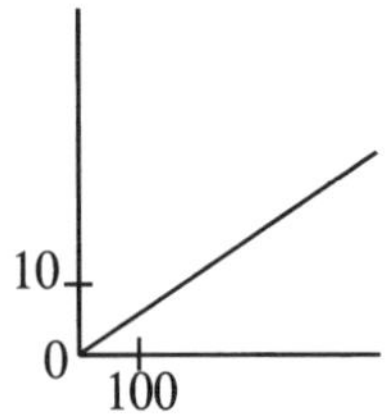

5.3

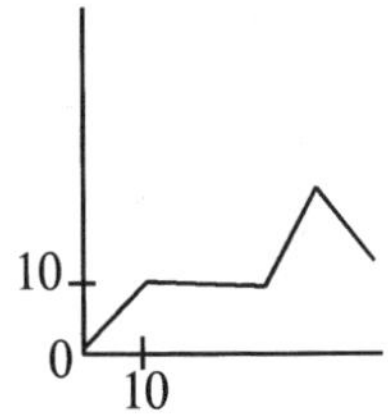

5.4

■ Relier tableaux et graphiques

6. Une automobile consomme en moyenne 7 litres d'essence aux 100 kilomètres. Cela sous-entend que dans des conditions normales de circulation, la consommation d'essence est proportionnelle à la distance parcourue. Dans ce cas, compléter le tableau et le graphique suivants.

Distance parcourue (en km)	50	100	200	300	400	500
Consommation en litres (L)						

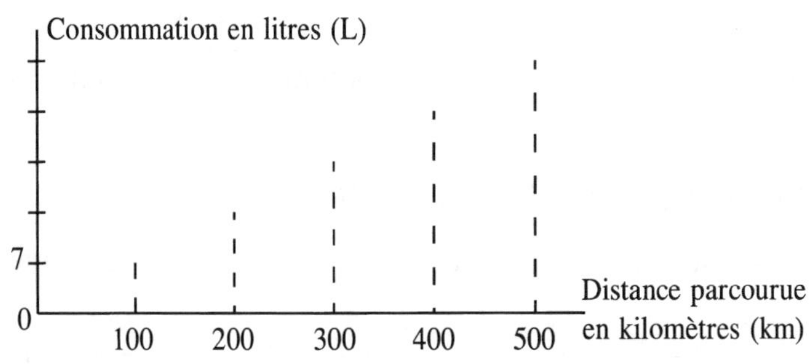

■ Résoudre des problèmes relevant de la proportionnalité

7. **Achat de livres.** Dans un club de jeunes, tous les livres sont au même prix. Clément achète 3 livres. Il paie 20,4 €. Jean achète 12 livres. Stéphanie 7 livres et Claire 19. Combien chacun va-t-il payer ?

8. **Alliages.** Dans 144 grammes d'or à 18 carats, il y a 108 grammes d'or pur.
8.1. Combien y a-t-il d'or pur dans 240 grammes d'or à 18 carats ?
8.2. Avec 18 grammes d'or pur, quelle quantité d'or à 18 carats obtient-on ?

Solution des tests

1. Faux **2.** Vrai **3.1.** Oui **3.2.** Non

4.1.

: 9 (haut → bas) ; × 9 (bas → haut)

6,3	8,1	14,4	36	62,1	621
0,7	0,9	1,6	4	6,9	69

4.2.

× 8,3 (haut → bas) ; : 8,3 (bas → haut)

15	30	45	90	180	270
124,5	249	373,5	747	1 494	2 241

5.1. Non **5.2.** Non **5.3.** Oui **5.4.** Non

6.

Distance parcourue (en km)	50	100	200	300	400	500
Consommation en litres (L)	3,5	7	14	21	28	35

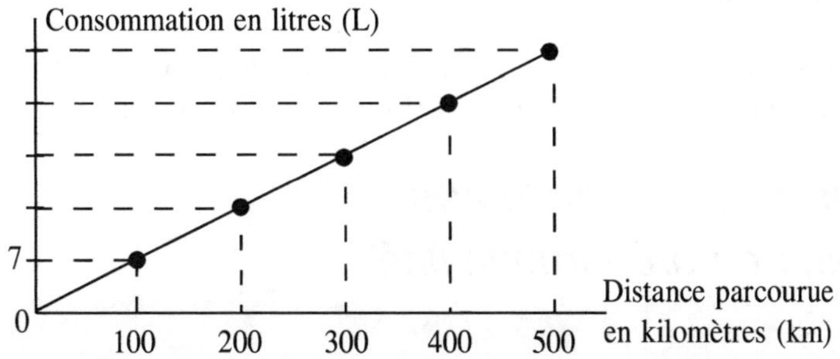

7. Jean paie 81,6 € ; Stéphanie 47,6 € ; Claire 129,2 €

8.1. 180 g d'or pur ; **8.2.** 24 grammes.

Essentiel

■ Grandeurs proportionnelles

Les unités étant fixées, deux grandeurs sont dites proportionnelles lorsqu'on passe des mesures de l'une aux mesures correspondantes de l'autre en multipliant ou en divisant **toujours par le même nombre**.

Si x est la mesure de la première grandeur, y la mesure correspondante de la seconde, le coefficient k par lequel on multiplie x pour obtenir y est le **coefficient de proportionnalité**, on a : $y = kx$ ou $y : x = k$

Exemples et contre-exemples.

Périmètre d'un carré :

Le périmètre d'un carré est le produit par 4 de la longueur de son côté.

Longueur x	3 cm	8 cm	11 cm	19 cm
Périmètre y	12 cm	32 cm	44 m	76 cm

Le périmètre d'un carré est proportionnel à la longueur du côté $y = 4x$.
Le coefficient de proportionnalité est 4.

Aire d'un carré :

Longueur du côté	3 cm	8 cm	11 cm	19 cm
Aire	9 cm^2	64 cm^2	121 m^2	361 cm^2

On ne passe pas des nombres de la première ligne à ceux de la seconde en multipliant toujours par le même nombre ; 3 est multiplié par 3 ; 8 par 8 ; etc. L'aire d'un carré n'est pas proportionnelle à la longueur du côté du carré.

Le prix des DVD.
(69 : 2 = 34,5 ; 159 : 5 = 31,8 ; 299 : 10 = 29,9, les quotients ne sont pas égaux). On ne passe pas du nombre de DVD au prix du coffret en multipliant par un nombre fixé. Le prix des DVD n'est pas proportionnel au nombre de DVD.

Le Prix des pommes :
10,5 : 5 = 12,6 : 6 = 21 : 10 = 31,5 : 15 = 2,1. On passe du poids (en kg) au prix (en €) en multipliant par 2,1. Le prix des pommes est proportionnel au poids des pommes. Prix = 2,1 × Poids. Le coefficient de proportionnalité est 2,1.

■ *Suites proportionnelles*

● *Tableaux de proportionnalité*

Tableau 1

4,2	8,4	12,6	21	84
14,7	29,4	44,1	73,5	294

$$\frac{14{,}7}{4{,}2} = \frac{29{,}4}{8{,}4} = \frac{44{,}1}{12{,}6} = \frac{73{,}5}{21} = \frac{294}{84} = 3{,}5$$

C'est un tableau de proportionnalité. On passe des nombres de la première ligne à ceux de la seconde en multipliant par 3,5.

Tableau 2

3,4	10,2	13,6	136	272
5,1	15,3	20,4	204	403

$$\frac{5{,}1}{3{,}4} = \frac{15{,}3}{10{,}2} = \frac{20{,}4}{13{,}6} = \frac{204}{136} = 1{,}5.$$

$\frac{403}{272} \neq 1{,}5.$ $\quad 272 \times 1{,}5 = 408.$

$\frac{403}{272} \neq \frac{5{,}1}{3{,}4}$. Le tableau 2 n'est pas un tableau de proportionnalité.

● *Graphiques*

Un repère du plan étant choisi, la représentation graphique d'une situation de proportionnalité est une droite (ou une partie de droite) passant par l'origine.
Les points de la représentation graphique d'une situation de proportionnalité sont alignés sur une droite passant par l'origine. Parmi les graphiques 5.1, 5.2, 5.3 et 5.4, seul le graphique 5.3 est une ligne droite passant par l'origine.
Le graphique 5.3 représente une situation de proportionnalité.

■ *Propriétés de la proportionnalité*

Pour étudier les propriétés de la proportionnalité, il suffit d'étudier les propriétés d'un tableau de proportionnalité.

Définition – ***Image de la somme de deux nombres***

L'image de la somme ($a + b$) est la somme ($c + d$) des images de a et b.

Exemple 1 :

$4 + 8$

4	8	12
20	40	60

$20 + 40$

$a + b$

a	b	$a + b$
c	d	$c + d$

$c + d$

Exemple 2 : test 7

Achat de livres. $19 = 12 + 7$; $129{,}2 = 81{,}6 + 47{,}6$

Claire paiera le prix de $12 + 7$ livres, c'est-à-dire 129,2 €.

Définition – ***Image d'un produit***

Dans un tableau de proportionnalité : **si on multiplie un nombre par m, son image est multipliée par m.**

Exemples :

Dans le tableau ci-dessous : l'image de 4 est 20 ; l'image de 8 double de 4 est le double de 20 ; l'image de 12 triple de 4 est le triple de 20.

$\times 2$ $\times 3$

4	8	12
20	40	60

$\times 2$ $\times 3$

$\times m$

a	ma
c	mc

$\times m$

Exemple : test 1

Si le prix des DVD était proportionnel au nombre de DVD, le prix de 10 DVD serait 2 fois le prix de 5 et 5 fois celui de 2. Or 159 / 2 299 et 69 × 5 299. Le prix des coffrets de DVD n'est pas proportionnel au nombre de DVD.

Exemple : test 2

5 kg valent 10,5 € ; 10 kg valent le double (21 €), 15 kg le triple soit 31,5 €

6,3	8,1	14,4	36	62,1	621
0,7	0,9	1,6	4	6,9	69

Quelques produits en croix :
$6{,}3 \times 0{,}9 = 0{,}7 \times 8{,}1 = 5{,}67$;
$14{,}4 \times 4 = 1{,}6 \times 36 = 57{,}6$; $62{,}1 \times 69 = 6{,}9 \times 621 = 4\,284{,}9$

Quatrième proportionnelle :
Dans beaucoup de problèmes relevant de la proportionnalité, on donne trois des termes d'un produit en croix, on demande le quatrième.

POINT méthode

Utilisation des produits en croix

Un rôti de 850 grammes est vendu 12,41 €.

1. Quel est le prix d'un rôti de 2,5 kilogrammes ?
2. Quel est le poids d'un rôti vendu 18,25 €.

Dans ce genre de problème, on admet que le prix est proportionnel au poids.

Poids en g	2 500	850	??
Prix en €	?	12,41	18,25

1° Calcul du prix de 2,5 kg de viande :

$850 \times ? = 2\,500 \times 12{,}41$
$? = (2\,500 \times 12{,}41) : 850$
$? = 36{,}5$

Un rôti de 2, 5 kg coûte 36,5 €

2° Calcul du poids p du rôti valant 18,25 € :

$12{,}41 \times p = 850 \times 18{,}25$
$p = (850 \times 18{,}25) : 12{,}41$
$p = 1\,250$

Le rôti pèse 1 250 g, soit 1, 250 kg.

POINT méthode

Utilisation de la règle de trois

Pour résoudre le problème précédent on peut aussi revenir au prix unitaire, c'est-à-dire, en fait, calculer le coefficient de proportionnalité.
1° Prix de 2500 g.
850 g coûtent 12,41 €, 1 g : (12,41 : 850) €. 2 500 g : (12,41 : 850) × 2 500 €.

Poids	850 g	1 g	2 500 g
Prix	12,41	(12,41: 850) €.	(12,41: 850) × 2 500 g

(12,41 : 850) × 2 500 = 36,5. Un rôti de 2 500 g de viande coûte 36,5 €.
2 ° Poids du rôti coûtant 18,25 €
Pour 12,41 € on a 850 g de rôti, pour un euro, on a (850 : 12,41) g.
Pour 18,25 €, on a (850 : 12,41) × 18,25 de rôti. (850 : 12,41) × 18,25 = 1 250

850 g	(850 : 12,41) g	(850 g : 12,41) × 18,25 = 1 250 g
12,41 €	1 €	18,25 €

Un rôti valant 18,25 € pèse 1, 250 kg

Applications

1 **Les prix du Panaché** Dans un supermarché, on vend des bouteilles de Panaché par paquets de 3, 6 ou 10 bouteilles ; 3 bouteilles valent 0,96 €; 6 bouteilles 1,92 € et les 10 bouteilles 3,2 €. Le prix est-il proportionnel au nombre de bouteilles contenues dans le paquet ?

2. **A l'hôtel.** Lors d'un séjour dans un hôtel Sylvie, qui est restée 3 jours, a payé 189 euros. Antoine, lui, a payé 378 euros pour 6 jours. À l'aide de ces renseignements, peut-on penser que le prix payé est proportionnel à la durée du séjour ?

3. **Course en taxi :** Prise en charge 2 € Prix au kilomètre 1,2 €.
Le prix d'une course est-il proportionnel au nombre de kilomètres parcourus ? Un taxi fait 3 km pour arriver chez son client puis 12 km pour le conduire à son lieu de destination. Quel est le prix de la course ?

4. **Allongement d'un ressort.** En suspendant un objet à l'extrémité d'un ressort celui-ci s'allonge. Voici les résultats obtenus pour divers objets :

Poids de l'objet en g	0	120	180	240	300
Longueur du ressort (en cm)	15	20	22,5	25	27,5
Allongement du ressort (en cm)	**0**				

4.1. Compléter le tableau.
4.2. La longueur du ressort est-elle proportionnelle au poids ?
L'allongement est-il proportionnel au poids ?
4.3. Représenter graphiquement la longueur du ressort et son allongement en fonction des poids.

5. **Pointure de chaussures.** Le tableau ci-dessous donne la correspondance entre la longueur du pied et la pointure des chaussures.
5.1. Compléter ce tableau :

Longueur du pied	22,3	23	23,6	24,3	25
Pointure	35	36	37	38	39
Quotient $\frac{\text{pointure}}{\text{longueur}}$ arrondi au dixième					

5.2. Les quotients $\frac{\text{pointure}}{\text{longueur}}$ sont-ils égaux ? La longueur du pied est mesurée à 0,1 cm près. La pointure est un nombre entier. Il est raisonnable de considérer uniquement la valeur arrondie au dixième, peut-on dire alors que la pointure est proportionnelle à la longueur du pied ?
5.3. Compléter les tableaux suivants :

Longueur du pied	26,3	27	28,4	29,6	30
Pointure (arrondie à l'unité)					

■ *Problèmes de proportionnalité*

Voici 5 exemples de problèmes résolus et 5 méthodes de résolution.
Retrouver la méthode (règle 1, 2, 3, 4 ou 5) utilisée pour chaque problème.

6. Cinq croissants valent 4,75 euros. Quel est le prix de 12 croissants ?
Calcul du prix d'un croissant : 4,75 : 5 = 0,95. Un croissant vaut 0,95 euros. 0,95 × 12 = 11,4.
Les 12 croissants coûtent 11,4 euros.

7. Cinq croissants valent 4,9 euros. Quel est le prix de 15 croissants ?
15 = 5 × 3 ; 4,9 × 3 = 14,7. Le prix de 15 croissants est de 14,7 euros.

8. On achète 3,5 kg de viande pour 57,4 euros. Quel est le prix de 2,8 kg de cette viande ?
3,5 kg de viande coûtent 57,4 euros , 1 kg coûte (57,4 : 3,5) euros soit 16,4 euros. 2,8 kg coûtent (16,4 × 2,8) euros. Donc 2,8 kg coûtent 45,92 euros.

9. Aude a travaillé 8 heures elle a reçu 148 euros. Au même tarif horaire Géraldine a travaillé 6 heures elle a reçu 111 euros. Patricia a travaillé 14 heures, combien va-t-elle gagner ?
Patricia a travaillé autant que Sylvie et Géraldine réunies, elle gagnera (148 + 111) euros. 148 + 111 = 259. Patricia gagnera 259 euros.

10. **Ticket de caisse.**

Retrouver les prix effacés.

$$? = 5{,}04 : 0{,}24$$

$$?? = \frac{0{,}240 \times 5{,}88}{5{,}04}\ \text{kg}$$

$$??? = \frac{5{,}04 \times 0{,}740}{0{,}240}\ €$$

Prix au kilogramme :		..... ?.....
Poids et prix des articles vendus		
Vente 1	0,240 kg	5,04
Vente 2	??	5,88
Vente 3	0,740 kg	???

11. **Prévisions** : L'an dernier, sur 450 personnes inscrites à un examen, 390 se sont présentées, 210 ont été reçues. Cette année 810 personnes se sont inscrites. En considérant que les proportions seront respectées, combien de personnes se présenteront-elles à l'examen et combien seront reçues ?

12. **Les statistiques d'une agence de voyage** : Une agence de voyage étudie la répartition de ses effectifs de voyageurs, selon les destinations. En moyenne, pour 2 800 clients, 800 restent en France et 2 000 vont à l'étranger. Sur 350 clients, combien resteront en France ?

13. **Au marché** Claire demande un kilogramme de poires à 1,4 € le kg.
Le commerçant dit : il y a un peu plus, je laisse ?
Claire remarque qu'il y a juste 100 grammes de plus et vérifie que le prix proposé par le commerçant est exact. Quel est ce prix ?

14. **Répartition de la population dans les départements de la Bretagne en 1999.** (Source Insee) Pour réaliser un diagramme à bandes et un diagramme circulaire, on calcule la hauteur des bandes au centième de centimètre et l'angle du secteur angulaire (arrondi au degré près). Compléter le tableau. Réaliser les diagrammes correspondants.

	Nombre d'habitants	Hauteur de la bande	Angle du secteur circulaire
Côte d'Armor	541 035		
Finistère	852 183		
Ille et Vilaine	866 748		
Morbihan	642 718		
Bretagne (total)	2 902 684	12 cm	

15. **En VTT.** Un VTT a des roues de 70 cm de diamètre, un triple plateau de 28 ; 38 ; 48 dents et un pignon arrière de 13 ; 16 ; 20 ; 24 ; 28 dents. Quels sont les divers développements du VTT ? Compléter le tableau en indiquant les distances parcourues en un tour de roue dans chaque case correspondant au nombre de dents du pédalier et au nombre de dents du plateau.

Pignon / Pédalier	13	16	20	24	28
28					
38					
48					

Indication **: Développement = distance parcourue en un tour de pédalier. Par l'intermédiaire de la chaîne en un tour de pédalier on entraîne autant de dents du pignon arrière.**

■ *Sujets de concours*

16. Deux ouvriers doivent bêcher un champ ; le premier mettrait sept heures s'il était seul et le second cinq heures ; ils décident de travailler ensemble et alors le temps mis pour réaliser ce travail est de :

☐ 6 h ☐ 6 h 12 min ☐ 3 h 30 min ☐ 3 h 20 min ☐ 2 h 55 min

17. Monsieur Dupré a chargé Antoine et Béatrice de repeindre la barrière de sa maison. Antoine a travaillé 4 heures et Béatrice 3 heures. Ils ont perçu 79,8 euros pour ce travail. Comment se sont-ils partagés cette somme sachant que le tarif horaire a été le même pour chacun.

☐ 39,9 € chacun ; ☐ 53,2 € pour Antoine et 26,6 € pour Béatrice

☐ 34,2 € pour Béatrice et 45,6 € pour Antoine

18. **Du temps où l'on pensait choisir l'écu comme monnaie unique européenne.** Un écu européen (European Currency Unit) vaut 6,462 FF (Franc Français). 100 FB (Franc Belge) = 16 FF. À Bruxelles un hôtel affiche : « Chambre avec douche : 1 312,20 FB ». Quel est le prix en FF et en ECU ?

1. Trois bouteilles valent 0,96 €. S'il y a proportionnalité, toutes les bouteilles sont au même prix 0,32 € (0,96 : 3 = 0,32) ; 6 valent 1,92 € (0,32 × 3) soit deux fois le prix de 3 et 10 bouteilles 3,2 € (0,32 × 10 = 3,2). Ce qui est bien le cas. Le prix payé est proportionnel au nombre de bouteilles.

2. Pour 3 jours le prix est 189 euros. Pour 6 jours, c'est-à-dire le double, le prix est double (378 = 189 × 2). On peut penser que le prix payé est proportionnel à la durée du séjour.

3.1. Le prix payé n'est pas le produit du nombre de km par le prix du km, puisqu'il faut ajouter une prise en charge fixe. $p = 1{,}2\,x + 2$ où x est le nombre de kilomètres parcourus par le taxi depuis son départ.

3.2. La course est de 15 km (12 + 3). Son prix est de 20 euros (2 + 1,2 × 15).

4.1.

Poids de l'objet en g	0	120	180	240	300
Longueur du ressort (en cm)	15	20	22,5	25	27,5
Allongement du ressort (en cm)	**0**	**5**	**7,5**	**10**	**12,5**

4.2. Au nombre 0 correspond 15, la longueur du ressort n'est pas proportionnelle à la masse.
L'allongement est proportionnel à la masse, la droite passe par l'origine.
On a $\frac{120}{5} = \frac{180}{7{,}5} = \frac{240}{10} = \frac{300}{12{,}5} = \mathbf{24}$

4.3. La représentation graphique de la longueur du ressort en fonction du poids de l'objet n'est pas une droite passant par l'origine, celle de l'allongement est une droite passant par l'origine, l'allongement est proportionnel au poids de l'objet.

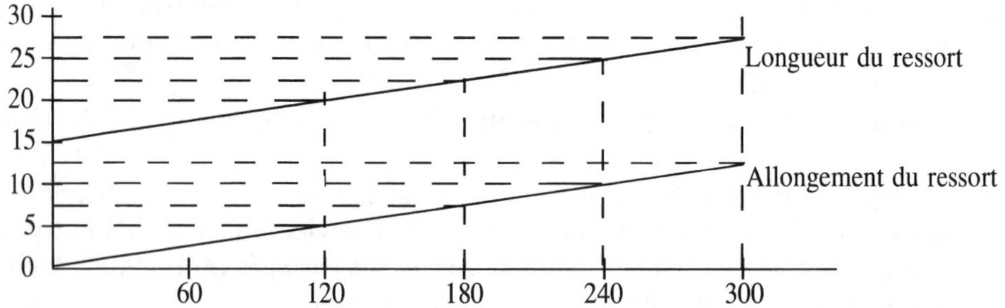

5.1.

Longueur du pied	22,3	23	23,6	24,3	25
Pointure	35	36	37	38	39
Quotient $\frac{\text{pointure}}{\text{longueur}}$ arrondi au dixième	**1,6**	**1,6**	**1,6**	**1,6**	**1,6**

5.2. Les quotients $\frac{\text{pointure}}{\text{longueur}}$ ne sont pas égaux, les arrondis au dixième sont égaux. À cette précision la pointure est proportionnelle à la longueur du pied.

5.3.

Longueur du pied	26,3	27	28,4	29,6	30
Pointure (arrondie à l'unité)	**42**	**43**	**45**	**47**	**48**

6. Calcul du coefficient de proportionnalité.

7. Propriété de la proportionnalité (produit par un nombre).

8. Retour à l'unité.

9. Propriété de la proportionnalité (somme des images).

10. Coefficient de proportionnalité et utilisation des produits en croix.

11. $\frac{810 \times 390}{450} = 702$; $\frac{810 \times 210}{450} = 378$.

450	390	210
810	?	?

On prévoit **702 présents et 378 reçus.**

12. $\frac{350 \times 800}{2\ 800} = 100$; **100 resteront en France.**

13. 1 kg = 1 000 g ; 100 g représentent 1/10 de kg. Le prix étant proportionnel au poids, l'augmentation est de 1/10 du prix du kg ; soit 0,85 F.
Claire doit payer 1,54 € (1,4 + 0,14 = 1,54).

14. Le coefficient de proportionnalité permettant de passer du nombre d'habitants à la hauteur des bandes est $\frac{12}{2\ 902\ 684}$ et celui qui permet de passer du nombre d'habitants à l'angle du secteur est $\frac{360}{2\ 902\ 684}$
On peut aussi utiliser le coefficient de proportionnalité permettant de passer de la hauteur des bandes à l'angle du secteur (30)

	Nombre d'habitants	Hauteur de la bande	Angle du secteur circulaire
Côte d'Armor	541 035	2, 24	67°
Finistère	852 183	3,52	106°
Ille et Vilaine	866 748	3,58	107°
Morbihan	642 718	2,66	80°
Bretagne (total)	2 902 684	12cm	360°

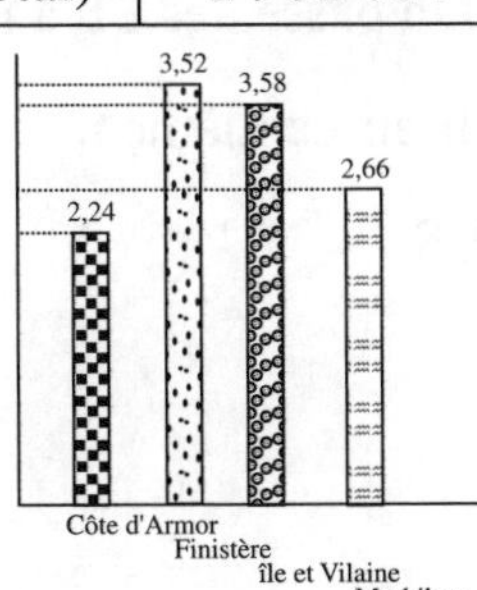

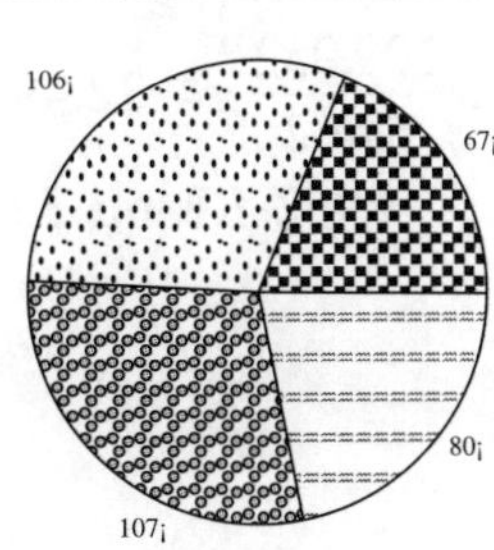

15. Avec 28 dents au pédalier et 16 dents au pignon arrière, en un tour de pédalier on parcourt $\frac{28}{16}$ de tour de roue.
Périmètre d'une roue = longueur d'un tour de roue = P = $2 \times \pi \times 70$ cm.
Le développement est de $\frac{\mathbf{28}}{\mathbf{16}} \times 2 \times \pi \times 70$ cm.

Pignon / Pédalier	13	16	20	24	28
28	$\frac{28}{13}$ P ≈ 9,48 m	$\frac{28}{16}$ P ≈ 7,7 m	6,16 m	5,13 m	4,4 m
38	$\frac{38}{13}$ P ≈ 12,86 m	$\frac{38}{16}$ P ≈ 10,45 m	8,36 m	6,96	5,97 m
48	$\frac{48}{13}$ P ≈ 16,25 m	$\frac{48}{16}$ P ≈ 13,2 m	10,56 m	8,8 m	7,54 m

Exercices 16 et 17 : On peut faire les calculs, mais le jour d'un concours, sachant qu'une seule réponse est bonne, on peut essayer d'éliminer les réponses qui sont fausses sans résoudre le problème, on va parfois plus vite.

16. Deux ouvriers mettent moins de temps que chacun d'eux seul, donc les durées dépassant 5 h sont impossibles ; les deux premières réponses sont fausses.
En 3 h le premier fait les $\frac{3}{7}$ du travail, le second les $\frac{3}{5}$ $\left(\frac{\mathbf{3}}{\mathbf{7}} + \frac{\mathbf{3}}{\mathbf{5}} > \mathbf{1}\right)$.
Ils mettent moins de 3 h. La réponse est **2 h 55 min.**
Résolution : En 1 h le premier fait $\frac{1}{7}$ du travail et le second $\frac{1}{5}$. À eux deux ils font $\frac{1}{7} + \frac{1}{5}$, c'est-à-dire $\frac{12}{35}$. La durée est 35 : 12 h, soit **2 h 55 min.**

17. Antoine travaille plus longtemps que Béatrice, il gagne plus, mais pas le double. Les deux premières réponses sont fausses. La solution est 34,2 € pour Béatrice et 45,6 € pour Antoine.
Résolution du problème : 79,8 : 7 = 11,4. Le tarif est de 11,4 euros de l'heure.
Béatrice gagne (11,4 × 3) €, soit 34,2 € et Antoine (11,4 × 4) € soit 45,6 €.

18. Le coefficient de proportionnalité faisant passer des FB au FF est 0,16 $\left(\text{ou } \frac{16}{100}\right)$. Le prix est 1 312,20 × 0,16 FF. On passe des FF à l'ÉCU en divisant par 6,462. $\frac{209,952}{6,462} \approx 32,49$ (arrondi au centième).
Le prix est de **209,952 FF ou 32,49 ÉCUS**.

CHAPITRE 8 Pourcentages - Échelles

Tester ses connaissances

Pourcentage

1. Dire qu'on applique une réduction de 8 % sur le prix de vente d'un article valant 200 euros signifie que :
A. l'article vaudra 8 euros de moins : B l'article vaudra 16 euros de moins ;
C. la réduction est proportionnelle au prix de vente ;
D. la réduction s'obtient en multipliant le prix initial par 8.
(*Attention : il peut y avoir plusieurs réponses exactes.*)

2. Un commerçant fait une réduction de 15 euros par tranche de 100 euros d'achat. Applique-t-il une réduction de 15 % ? OUI ; NON.

3. Voici deux tableaux de correspondance. Dans chacun des cas le prix soldé est-il un pourcentage du prix initial ? Si oui lequel ?

Prix initial	100 euros	200 euros	600 euros
Prix soldé	90 euros	170 euros	500 euros

Prix initial	200 euros	300 euros	600 euros
Prix soldé	170 euros	255 euros	510 euros

Utilisation de pourcentages

4. **1.** Une somme de 2 300 euros est placée au taux de 4,5 % l'an. Quel est l'intérêt obtenu en un an ?
2. Un article dont le prix normal est de 428 euros est vendu avec une remise de 10 %. Quel est le montant de la remise ?

5. Sur 250 personnes inscrites à un tournoi, 10 ne se sont pas présentées. Quel pourcentage du nombre d'inscrits représentent ces 10 personnes ?

6. Quelle somme faut-il placer à 4,5 % l'an pour obtenir un intérêt de 180 € ?

7. Quel est le prix TTC d'un ordinateur valant 1800 € H.T., la TVA sur le prix H.T. étant de 19,6 %.

8. Un article dont le prix normal est de 428 euros est vendu avec une remise de 12 %. Quel est le nouveau prix de vente ?

9. La TVA étant de 19,6 % quel est le prix H.T. d'un article vendu 1662,44 euros TTC ?

■ *Échelle*

10. Dire qu'un dessin est à l'échelle $\frac{1}{20}$ signifie que :

A. 20 cm est représenté par 1 cm. **B.** 1 cm est représenté par 20 cm.

11. Dans un dessin à l'échelle, une longueur de 4 cm est représentée par une longueur de 6 cm. On représente un carré de 10 cm de côté, quelle sera la longueur du côté du dessin à l'échelle ?

■ *Appliquer une échelle*

12. La distance entre deux villes est de 65 km. Quelle est cette distance sur une carte à l'échelle $\frac{1}{1\ 000\ 000}$?

13. Un dessin technique d'une pièce d'horlogerie est réalisé à l'échelle 5. Cette pièce a une longueur réelle de 3 mm. Par quelle longueur sera-t-elle représentée ?

■ *Calculer une échelle*

14. La distance entre deux villes est de 90 km. Sur une carte elle est représentée par une distance de 4,5 cm. Quelle est l'échelle de la carte ?

15. Un diamant a 0,2 cm de diamètre. Sur une photo il a 10 cm de diamètre. Quelle est l'échelle de la photo ?

■ *Calculer la grandeur réelle*

16. Sur une carte à l'échelle $\frac{1}{20\ 000}$, la distance entre deux villages est de 20 cm. Quelle est leur distance réelle ?

17. À l'échelle 3,5 une pièce est représentée par 14 cm. Quelle est la longueur réelle de cette pièce ?

Solution des tests

1. B : 8 % de 200 = 16 ; C.

2. NON. Elle est la même pour 100 €, 120 €, 180 €.

3. Premier tableau Non (170 n'est pas le double de 90). Second tableau : Oui.

4. **1.** 103,50 € ; **2.** Remise de 42,80 €.

5. $\frac{10}{250} = \frac{4}{100}$; 4 %.

6. 180 : 0,045. Il faut placer 4 000 €.

7. 1 800 × 1,196 = 2152,8 € ; le prix TTC est de 2 152,8 €.

8. 428 × 0,88 = 376,64 ; le nouveau prix est 376,64 €.

9. 1 662,44 : 1,196 = 1 390 ; le prix H.T. est de 1 390 €.

10. **A.** une longueur de 20 cm est représentée par 1 cm.

11. La longueur du côté du dessin est 15 cm.

12. 6 500 000 cm $\times \frac{1}{1\,000\,000}$ = 6,5. Distance sur une carte : 6,5 cm.

13. 3 mm × 5 = 15 mm. Longueur du dessin 1,5 cm.

14. $\frac{4{,}5}{9\,000\,000} = \frac{1}{2\,000\,000}$; Échelle $\frac{1}{2\,000\,000}$.

15. $\frac{10}{0{,}2}$ = 50 ; Échelle de la photo : **50**.

16. 20 × 20 000 cm = 4 km.

17. 14 : 3,5 = 4. La longueur réelle de la pièce est de 4 cm.

Essentiel

■ Pourcentage

Dans une situation de proportionnalité, le pourcentage est le coefficient de proportionnalité exprimé sous la forme d'une fraction de dénominateur 100.

On écrit $\frac{\mathbf{t}}{\mathbf{100}}$ ou **t %.** Le taux *t* est le numérateur de cette fraction.

On ne parle de pourcentage que dans une situation de proportionnalité.

Exemple :

Prix initial en €	100	200	600
Prix soldé en €	90	180	540

Le prix soldé est 90 % du prix initial, la réduction est de 10 %.

Appliquer un pourcentage

POINT méthode

On place une somme **S** pendant un an à un taux **t** % par an.

L'intérêt produit au bout d'un an est $\mathbf{I = S \times \frac{t}{100}}$

Exemples :

1. Une somme de 2 300 euros est placée au taux de 4,5 % l'an.

$2\ 300 \times \frac{4,5}{100} = 2\ 300 \times 0,045 = 103,50$. L'intérêt annuel est de 103,50 €.

2. Un article valant 428 euros est vendu avec une remise de 10 % ;

$428 \times \frac{10}{100} = 428 \times 0,10$. La remise est de 42,80 €.

Calcul d'un taux

POINT méthode

Calculer un taux c'est calculer un coefficient de proportionnalité et le multiplier par 100.
Pour un emprunt de 15 700 €, on a payé 1 727 €. Quel était le taux de cet emprunt ?

$\frac{1\ 727}{15\ 700} \times 100 = 11$. Le taux est de 11 %. $\mathbf{T = \frac{I}{S} \times 100}$

Calculer le nombre auquel on a appliqué un pourcentage

Exemple : Quelle somme faut-il placer à 4,5 % l'an pour obtenir un intérêt de 180 € ?

$? \times \frac{4,5}{100} = ? \times 0,045 = 180$; donc $? = 180 : \frac{4,5}{100} = 180 : 0,045 = 4\ 000$.

Il faut placer 4 000 €. $\mathbf{S = I : \frac{t}{100}}$

Calculer une somme après une augmentation ou une diminution

POINT méthode

Pour calculer une somme après augmentation ou *diminution*, on peut :

1. Calculer l'augmentation (*ou la diminution*) et l'ajouter (*ou la retrancher*) à la somme initiale ;

ou bien

2. Appliquer à la somme initiale

— pour une augmentation le pourcentage $\left(\mathbf{1 + \frac{\mathit{t}}{100}}\right)$, soit $\mathbf{\frac{100 + \mathit{t}}{100}}$.

— pour une diminution le pourcentage $\left(\mathbf{1 - \frac{\mathit{t}}{100}}\right)$, soit $\mathbf{\frac{100 - \mathit{t}}{100}}$.

Exemples : Prix TTC d'un ordinateur dont le prix H.T. est de 1 800 €, la TVA sur le prix H.T. étant de 19,6 %.

Calcul de la TVA :

$1\ 800 \times \frac{19,6}{100} = 18 \times 19,6 = 352,8$ Ou $1\ 800 \times \frac{19,6}{100} = 1\ 800 \times 0,196 = 352,8$

Prix TTC, en euros : $1\ 800 + 352,8 = 2\ 152,8$

Autre mode de calcul

Pour un prix H.T. de 100 euros, la TVA est de 19,6 ; le prix TTC est 119,6.

Le prix TTC est donc les 119,6% du prix H.T.

Le prix TTC (en €) est $1\ 800 \times \frac{119,6}{100} = 1\ 800 \times 1,196 = 2\ 152,8$

Le nouveau prix est de 2 152,8 euros.

■ *Échelle*

Dans une reproduction à l'échelle d'un dessin ou d'une carte les longueurs réelles et sur la reproduction sont proportionnelles. L'échelle est le coefficient de proportionnalité qui fait passer de la longueur réelle à la longueur sur la reproduction. On l'exprime soit par une **fraction de numérateur 1** (en particulier pour les cartes), soit par un **nombre à virgule** (dessin technique).

Sur une carte : Si 25 cm sont représentés par 1 cm, l'échelle est $\frac{1}{25}$.

L'échelle $\frac{1}{250\ 000}$ signifie que 1 cm sur la carte représente 250 000 cm en réel.

En dessin technique : l'échelle $\frac{1}{25}$ s'écrit 0,04.

Si l'échelle est inférieure à 1, la reproduction est une réduction.

Si l'échelle est supérieure à 1, la reproduction est un agrandissement.

Remarque : les angles des figures et ceux de leurs reproductions sont égaux.

Exemples :

1. Dire qu'un dessin est à l'échelle $\frac{1}{20}$ signifie qu'une longueur de 20 cm est représentée par 1 cm.

2. Une longueur de 4 cm est représentée par une longueur de 6 cm.

L'échelle est $\frac{6}{4}$ c'est-à-dire 1,5.

● *Utilisation d'une échelle*

Soit **D** la longueur réelle et ***d*** la distance reproduite, **l'échelle *e* est $\frac{d}{D}$.**

Calculer une longueur sur le dessin connaissant *d* et D : $\boldsymbol{d = D \times e}$.

Calculer une échelle, c'est calculer *e* connaissant *d* et D : $\boldsymbol{e = \frac{d}{D}}$.

Calculer la longueur réelle, c'est calculer D connaissant *d* et *e* : $\boldsymbol{D = d : e}$.

Remarque : On peut aussi utiliser les propriétés de la proportionnalité.

Appliquer une échelle

POINT méthode

1. La distance entre deux villes est de 65 km.

À l'échelle $\frac{1}{1\ 000\ 000}$ la distance sur la carte est $\mathbf{D} \times \boldsymbol{e}$.

$D = 65 \text{ km} = 6\ 500\ 000 \text{ cm}$

$65 \text{ km} \times \frac{1}{1\ 000\ 000} = \frac{6\ 500\ 000}{1\ 000\ 000} \text{ cm}, \quad d = 6{,}5 \text{ cm}.$

2. Un dessin technique d'une pièce d'horlogerie de 3 mm de longueur est représenté à l'échelle 5 par une longueur de 3×5 mm ; soit 15 mm.

Calculer une échelle

POINT méthode

1. La distance entre deux villes est de 90 km. Sur une carte elle est représentée par une distance de 4,5 cm.
On convertit les deux longueurs dans la même unité :
$90 \text{ km} = 90\ 000 \text{ m} = 9\ 000\ 000 \text{ cm}$

L'échelle est $\frac{\boldsymbol{d}}{\mathbf{D}} = \frac{4{,}5}{9\ 000\ 000} = \frac{1}{2\ 000\ 000}$.

2. Un diamant a 0,2 cm de diamètre. Sur un dessin il a 10 cm de diamètre.

L'échelle du dessin est $\frac{10}{0{,}2} = 50$.

Retrouver la grandeur réelle

POINT méthode

1. Sur une carte au $\frac{1}{20\ 000}$, la distance entre deux villages est de 20 cm.

La distance réelle entre deux villages est $\frac{\boldsymbol{d}}{\boldsymbol{e}} = 20 \times \frac{20\ 000}{1} \text{ cm} = 4 \text{ km}$.

2. Sur un dessin à l'échelle 3,5 une pièce est représentée par 14 cm.
La longueur réelle de cette pièce est $14 : 3{,}5 \text{ cm} = 4 \text{ cm}$.

Applications

Pourcentages

1. **Les groupes sanguins :** Les groupes sanguins sont O, A, B et AB. En France, la répartition en pourcentage est O : 45 % ; A : 44 % ; B : 8 % ; AB : 3 %.
La population française est de 58,7 millions d'habitants. (INSEE)
Calculer le nombre de français de chaque groupe.

2. **Abonnement :** Un journal propose une réduction de 20 % sur un abonnement de 51 euros. Quelle est alors le montant de la réduction sur le prix de l'abonnement ?

3. La TVA : Dans un magasin Sophie a préparé un chèque de 990 euros correspondant à un prix H.T. Quelle somme supplémentaire doit-elle donner en liquide pour régler son achat au prix T.T.C. (TVA 19,6 %) ?

4. **Variation de population :** La population française est passée de 40,6 à 58,7 millions d'habitants de 1900 à 2000 (Insee). Calculer le pourcentage d'augmentation par rapport à l'année 1900 (arrondi au dixième).

5. **Variation de la population française :** Calculer le pourcentage (arrondi au centième) des populations de chacun des départements par rapport à la population bretonne.

	Bretagne	Côte d'Armor	Finistère	Ille et Vilaine	Morbihan
Nombre d'habitants	2 902 684	541 035	852 183	866 748	642 718
Pourcentage	100 %				

6. Après remise de 5 % un article est payé 437 euros. Quel était son prix initial ?

7. **Effectifs d'entreprise :** En 2000 une entreprise comptait 250 personnes. Son effectif a baissé de 24 %. Combien de personnes compte-elle alors ?

8. **Placement :** Une somme de 2 500 euros est placée à 3,2 % l'an. De quelle somme dispose-t-on après un an de placement ?

9. **Baisse de la TVA :** Le taux de TVA est passé en 1976 de 20 % à 17,6 %. Quel était alors la baisse des prix en pourcentage par rapport au prix de vente initial (prix TTC avant diminution) ? (*La TVA est le pourcentage par rapport au prix H.T.*)

10. **Augmentation de la TVA :** Le taux de TVA est passé en 1995 de 18,6 % à 20,6 %. Quelle était alors la hausse des prix en pourcentage par rapport au prix TTC avant l'augmentation ? (*La TVA est le pourcentage par rapport au prix H.T.*).

11. **Baisse de la TVA :** Dernièrement Le taux de TVA est passé de 20,6 % à 19,6 %. Quelle était alors la baisse des prix TTC en pourcentage par rapport au prix de vente initial (prix TTC avant diminution) ?

12. **D'après concours** Du 1er au 30 juin une action a augmenté de 20% puis du 1er au 31 juillet, elle a diminué de 20%.
L'évolution du prix du 1er juin au 31 juillet est : A une augmentation de 40% ; B une diminution de 20% ; C un retour au prix initial ; D une diminution de 4%

13. **Utilisation de la touche % d'une calculatrice.**
Dans un magasin un article vaut 120 euros . On propose une **diminution** de 35 %. 1° Quel serait son prix après une diminution de 35 %
En général (sinon voir notice), on l'obtient en tapant : 120 [−] 35 [%] [=] .
2° Quel serait son prix après une **augmentation** de 35 %
En général, on l'obteint en tapant : 120 [+] 35 [%] [=] .
3° Calculer le prix après diminution de 18 % d'articles valant 150 € ; 850 € ; 375 €.
4° Calculer le prix après augmentation de 18 % d'articles valant 200 € et 950 €.

14. Baisse en cascade : Le premier jour des soldes un commerçant baisse ses prix de 10 % ; le deuxième jour, le troisième et le quatrième jour il baisse le prix de 10 % par rapport au prix du jour précédent. Le quatrième jour, quel est le pourcentage de baisse par rapport au prix initial (prix avant les soldes) ?

15. Problème

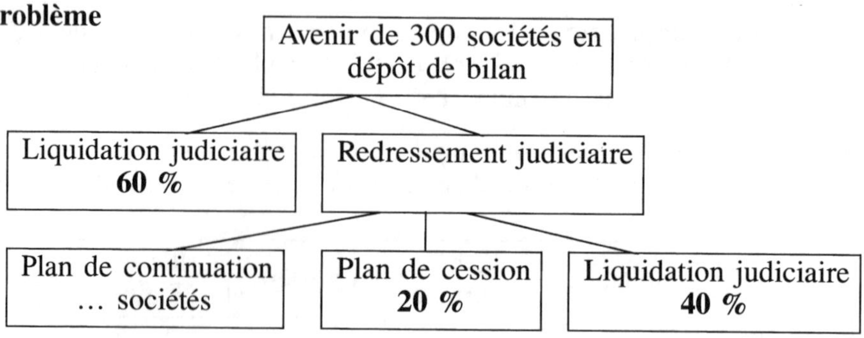

En utilisant les données du schéma, calculer le nombre de sociétés :
a. en liquidation judiciaire sans passer par l'étape du redressement ;
b. en redressement judiciaire ; **c.** ayant un plan de cession ;
d. en liquidation judiciaire après redressement judiciaire ;
e. ayant un plan de continuation.

16. Commande de matériel informatique. Compléter le bon de commande ci-dessous. Tous les prix sont exprimés en euros.

Matériel	Prix H.T.	TVA 19,6 %	Prix TTC
Pentium III 800 MHz	2 540		
Graveur	420		
Ecran plat 17″	1 950		
Imprimante	290		
Total			
Réduction de 5 % pour paiement comptant			
Somme à régler			

17. Un magasin propose : PC Prix HT 1814 € vendu 1541,9 € HT
1° Quel est le pourcentage de réduction sur le prix HT ?
2° Quel est le prix de vente TTC ? (TVA 19,6%)

■ *Échelle*

18. Dessin technique : Une clé a 38 cm de long, on veut en faire une représentation à l'échelle $\frac{1}{2}$. Quelle sera la longueur de la clé sur le dessin ?

19. Plan d'appartement : Sur un plan d'appartement à l'échelle 1/100, quelles seront les dimensions d'une salle de séjour rectangulaire de 6,50 m de long sur 4,50 m de large ?

20. Reproduire une figure : Réaliser un plan à l'échelle 1/100 d'un trapèze rectangle de 4,5 m et 3 m de bases et 2,5 m de hauteur.

21. Dessin d'une bactérie : Quelle est l'échelle d'un dessin représentant une bactérie de 2,5 microns par un dessin de 5 cm de longueur. (1 000 microns = 1 mm).

22. **Calculer l'échelle d'une carte.** Sur une carte, on indique 1 cm = 2 km 500. Cette écriture n'est pas mathématique. Que signifie-t-elle ? Quelle est l'échelle de cette carte ? Par quelle distance sur la carte est représentée la distance Gisors-Beauvais qui est de 33 km ?

23. **Calculer une distance réelle :** Sur une carte au 1/125 000, quelle distance réelle représentent 1 cm ? 12 cm ?

Corrigés

1. On applique un pourcentage ; on multiplie donc 58,7 $\frac{t}{100}$.

O : $58{,}7 \times \frac{45}{100} = 58{,}7 \times 0{,}45 = 26{,}415$; A : $58{,}7 \times 0{,}44 = 25{,}828$;

B : $58{,}7 \times 0{,}08 = 4{,}696$; AB : $58{,}7 \times 0{,}03 = 1{,}761$.

2. La réduction est 20 % de 51 ; $51 \times \frac{20}{100} = 51 \times 0{,}20 = 10{,}2$

La réduction sur le prix de l'abonnement est de 10,2 euros.

3. Sophie doit régler $990 \times \frac{19{,}6}{100} = 990 \times 0{,}196$ en liquide, soit 194,04 euros

4. $\frac{(58{,}7 - 40{,}6)}{40{,}6} \times 100$; on obtient 44,6 % en arrondissant au dixième.

5.

	Bretagne	Côte d'Armor	Finistère	Ille et Vilaine	Morbihan
Nombre d'habitants	2 902 684	541 035	852 183	866 748	642 718
Pourcentage	100	18,6	29,4	29,9	22,1

6. Le prix initial multiplié par (1 − 0,05), c'est-à-dire 0,95.
437 : 0,95 = 460. Le prix initial était 460 euros.

7. $250 - 250 \times \frac{24}{100} = 250 \times \left(1 - \frac{24}{100}\right) = 250 \times 0{,}76 = 190$. Elle compte **190 personnes.**

8. On calcule : $2500 + 2500 \times \frac{3{,}2}{100}$ ou $2500 \times (1 + \frac{3{,}2}{100})$ ou $3500 \times 1{,}032$.
On dispose de **2580 euros**.

9. Pour 100 francs de prix H.T., l'ancien prix TTC était 120 F, le nouveau prix TTC est de 117,6 F. Le prix a donc baissé de 2,4 francs pour 120 Francs. Le coefficient de proportionnalité est $\frac{2{,}4}{120}$. $\frac{2{,}4}{120} \times 100 = 2$. Le pourcentage de baisse par rapport au prix de vente initial est de **2 %**.

10. Pour 100 F de prix H.T., le prix TTC était 118,6 ; il est passé à 120,6.
La hausse des prix a donc été de 2 pour 118,6 par rapport au prix TTC ancien.
$\frac{2}{1\ 186} \times 100 = 1,6863...$ Le pourcentage de hausse est **1,69 (arrondi au centième)**.

11. Pour 100 € de prix H.T., l'ancien prix TTC était 120,6 €, le nouveau prix TTC est de 119,6 €. Le prix a donc baissé de 1 € pour 120,6 €. Le coefficient de proportionnalité est $\frac{1}{120,6}$. $\frac{1}{120,6} \times 100 = 0,00829$. Le pourcentage de baisse par rapport au prix de vente initial est de 0,83% (arrondi au centième)

12. Réponse **D**. Après une augmentation de 20 % le prix p de l'action est multiplié par $1 + \frac{20}{100}$ soit 1,20. $\boldsymbol{p1 = p \times 1,20}$.

Après la diminution il est multiplié par $1 - \frac{20}{100}$ soit 0,80.

$\boldsymbol{p2 = p1 \times 0,80\ ;\ p2 = p \times 1,20 \times 0,80 = p \times 0,96}$

$0,96 = 1 - 0,04 = 1 - \frac{4}{100}$. **Le prix a donc diminué de 4 %.**

13. Utilisation de la touche % d'une calculette.
1° prix après diminution 78 € ; 2° 162 €
3° **123** ; 697 ; 307,5
(calculs à la main 150 – 150 × 0,18 = 150 × 0,82 ; 850 × 1,18 = 697 ; 375 × 1,018
4° 236 ; 1 121 (calculs à la main 200 + 200 × 0,18 = 200 × 1,18 ; 950 × 1,18)

14. **Baisse en cascade :** Chaque jour le prix est multiplié par 0,9.
Le quatrième jour, il est multiplié par 0,9 × 0,9 × 0,9 × 0,9 soit 0,6561.
Le prix est 65,61 % du prix initial. **La baisse est de 34,39 %.**

15. a) $300 \times \frac{60}{100} = 180$; b) $300 - 180 = 120$ ou $300 \times \frac{40}{100} = 120$;
c) $120 \times \frac{20}{100} = 120 \times 0,20 = 24$; d) le double du résultat précédent ou $120 \times 0,40 = 48$;
e) 120 – (24 + 48) = 48 ou 40% de 120.

16. La TVA est obtenue en multipliant les nombres de la colonne précédente par 0,196 et le prix TTC peut être obtenu comme somme des deux colonnes précédentes ou bien en multipliant le prix T.T.C. par 1,196.

Matériel	H.T. (€)	TVA	TTC (en €)
Pentium III 800 MHZ	2 540	497,84	3 037,84
Graveur	420	82,32	502,32
Écran plat 17"	1 950	382,20	2 332,20
Imprimante	290	56,84	346,84
Total			6 219,20
Réduction de 5 % pour paiement comptant			310,96
Somme (en €) à régler (arrondi au centième d'euro)			5 908,24

17 Un magasin propose :
PC Prix HT 1814 € vendu 1541,9 € HT

1° $\dfrac{1\,814 - 1\,541{,}9}{1\,814} \times 100 = 15$ La réduction est de 15% ?

2° 1541,9 × 1,196 = 1844,11 arrondi au centième. Le prix TTC est 1844,11 € ?

18. $38 \text{ cm} \times \dfrac{1}{2} = 19$ cm. Sur le dessin, la clé a 19 cm de long.

19. 6,50 m = 650 cm $650 \times \dfrac{1}{100} = 6{,}5$; 4,5 m = 450 cm ; $450 \times \dfrac{1}{100} = 4{,}5$.

La longueur sera de 6,5 cm et la largeur 4,5 cm.

20. Sur la reproduction, les bases du trapèze rectangle ont pour longueur **4,5 cm et 3 cm, et la hauteur 2,5 cm**.

21. 5 cm = 50 000 microns ; $\dfrac{50\,000}{2{,}5} = 20\,000$. **L'échelle est 20 000**

22. Sur une carte, on indique 1 cm = 2,500 km. «L'égalité» est fausse mais elle signifie que 1 cm représente 2,5 km soit 250 000 cm.

L'échelle est $\dfrac{1}{250\,000}$ $\dfrac{33}{2{,}5} =$ **13,2**. Distance Gisors-Beauvais sur la carte **13,2 cm**.

23. 1 cm représente 125 000 cm soit : 1,25 km ; 12 cm représentent 1,25 × 12 km soit 15 km.

CHAPITRE 9

Durée - Masse - Vitesse - Débit

Tester ses connaissances

■ Repérage du temps, Durée

● Instant-Durée

Dans chacun des cas suivants indiquer s'il s'agit d'un instant A (repérage du temps) ou d'une durée B.

1. Il est 8 h 30 min. **A** Instant ; B Durée.

2. Ce matin j'ai travaillé pendant 3 h. **A** Instant ; B Durée.

3. Le film commence à 20 h 45 min. **A** Instant ; B Durée.

4. Il m'a fallu 6 h 30 min pour faire le trajet. **A** Instant ; B Durée.

● Calcul de durées

5. Combien le mois de février compte-t-il de jours ? **A** 28 ; **B** 29 ; **C** 30.

6. Je suis partie à 8 h 45, et arrivée à 10 h. Quelle a été la durée de mon trajet ? **A** : 1 h 55 min ; **B** : 1 h 15 min ; **C** 2 h 45 min

7. Pour réaliser un plat il me faut 1 h 30 min de préparation et 1 h 45 min de cuisson. Je veux qu'il soit prêt à 12 h 30, à quelle heure dois-je commencer ? **A** : 3 h 15 min ; **B** : 10 h 15 min ; **C** : 9 h 15 min.

8. Il reste 14 heures 20 min de surveillance à assurer dans une entreprise. Quatre personnes se répartissent également la tâche. Combien chacun doit-il passer de temps ? **A** : 3 h 35 min ; **B** : 3 h 55 min ; **C** : 3 h 50 min.

9. En 1997 le premier janvier est un mercredi. Quel jour sera le premier janvier 1998 ? **A** : Mardi ; **B** : Jeudi ; **C** : Mercredi.

● Mesure des masses

10. Convertir 1,03 kg en grammes **A** : 103 g ; **B** : 1 030 g ; **C** : 1,003 g

11. Convertir 245 dag 35 g en kg **A** : 24,535 kg ; **B** : 2,485 kg ; **C** : 2,4535 kg

Vitesse

12. Un automobiliste roule à 60 km/h. Quelle est sa vitesse en km/min ?
A : 1 ; **B** : 1 000 ; **C** : 100

13. J'ai roulé pendant 1 heure 30 min et parcouru 97,5 km. Quelle est ma vitesse moyenne en km/h ? **A** : 65 ; **B** : 146,25 ; **C** : 126,75

14. Je veux rattraper une voiture qui roule à 90 km/h et qui est à 15 km devant moi. Combien de temps me faut-il en roulant à 120 km/h ?
A : 2h ; **B** : 30 min ; **C** : 10 min

15. Deux trains roulent l'un à 160 km/h, l'autre à 240 km/h. Ils sont à 180 km l'un de l'autre et roulent sur deux voies parallèles en sens inverses. Dans combien de temps vont-ils se croiser ? **A** : 27 min ; **B** : 45 min ; **C** : 2 h 15 min

16. À 130 km/h, on met 3 h 15 min pour relier deux villes. Quelle est la distance de ces deux villes ? **A** : 409,5 ; **B** : 422,5 ; **C** : 455.

Masse volumique

17. La masse volumique de la glace est 0,918 kg/L. Combien de litres d'eau obtient-on avec 459 kg de glace ? **A** : 500 ; **B** : 431,262 ; **C** : 450.

Débit

18. Une pompe met 3 heures à remplir un fût de 1 650 litres. Quel est son débit en L/h ? **A** : 550 ; **B** : 4 950 ; **C** : 530.

Solution des tests

1. A ; **2. B** ; **3. A** ; **4. B** ; **5. A** 28 ou **B** 29 ; **6. B** 1 h 15 min ; **7. C** 9 h 15 min ; **8. A** 3 h 35 min ; **9. B** jeudi ; **10. B** 1 030 g ; **11. B** 2,485 kg ; **12. A** 1 ; **13. A** 65 ; **14. B** 30 min ; **15. A** 27 min ; **16. B** 422,5 ; **17. A** 500 litres ; **18. A** 550.

Essentiel

Repérage du temps, Durées

On repère le temps, on mesure des durées. Une durée est un intervalle de temps.
La **seconde** est l'unité fondamentale de durée.
Une **minute** vaut 60 secondes (s) : **1 min = 60 s.**
Une **heure** vaut 60 minutes (min) : **1 h = 60 min.**
Un **jour** dure 24 heures (h) : **1 j = 24 h.**

Une **année** normale a 365 jours ; une année bissextile 366 jours.
L'année est divisée en **mois** de 28, 29, 30 ou 31 jours.
On mesure les durées en **années**, **jours**, **heures**, **minutes**, **secondes**.
Pour repérer les dates dans une année, on utilise un **calendrier**.
Ce **système** de mesures des durées n'est pas décimal, mais **sexagésimal**, il est très ancien. Actuellement, la plupart des factures comptables utilisent l'écriture décimale en heures. On écrit 1,25 heure au lieu de 1 h 15 min.

Exemples : tests 1, 2, 3, 4, 5.
Lorsqu'on dit il est 8 h 30 min, le film commence à 20 h 45 min, on indique des instants de la journée repérés par rapport à une origine (0 h) d'un jour.
Lorsqu'on dit j'ai travaillé pendant 3 h, il m'a fallu 6 h 30 min pour faire le trajet, on indique des durées (intervalles de temps).

POINT méthode

Calculer 10 h − 8 h 45 min.
Il faut retrancher 45 min, mais on n'a pas de minutes.
On écrit 10 h = 9 h 60 min.
10 h − 8 h 45 min = 9 h 60 min − 8 h 45 min
= 1 h 15 min

```
  9 h 60 min
− 8 h 45 min
------------
  1 h 15 min
```

Calculer 1 h 30 min + 1 h 15 min
On ajoute séparément les secondes, les minutes et les heures entre elles. Le nombre de minutes (75) dépassant 60, on le convertit en heures et minutes :
75 min = 1 h 15 min.
On a alors 2 h 75 min = 2 h + 1 h 15 min
= **3 h 15 min**

```
  1 h 30 min
+ 1 h 45 min
------------
  2 h 75 min

= 3 h 15 min
```

Calculer 1 h 45 min 25 s × 6
On multiplie les heures, les minutes et les secondes par le nombre.
Si les secondes dépassent 60, on convertit en minutes, on ajoute les minutes obtenues aux autres. On convertit les minutes en heures, on les ajoute aux heures déjà obtenues.
1 h 45 min 25 s × 6 = 6 h 270 min 150 s ; 150 s = 2 min 30 s ;
1 h 45 min 25 s × 6 = 6 h 272 min 30 s ; 272 min = 4 h 32 min ;
1 h 45 min 25 s × 6 = 10 h 32 min 30 s.

```
  1 h 45 min 25 s        150 | 60                       272 | 60
               × 6            |----    270 + 2 = 272         |----
-----------------         30 | 2                         32 | 4
6 h 270 min 150 s
```

1 h 45 min 25 s × 6 = 10 h 32 min 30 s

Calculer 14 h 20 min : 4
On calcule le quotient entier de 14 par 4. Il reste 2 h 20 min soit 140 min. On calcule ensuite le quotient de 140 min par 4. **14 h 20 min : 4 = 3 h 35 min**
Si le reste n'était pas nul on le transformerait en secondes pour achever la division.

```
     14 h 20 min | 4
                 |-----------
      2 h 20 min | 3 h 35 min
 (120 + 20) min  |
        140 min  |
         20 min  |
          0 min  |
```

■ *Mesure des masses*

L'unité de mesure des masses est le kilogramme. C'est une mesure du système métrique. Ses multiples et sous-multiples sont :

— la tonne (t) : 1 t = 1 000 kg ; — le quintal (q) : 1 q = 100 kg ;
— le gramme (g) : 1 000 g = 1 kg ; — le décagramme (dag) : 1 dag = 10 g ;
— l'hectogramme (hg) : 1 hg = 100 g ; — le décigramme (dg) : 1 g = 10 dg ;
— le centigramme (cg) : 1 g = 100 cg ; — le milligramme (mg) : 1 g = 1 000 mg.

■ *Vitesse*

Pour un mobile donné (cycliste, automobiliste, ...), **on appelle vitesse moyenne le quotient de la distance parcourue par la durée du parcours.**

Lorsque le mouvement est uniforme la distance parcourue **D** est proportionnelle à la durée T du parcours. **La vitesse *v* est le coefficient de proportionnalité.**

$$v = \frac{D}{T}\ ; \quad D = v \times T \quad \text{et} \quad T = \frac{D}{v}.$$

Dans tous les problèmes, pendant les intervalles de temps donnés, on suppose la vitesse constante.

POINT méthode

Calcul de la vitesse

J'ai roulé pendant 1 h 30 min et parcouru 97,5 km. Quelle est ma vitesse moyenne en km/h ? La durée est D = 1 h 30 min ou 1,5 heures ; la distance parcourue est 97,5 km.

Première méthode : on convertit la durée en heures décimales

$1 \text{ h } 30 \text{ min} = 1 \text{ h} + \frac{30}{60}\text{ h} = 1{,}5 \text{ h}$;

$\frac{97{,}5}{1{,}5}$ km/h = 65 km/h.

Deuxième méthode : on écrit la durée en fraction d'heures :

$1 \text{ h } 30 \text{ min} = 1 \text{ h} + \frac{30}{60}\text{ h} = \frac{90}{60}\text{ h}$;

$97{,}5 : \frac{90}{60} = 97{,}5 \times \frac{60}{90} = 65$ km/h.

POINT méthode

Calcul de la durée

Rattrapage ou dépassement. Je veux rattraper une voiture qui roule à 90 km/h et qui est à 15 km devant moi. Combien de temps me faut-il en roulant à 120 km/h ? En une heure je me rapproche de (120 − 90) km. La vitesse de rapprochement est donc de 30 km/h.

La durée est $\frac{15}{30}$ h = $\frac{1}{2}$ h = **30 min.** (ou 1/2 h ou 0,5 h).

Croisement. Deux trains roulent l'un à 160 km/h, l'autre à 240 km/h. Ils sont à 180 km l'un de l'autre et roulent sur deux voies parallèles en sens inverses. Dans combien de temps vont-ils se croiser ? En une heure les deux trains se rapprochent de 400 km. La vitesse de croisement est donc de 400 km/h.

Durée $\frac{D}{v} = \frac{180}{400}\text{ h} = \frac{9}{20}\text{ h} = \frac{27}{60}\text{ h} = 27$ min.

POINT méthode

Calcul de la distance :
À 130 km/h, on met 3 h 15 min pour relier deux villes. Quelle est la distance de ces deux villes ?

On peut écrire : 3 h 15 min = $3\ h + \frac{1}{4}\ h = \frac{13}{4}\ h$. $D = 130 \times \frac{13}{4} = 422{,}5$.

L'unité de longueur est le km. La distance est de 422,5 km.

■ *Masse volumique*

La masse volumique u d'un corps est le quotient de sa masse M par le volume occupé V. $\mu = \frac{M}{V}$. C'est donc la masse de l'unité de volume.

La masse d'un corps homogène est proportionnelle à son volume.
La masse volumique est le coefficient de proportionnalité.
Masse volumique de quelques corps :
Or : 21,4 kg/dm^3 ; Plomb : 11,3 kg/dm^3 ; Fer : 7,8 kg/dm^3 ; Eau pure : 1 kg/dm^3 ; Alcool à 90° : 0,83 kg/dm^3 ; Essence Super : 0,77 kg/dm^3.

■ *Débit*

Le débit moyen (D) d'un fleuve, d'une rivière, d'un robinet... est le quotient du volume de liquide écoulé (V) par la durée de l'écoulement. Lorsque l'écoulement est régulier le volume d'eau écoulé est proportionnel à la durée de l'écoulement.

$D = \frac{V}{T}$; $T = \frac{V}{D}$; $V = DT$.

Les chutes du Niagara ont un débit de 6 000 m^3/s (6 000 mètres cubes par seconde).

Applications

■ *Calendrier*

1. Quels sont les mois de l'année ayant 31 jours ?

2. Le 1er avril est un mercredi.
1. Quel jour sera le 8 avril ? Le 1er mai ?
2. Quel jour était le 15 mars ?
3. Quelles sont les dates des dimanches du mois d'avril ?

3. Comment reconnaît-on une année bissextile ?
Parmi les années 1996, 1997, 1998, 2000, 2003, 2004, quelles sont les années bissextiles ?

4. Voici les dates de naissance et de mort de certains hommes illustres.

Apollinaire (1880-1918)	Nostradamus (1503-1566)	Cézanne (1839-1906)
La Fontaine (1621-1695)	Dürer (1471-1528)	Bach (1685-1750)
Euler (1707-1783)	Ingres (1780-1867)	Galilée (1564-1642)

4.1. Quelle a été leur durée de vie ?

4.2. Sur une droite, représenter par un segment la période de vie de chacun de ces hommes.

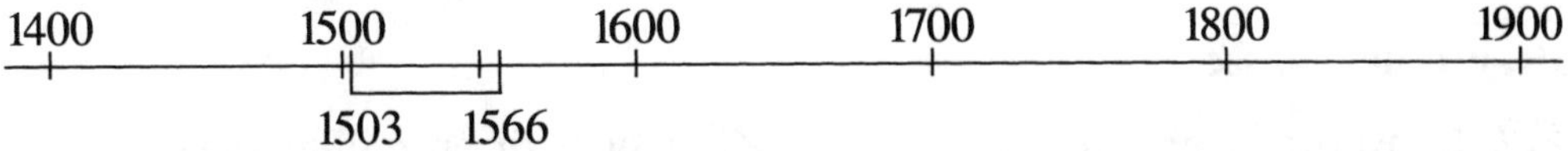

5. Combien de minutes y a-t-il en 2 heures ? en 4 heures ? en 12 heures ? en 180 secondes ?

6. Combien de fois l'aiguille des heures fait-elle le tour du cadran en 1 jour ? 3 jours ?

7. Combien de fois l'aiguille des minutes fait-elle le tour du cadran en 1 jour ? en 4 heures ?

8. Une montre avance de 1/4 de minute par heure. Quelle sera son avance en 24 heures ?

9. Une horloge retarde de 30 secondes par heure. Si elle a été mise à l'heure à midi, quelle heure marquera-t-elle le lendemain midi ?

10. Un avion parcourt 130 mètres à la seconde. Quelle distance franchit-il en 1 heure ?

Opérations sur les durées

11. Convertir en minutes :
8 h 15 min ; 3 h 55 min ;
19 h 27 min ; 12 h 48 min.

12. Convertir en secondes :
3 h 55 min 14 s ; 5 h 19 min 25 s ;
7 h 28 min 12 s ; 9 h 38 s

13. Convertir en nombre décimal (unité = l'heure)
5 h 18 min ; 8 h 36 min ; 18 h 42 min ; 4 h 3 min 45 s.

14. Effectuer les additions suivantes :
6 h 35 min + 7 h 15 min ; 11 h 4 min + 3 h 55 min ; 8 h 15 min + 5 h 12 min ;
14 h 8 min + 6 h 50 min ; 9 h 24 min + 7 h 36 min ; 4 h 35 min + 25 min ;
7 h 55 min + 6 h 37 min ; 3 h 48 min + 7 h 15 min ;
18 h 20 min 34 s + 12 h 35 min 48 s + 4 h 17 min 25 s ;
7 h 18 min 45 s + 6 h 3 min 15 s + 2 h 4 s.

15. L'heure de la pleine mer, le matin, est 7 h 38 min. Celle du lendemain matin a lieu 24 h 50 min plus tard. Quelle en est l'heure ?

16. Le 20 décembre, le soleil se lève à 7 h 43 min et se couche 8 h 11 min plus tard. Quelle est l'heure du coucher du soleil ?

17. Effectuer les soustractions suivantes :
21 h 57 min − 12 h 19 min ; 15 h 40 min − 13 h 20 min ;
22 h 10 min − 13 h 40 min ; 17 h 14 min 5 s − 13 h 17 min 45 s ;
4 h 12 min 4 s − 1 h 57 min 35 s ; 21 h 13 min − 9 h 4 min 52 s ;
1 j 3 h 17 s − 15 h 18 min 45 s.

18. Effectuer les multiplications suivantes :
2 h 35 min 41 × 4 ;
3 h 18 min 34 × 6 ;
4 h 8 min 57 × 8 ;
3 h 47 min 8 × 5 ;
6 h 34 min 30 × 7 ;

19. Effectuer les divisions suivantes :
5 h 28 min : 4 ;
3 h 47 min 15 s : 5 ;
8 h 18 min 24 s : 6 ;
10 h 35 min 28 s : 7 ;
1 h 33 min 45 s : 15.

Mesure des masses

20. Convertir en grammes :
a. 2 kg ; **b.** 2 kg 30 g ;
c. 3 dag 7 g ; **d.** 275 hg ;
e. 3 hg 2 dag ; **f.** 1 hg 4 dag 5 g ;
g. 8 kg 7 hg 3 g ;
h. 2 hg 8 g ; **i.** 318 kg

21. Convertir en milligrammes :
a. 3 g 2 cg ; **b.** 2 kg 8 dag 1 cg ;
c. 3 hg 8 g 4 dg ; **d.** 3 g 8 cg ;
e. 8 kg 7 hg 3 g ; **f.** 7 hg 8 g 5 cg ;
g. 275 dag ; **h.** 83 hg 4 g 6 cg ;
i. 418 kg 5 hg.

22. Pour faire des confitures d'abricots, il faut 800 grammes de sucre pour un kilo de fruits. Combien faut-il de sucre pour 3 500 grammes de fruits ?

23. Un camion est chargé de sacs, certains pèsent 75 kilogrammes, les autres 50 kilogrammes. Ainsi chargé le camion pèse 6 tonnes. Vide, il ne pèse que 2 500 kilogrammes. Il porte 60 sacs en tout. Combien de sacs de chaque espèce porte-t-il ?

24. En consommant 150 grammes de viande 5 jours par semaine, quelle est, à un kilogramme près par excès, la consommation annuelle de viande ?

25. Que signifie sur un paquet : poids net, poids brut, tare ? Sur un paquet, on lit : poids brut 400 grammes, tare 30 grammes. Que peut-on déduire ?

Vitesse

26. Un satellite artificiel a réalisé une révolution de 42 000 km en 1 h 43 min. Quelle était en km/h la vitesse du satellite ?

27. **1.** Un automobiliste veut effectuer un déplacement d'une ville A à une ville B distante de 75 km. S'il roule à 90 km à l'heure, à quelle heure doit-il partir pour arriver en B à 9 h ?
2. Au départ, son réservoir contient 40 litres. Combien lui en restera-t-il à l'arrivée, sa voiture consommant 8 aux 100 km ?
3. Il croise à 8 h 24 min une automobile partie de B à 7 h 54 min. À quelle distance se trouve-t-il de B ? Quelle est la vitesse de la deuxième voiture ?

28. La lumière a une vitesse de 300 000 km/s. Le son a une vitesse de 340 m/s. En mesurant l'intervalle de temps entre l'éclair et le bruit du tonnerre, comment calculer à quelle distance est tombée la foudre ?

29. Deux amis décident de se rendre de la ville A à la ville B, l'un à bicyclette, l'autre en vélomoteur. Le premier quitte A à 8 h, effectue 20 km de montée, à une vitesse moyenne de 15 km/h et le reste du trajet à une vitesse moyenne de 30 km/h. Il arrive en B à 11 h. Le second part à 8 h 30 min, effectue les 30 premiers kilomètres en 1 heure, tombe en panne, passe $\frac{1}{2}$ h à réparer, repart et roule à une vitesse moyenne telle qu'il arrive à B en même temps que son camarade. Établir le graphique de marche des deux amis. Déduire de ce graphique la distance qui sépare A de B. Le second a-t-il doublé le premier en cours de trajet ? Où ? Quand ?

30. Pour aller de A en B, deux itinéraires sont possibles. Par l'itinéraire 1, le trajet est de 105 km, on peut rouler à 63 km/h de moyenne.
Par l'itinéraire 2, un ami vous dit mettre 10 minutes de moins que vous et pouvoir rouler à 76 km/h. Quelle est la longueur de l'itinéraire 2 ?

31. Deux villes, A et B, sont distantes de 70 km. Un camion part de A à 8 h, vers B à une certaine vitesse v. Une automobiliste part de B à 9 h, et se dirige vers A à la vitesse V. La rencontre de ces deux «mobiles» a lieu à 9 h 20 min. L'automobiliste s'arrête en A, puis repart vers B à la même vitesse au moment où le camion passe en B en continuant sa route au-delà de B. L'automobiliste dépasse le camion 1 h 10 min après être parti de A.
Représenter graphiquement les mouvements des 2 mobiles en prenant 8 h pour origine des temps et A pour origine des espaces, 3 cm pour 1 h et 1 cm pour 10 km. Quelles sont les vitesses de ces deux mobiles ?

Masse volumique - Débit

32. Quelle est la masse de 3 hectolitres de charbon de bois, sachant que sa masse volumique est de 0,25 kg/dm^3 ?

33. Une bouteille vide pèse 700 grammes. On y verse 75 cl de lait. Quelle sera alors la masse de la bouteille ?

34. La masse volumique de la glace est de 0,918. Quel est le volume occupé par un bloc de glace provenant de la congélation de 10 litres d'eau ?

35. Calculer le volume occupé par :
a. 1 kg de platine
— masse volumique : 21,5 kg/dm^3
b. 1 kg de fer
— masse volumique : 7,8 kg/dm^3
c. 1 kg de liège
— masse volumique : 0,24 kg/dm^3
d. 1 kg de mercure
— masse volumique : 11,35 kg/dm^3

36. Un cube de plomb a 3,9 cm d'arête. On le met sur l'un des plateaux d'une balance. Trouver le volume d'un bloc d'aluminium qui lui ferait équilibre. (plomb 11,35 kg/dm^3 ; aluminium 2,5 kg/dm^3).

37. On réalise une construction en béton armé en utilisant 240 kg d'armatures en fer par m^3 de béton armé. Quel est le volume de fer utilisé pour couler 76,500 m^3 de béton ? Le béton lui-même a une masse volumique de 2,7 kg/dm^3. Quelle est la masse de 1 m^3 de béton armé ?

38. Une source fournit en moyenne 10 litres d'eau à la minute. Quelle quantité d'eau fournit-elle en 1 heure ? en 5 heures ?

39. Un réservoir d'essence a la forme d'un cube de 1,80 m d'arête.
1. Quelle est sa contenance ?
2. Le camion-citerne qui en assure le remplissage y déverse les 2/3 de cette contenance en 10 min 48 s. Quel est le débit par seconde de la pompe du camion citerne ?

40. Un pipe-line pour le transport du pétrole a un diamètre intérieur de 60 cm. Le pétrole y circule à la vitesse de 2,700 km/h. Quel temps faut-il dans ces conditions pour remplir un réservoir cylindrique ayant un diamètre de 21,80 m et une profondeur de 15 m ?

Corrigés

1. Janvier - Mars - Mai - Juillet - Août - Octobre - Décembre.

2. **2.1.** Une semaine a 7 jours. En ajoutant 7 on ajoute exactement une semaine. Le 1er avril est un mercredi, le 8 avril est un mercredi.
Du 1er avril au 1er mai on ajoute 30 jours, soit 4 semaines et 2 jours ; le 1er mai est un vendredi.
2.2. Le 15 mars était un lundi.
2.3. Les 5, 12, 19 et 26 avril.

3. Une année qui n'est pas terminée par 00 est bissextile lorsqu'elle est divisible par 4.
Une année terminée par 00 est bissextile lorsqu'en supprimant les deux zéros de droite, on obtient un nombre divisible par 4.
1996, 2000 (20 divisible par 4) et 2004 sont bissextiles.

4. **4.1.**

Apollinaire	38 ans	Nostradamus	63 ans	Cézanne	67 ans
La Fontaine	74 ans	Dürer	57 ans	Bach	65 ans
Euler	76 ans	Ingres	87 ans	Galilée	78 ans

4.2.

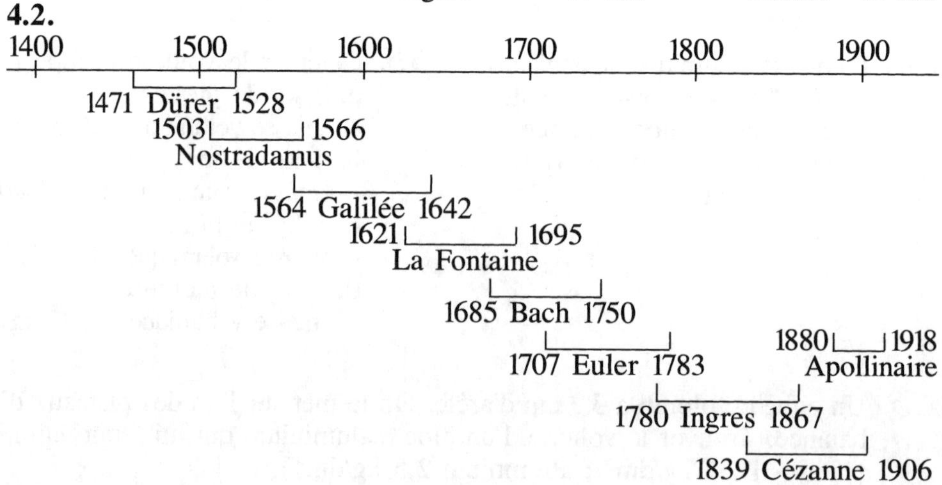

5. $2\text{ h} = (60 \times 2)\text{ min} = 120\text{ min}$;
$4\text{ h} = 240\text{ min}$;
$12\text{ h} = 720\text{ min}$;
$180\text{ s} = (180 : 60)\text{ min} = 3\text{ min}$

6. L'aiguille des heures fait 2 tours par jour, 6 tours en 3 jours.

7. L'aiguille des minutes fait 24 tours de cadran en un jour ; 4 tours en quatre heures.

8. En 24 heures elle avance de

$$24 \times \frac{1}{4}\text{ min} = 6\text{ min}.$$

9. Elle retarde de :
$(30 \times 24)\text{ s} = 720\text{ s} = 12\text{ min}.$
Le lendemain elle marquera :
$12\text{ h} - 12\text{ min} = 11\text{ h } 48\text{ min}.$

10. 130 m en une seconde,
$130 \times 3\,600$ m en une heure.
En une heure, il franchit 468 000 m soit 468 km.

11. 8 h 15 min = 495 min ; 3 h 55 min = 235 min
19 h 27 min = 1 167 min ; 12 h 48 min = 768 min

12. $3\text{ h } 55\text{ min } 14\text{ s} = (3 \times 60 \times 60 + 55 \times 60 + 14)\text{ s} = 14\,114\text{ s}$
$7\text{ h } 28\text{ min } 12\text{ s} = (7 \times 3\,600 + 28 \times 60 + 12)\text{ s} = 26\,892\text{ s}$
$5\text{ h } 19\text{ min } 25\text{ s} = (5 \times 3\,600 + 19 \times 60 + 25)\text{ s} = 19\,165\text{ s}$
$9\text{ h } 38\text{ s} = (9 \times 3\,600 + 38)\text{ s} = 32\,438\text{ s}$

13.
$$5\text{ h } 18\text{ min} = \left(5 + \frac{18}{60}\right)\text{h} = (5 + 0{,}3)\text{ h} = 5{,}3\text{ h}$$
$$8\text{ h } 36\text{ min} = \left(8 + \frac{36}{60}\right)\text{h} = 8{,}6\text{ h}$$
$$18\text{ h } 42\text{ min} = \left(18 + \frac{42}{60}\right)\text{h} = 18{,}7\text{ h}$$
$$4\text{ h } 3\text{ min } 45\text{ s} = \left(4 + \frac{3}{60} + \frac{45}{3\,600}\right)\text{h} = 4{,}0625\text{ h}$$

14. 13 h 50 min ; 14 h 59 min ; 13 h 27 min ; 20 h 58 min ; 17 h ; 5 h ; 14 h 32 min ; 11 h 03 min ; 1 j 11 h 13 min 47 s ; 15 h 22 min 4 s.

15. 7 h 38 min + 50 min = 8 h 28 min
Le lendemain l'heure de la pleine mer est 8 h 28 min.

16. 7 h 43 min + 8 h 11 min = 15 h 54 min.
Le coucher de soleil a lieu à 15 h 54 min.

17. 9 h 38 min ; 2 h 20 min ; 8 h 30 min ; 3 h 56 min 20 s ; 2 h 14 min 29 s ; 12 h 8 min 8 s ; 11 h 41 min 32 s
Explication du dernier calcul :
1 j 3 h 17 s − 15 h 18 min 45 s = 26 h 59 min 77 s − 15 h 18 min 45 s
= 11 h 41 min 32 s.

18. Résultats : 8 h 140 min 164 s = 10 h 22 min 44 s ; 19 h 51 min 24 s ; 1 j 9 h 11 min 36 s ; 18 h 55 min 40 s ; 1 j 22 h 1 min 30 s.

19. Résultats : 1 h 22 min ; 45 min 27 s ; 1 h 23 min 4 s ; 1 h 30 min 47 s ; 6 min 15 s.

20. **a.** 2 000 g ; **b.** 2 030 g ; **c.** 37 g ; **d.** 27 500 g ; **e.** 320 g ; **f.** 145 g ; **g.** 8 703 g ; **h.** 208 g ; **i.** 318 000 g.

21. **a.** 3 020 mg ; **b.** 2 080 010 mg ; **c.** 308 400 mg ; **d.** 3 080 mg ; **e.** 8 703 000 mg ; **f.** 708 050 mg ; **g.** 2 750 000 mg ; **h.** 8 304 060 mg ; **i.** 418 500 000 mg.

22. $800 \times 3 + 400 = 2\,800$. Il faut 2 800 g de sucre.

23. Masse des sacs : $6\,000 - 2\,500 = 3\,500$ (en kilogrammes).

- 1re solution
  60 sacs de 75 kilogrammes pèseraient 4 500 kilogrammes (60×75) soit un excédent de 1 000 kilogrammes. Cette différence représente l'excédent de masse des sacs de 50 kilogrammes remplacés par des sacs de 75 kilogrammes, elle représente donc 25 fois ($75 - 50$) le nombre de sacs de 50 kilogrammes : $1\,000 : 25 = 40$. Il y a 40 sacs de 50 kilogrammes et 20 sacs de 75 kilogrammes.
- Solution algébrique. Soit x le nombre de sacs de 75 kilogrammes, $60 - x$ le nombre de sacs de 50 kilogrammes.
  $75x + 50(60 - x) = 3\,500$
  $75x + 3\,000 - 50x = 3\,500$; $25x = 500$; $x = 20$.
  Il y a 20 sacs de 75 kilogrammes et 40 de 50 kilogrammes.
- Solution arithmétique correspondante
  60 sacs de 50 kilogrammes pèseraient 3 000 kilogrammes, soit 500 kilogrammes de moins que la masse totale. Cette différence représente l'excédent de masse des sacs de 75 kilogrammes par rapport à ceux de 50 kilogrammes. Le nombre de sacs de 75 kilogrammes est $500 : 25 = 20$.

24. $150 \times 5 \times 52 = 39\,000$;
$150 \times 5 \times 53 = 39\,750$.
Il y a 52 semaines plus un jour dans l'année. La consommation annuelle est de 40 kg par excès.

25. Poids net : masse de marchandise ou du contenu.
Poids brut : masse totale ; tare : masse du contenant.
Poids net : $400 - 30 = 370$ (en grammes).

26. $(42\,000 : 103) \times 60$ km/h $= 24\,466$ km/h.

27. **1.** $75 : 90 = 0{,}833\ldots$ (*h* en écriture décimale ou 50 min ;). Il part à 8 h 10.

2. $\left(40 - \frac{3}{4} \times 8\right)$ L $= 34$ L.

3. en 14 min il a parcouru : $\frac{90}{60} \times 14 = 21$ km, il est à 54 km de B. 108 km/h.

28. La lumière arrive instantanément ; la distance est $340 \times$ durée (en mètres).

29. Les villes A et B sont à 70 km l'une de l'autre.
Le second mobile double le cycliste à 9 heures à 15 km de A.

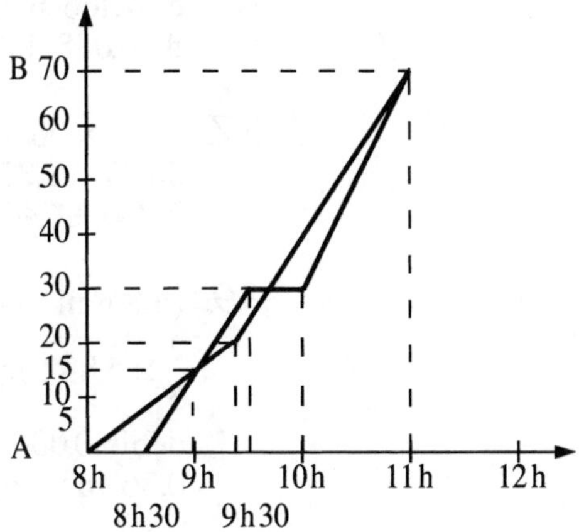

30. Durée du trajet ① (105 : 63) h = 1 h 40 min.
Durée du trajet ② 1 h 30 min.
Longueur de l'itinéraire ②: 114 km.

31.

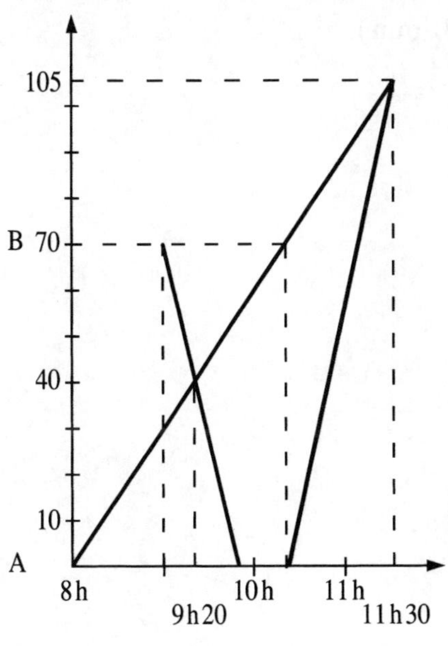

À 9 h 20 le camion a roulé 1 h 20, soit $\frac{4}{3}$ h ; l'automobiliste a roulé 20 min, soit $\frac{1}{3}$ h.

La distance totale parcourue est de 70 km :

$\frac{4}{3}v + \frac{1}{3}V = 70$ ou $4v + V = 210$

En 1 h 10 de trajet la différence des distances parcourues est 70 km.

$$V \times \frac{7}{6} - v \times \frac{7}{6} = 70$$

$$V - v = 60$$

$$\begin{cases} V = v + 60 \\ V = 210 - 4v \end{cases}$$

donc $v + 60 = 210 - 4v$

$$5v = 150$$

$$v = 30$$

On obtient

$v = 30$ km/h ; $V = 90$ km/h.

32. 75 kg.

33. 0,7725 + 0,700 = 1,4725 (en kg).

34. 10,893 dm^3.

35. **a.** 0,046 511 $dm^3 \simeq$ 0,046 dm^3
b. 0,128 205 $dm^3 \approx$ 0,128 dm^3
c. 4,166 666 $dm^3 \approx$ 4,167 dm^3
d. 0,088 105 $dm^3 \approx$ 0,088 dm^3.

36. 269,308 cm^3.

37. $(240 \times 76{,}5) : 7{,}8 \simeq 2\,354$ (en dm^3) ; 2,35 m^3.
$2\,700 + 240 = 2\,940$ (kg) par m^3.

38. 10×60 l = 600 l ;
3 000 l = 3 m^3.

39. $(1{,}8)^3 m^3 = 5{,}832\ m^3$.
$\frac{2}{3} \times 5{,}832\ m^3$ en 648 s ;
débit 0,006 m^3/s ou 6 dm^3/s ou 0,36 m^3/min ou 21,6 m^3/h.

40. • Volume du réservoir :
$\pi \times (21{,}8 : 2)^2 \times 15\ m^3 = (1\,782{,}15 \times \pi)\ m^3$.
• Longueur de pipeline correspondante :
$(1\,782{,}15 \times \pi) : (\pi \times 0{,}3^2)\ m \simeq 19\,801\ m$
(ou 19,801 km).
• Durée de remplissage :
$(19{,}801 : 2.7)\ h \simeq 7{,}334\ h$ (ou 7 h 20 min).

CHAPITRE 10 Lignes et figures

Tester ses connaissances

■ Segment, Droite, Demi-droite

Utiliser la figure ci-contre et les mots : un point, une droite, un segment, une demi-droite, une longueur, le milieu, pour répondre aux questions 1 à 7.

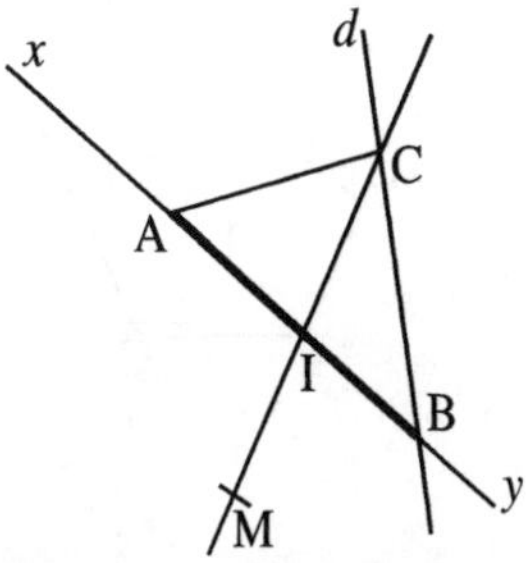

Figure 1.10

1. [**AB**] désigne ...

2. La lettre **M** désigne ...

3. [**BA**) désigne ...

4. ***d*** désigne ...

5. **BC** désigne ...

6. (**AB**) désigne ...

7. Que représente le point **I** pour le segment [AB] ?

8. Mesurer les longueurs des segments [AB] et [AC].

9. Le point B appartient-il à la droite ***d*** ?

10. Par quels points nommés sur la figure la droite (xy) passe-t-elle ?

11. Le point B appartient-il à la droite (AC) ?

12. Citer les points marqués sur la droite ***d***.

■ Angles

13.

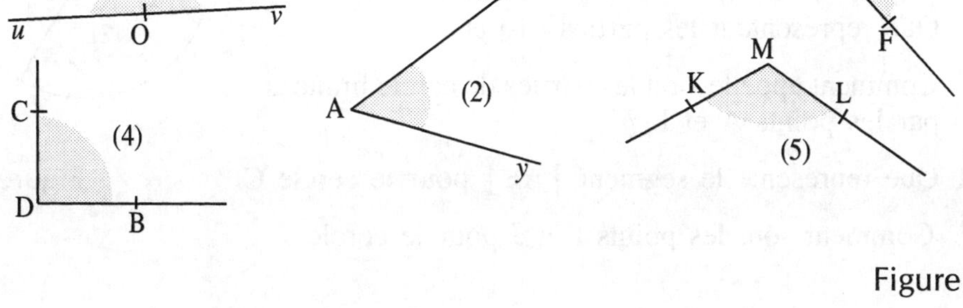

Figure 2.10

Dans le tableau suivant, indiquer le nom, la particularité (aigu, obtus, droit, plat ou rentrant) et la mesure en degrés de chacun de ces angles.

Numéro de la figure	(1)	(2)	(3)	(4)	(5)
Nom					
Particularité					
Mesure					

■ *Polygone, triangle, quadrilatère*

14. Dans le tableau, pour chacun des **polygones de la figure 3.10**, indiquer son nom (triangle, quadrilatère, pentagone...), le nombre de côtés, le nombre de sommets et le nommer en utilisant les lettres marquées sur la figure.

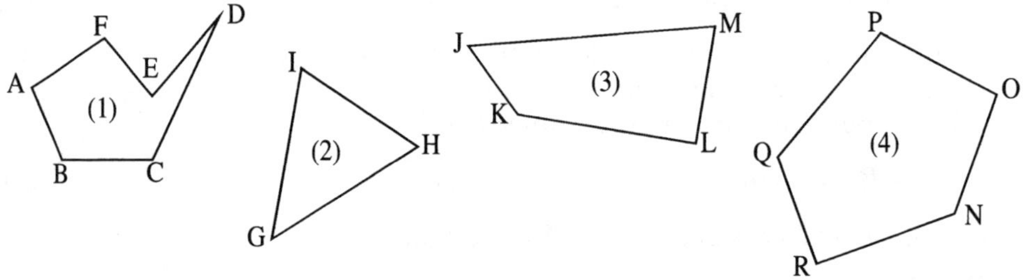

Figure 3.10

Numéro de la figure	(1)	(2)	(3)	(4)
Type de polygone				
Nombre de côtés				
Nombre de sommets				
Désignation (en nommant les sommets)				

■ *Cercle*

Sur la figure ci-contre :

15. Quels sont les points marqués sur le cercle ?

16. Que représentent les segments [OA] et [EF]

17. Que représentent les parties (1) et (2) ?

18. Comment appelle-t-on les parties de cercle limitées par les points A et B ?

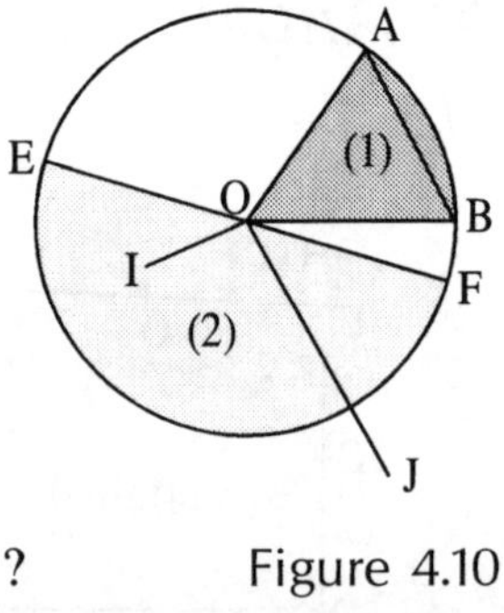

19. Que représente le segment [AB] pour le cercle C ?

Figure 4.10

20. Comment sont les points I et J pour le cercle ?

■ *Périmètre*

21. Calculer le périmètre d'un hexagone régulier de 6 cm de côtés ?

22. Calculer le périmètre d'un triangle dont les côtés ont pour longueurs 4 cm, 5 cm et 6 cm ?

23. Quelle est la longueur d'un cercle de 7 cm de rayon ?

■ *Changements d'unité de longueur*

24. Convertir en cm : 2,75 m ; 325 dm ; 2,6 m ; 357 mm.

25. Convertir en m : 358 cm ; 49 dm ; 5 m 8 mm ; 35 mm.

26. Convertir en km : 3 580 m ; 58 425 cm ; 180 000 mm.

Solution des tests

1. Un segment.
2. Un point.
3. Une demi-droite.
4. Une droite.
5. Une longueur.
6. Une droite.
7. I est le milieu du segment [AB].
8. AB = 2 cm ; AC = 1,2 cm ;
9. Oui.
10. A, I, B.
11. Non.
12. B et C.

13.

N° de la figure	(1)	(2)	(3)	(4)	(5)
Nom	$\widehat{uOv}$	$\widehat{xAy}$	$\widehat{GEF}$	$\widehat{BDC}$	$\widehat{KML}$
Particularité	plat	aigu	rentrant	droit	obtus
Mesure	180°	55°	245°	90°	105°

14.

Numéro de la figure	(1)	(2)	(3)	(4)
Type de polygone	Hexagone	Triangle	Quadrilatère	Pentagone
Nombre de côtés	6	3	4	5
Nombre de sommets	6	3	4	5
Désignation	ABCDEF	GHI	JKLM	NOPQR

15. A, B, E, F. **16.** [OA] est un **rayon** et [EF] un **diamètre**.
17. Les parties (1) et (2) sont des secteurs circulaires ; (2) est un **demi-disque**.
18. Les **arcs de cercle** d'extrémités A et B. **19.** [AB] est une **corde**.
20. Le point I est **intérieur** au cercle et le point J est **extérieur**.
21. Le périmètre est **36 cm.** **22.** Le périmètre est **15 cm**.
23. $(\mathbf{14 \times \pi})$ **cm** $\approx$ 44 cm.
24. 2,75 m = **275 cm** ; 325 dm = **3 250 cm** ; 2,6 m = **260 cm** ; 357 mm = **35,7 cm**.
25. 358 cm = **3,58 m** ; 49 dm = **4,9 m** ; 5 m 8 mm = **5,008 m** ; 35 mm = **0,035 m**.
26. 3 580 m = **3,580 km** ; 58 425 cm = **0,584 25 km** ; 180 000 mm = **0,18 km**.

L'essentiel

■ Segment, Droite, Demi-droite

On trace des lignes droites à la règle.

● Segment, milieu

Un segment est une ligne droite limitée par deux points qu'on appelle ses extrémités.
Un segment d'extrémités M et N se note [MN]
La **longueur** du segment [MN] se note simplement **MN**. Le point I est le **milieu** du segment [MN].
MI = IN = 1 cm

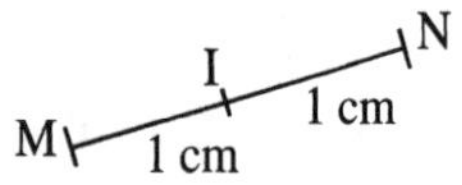

Figure 5.10

● Droite

Une ligne droite illimitée est une droite.
Une droite est déterminée par deux de ses points. La droite passant par R et B est la **droite (BR)**.
Pour nommer une droite, on peut aussi utiliser une lettre (par exemple ***d***) ou écrire deux lettres en minuscules (exemple (xy)).
Des points sont dits alignés s'ils appartiennent à une même droite.
Une droite ne se mesure pas, elle est illimitée.
Le point R est commun aux droites d et d'.
Les points **A, B, C sont alignés** ; les points A, R et B ne sont pas alignés.

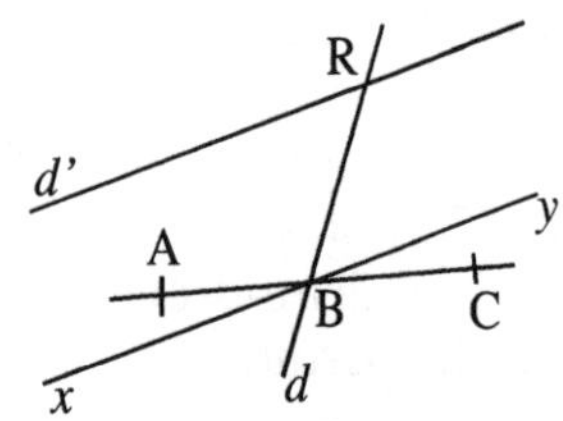

Figure 6.10

● Demi-droite

En marquant un point sur une droite, on détermine deux demi-droites (ce ne sont pas des moitiés de droites puisque les droites sont illimitées). Une demi-droite a **une origine**. **La demi-droite d'origine N passant par B se note [NB).**

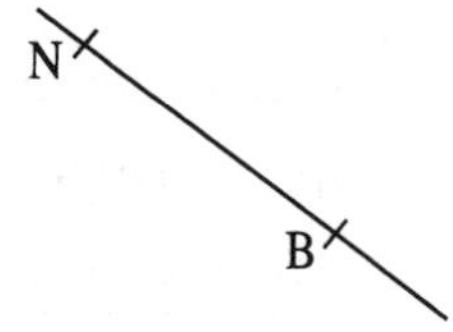

Figure 7.10

■ Angle

Deux demi-droites $[Ox)$ et $[Oy)$ de même origine O déterminent deux angles de sommet O et de côtés $[Ox)$ et $[Oy)$.
Soit A un point de l'une des demi-droites et B un point de l'autre ; $(A \in [Ox)$ et $B \in [Oy))$.
L'angle qui contient [AB] est saillant. Il se note $\widehat{AOB}$ ou $\widehat{xOy}$.
L'autre est rentrant. Il se note $\overset{\smile}{AOB}$ ou $\overset{\smile}{xOy}$.

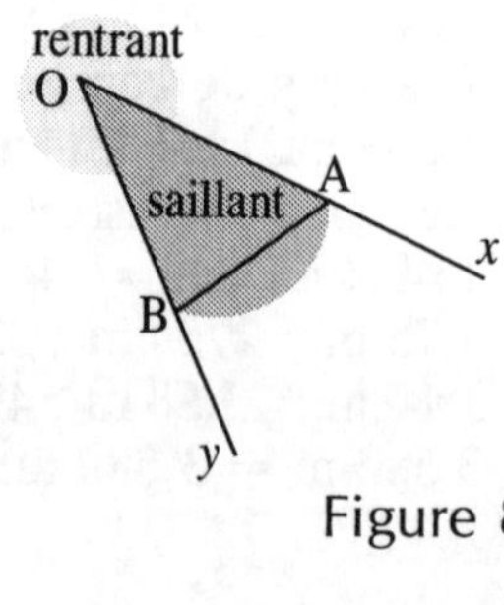

Figure 8.10

● *Angle plat, droit, aigu, obtus*

Les **côtés d'un angle plat forment une droite**.
Les côtés $[Ou)$ et $[Ov)$ de l'angle $\widehat{uOv}$ forment la droite (uv). L'angle $\widehat{uOv}$ est plat.

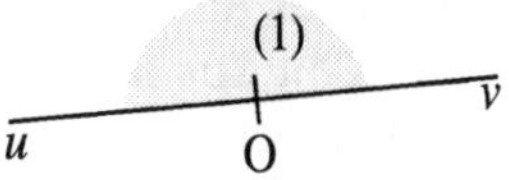

Figure 9.10

Un angle droit est la moitié d'un angle plat. Il mesure 90°.
En pliant un angle plat pour que les deux côtés viennent en coïncidence, on obtient deux angles droits.

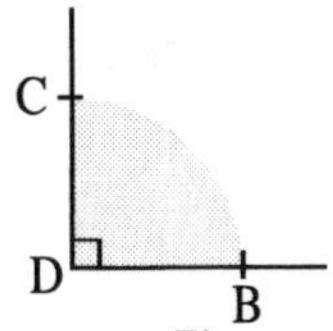

Figure 10.10

Un angle aigu est contenu dans un angle droit, il est plus petit qu'un angle droit.
L'angle $\widehat{xOy}$ **est aigu**.
Un angle obtus est compris entre un angle droit et un angle plat. L'angle $\widehat{zOy}$ **est obtus**.

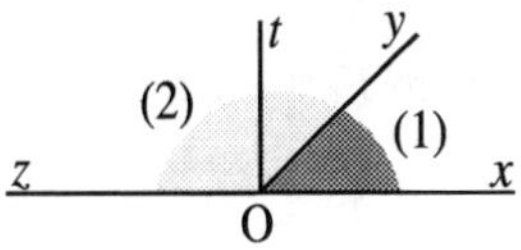

Figure 11.10

● *Mesure d'un angle*

On mesure un angle à l'aide d'un rapporteur. Un angle plat mesure 180°. Un angle droit mesure 90°.

■ *Polygones*

Un polygone est une ligne brisée fermée. Chacun des segments qui la compose est un **côté** du polygone. Les **sommets** sont les extrémités des côtés. Un polygone a autant de sommets et d'angles que de côtés.

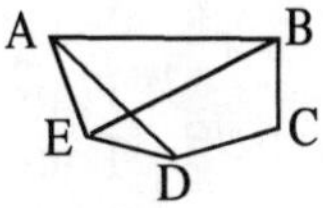

Figure 12.10

Pour **nommer un polygone**, on écrit les noms des sommets en suivant son contour. En partant de A, le polygone de la figure 12.10 est AEDCB (ou ABCDE). Il a 5 côtés [AB], [BC], [CD], [DE] et [EA] et 5 sommets A, B, C, D et E. C'est un pentagone. Une **diagonale** est un segment qui joint deux sommets non consécutifs ; [AD] et [BE] sont deux diagonales.

Nom des polygones
Un triangle a trois côtés ; un quadrilatère 4, un pentagone 5, un hexagone 6, un heptagone 7, un octogone 8, un décagone 10 et un dodécagone 12. Ce sont les noms les plus courants.

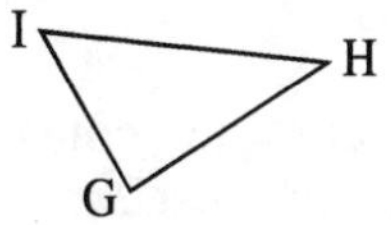 Figure 13.10 Le triangle GHI Un triangle n'a pas de diagonale.	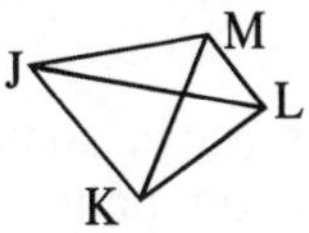 Figure 14.10 Le quadrilatère JKLM. Ses diagonales sont les segments [JL] et [KM].	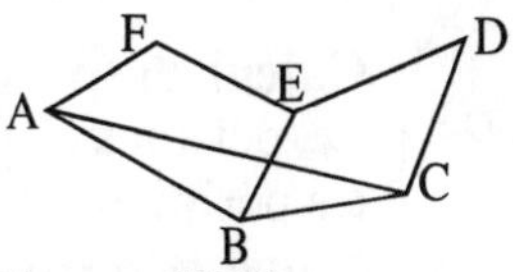 Figure 15.10 L'hexagone ABCDEF. [AC] et [BE] sont des diagonales

Un polygone est **régulier** lorsque tous ses côtés et ses angles sont égaux.

■ Cercle

Un **cercle** est une courbe plane dont tous **les points sont à la même distance d'un point** qu'on appelle **centre**.
Cette distance est le **rayon**.
Un cercle se trace au compas. Le compas doit être de qualité et il faut bien le tenir.

● *Vocabulaire*

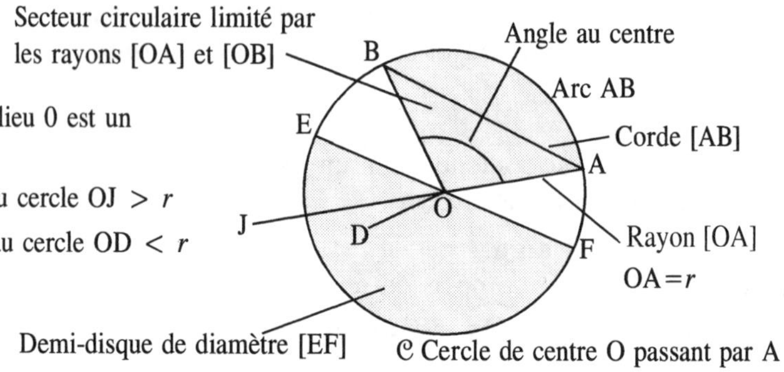

Figure 16.10

Les points **A, B, E, F appartiennent au cercle *C* de centre O.**
L'**intérieur** du cercle s'appelle le **disque**.
Pour décrire ou dicter la construction d'un cercle il suffit de donner :
— son centre et la longueur d'un rayon — son centre et la longueur d'un diamètre
— son centre et un point — un diamètre.

POINT méthode

Pour reporter une longueur, on utilise un compas.
Pour marquer des points à une distance donnée d'un point, on trace des cercles ayant pour centre ce point et pour rayon la distance. Tous les points du cercle sont à cette distance du point donné.
Reporter la distance ℓ sur la droite d.
On marque un point A sur la droite d, puis on prend un écartement de compas correspondant à la longueur ℓ que l'on reporte à partir de A sur la droite d.

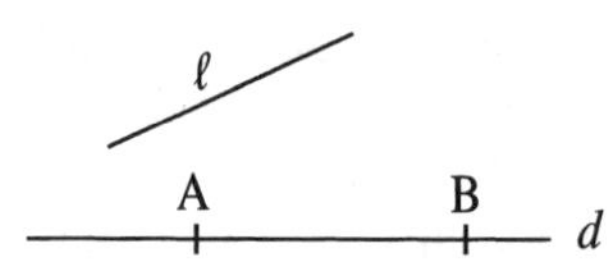

Figure 17.10

● *Périmètre*

POINT méthode

Calcul de périmètres
Le périmètre d'un polygone est la somme des longueurs des côtés.
Le périmètre d'un cercle (ou longueur du cercle) de rayon r est $2\pi r$. Son diamètre d est $2r$; le périmètre est aussi πd.
Le périmètre ou longueur d'un cercle de 7 cm de rayon est $\mathbf{2\pi \times 7}$ **cm**.

En prenant pour π la valeur approchée 3,14 ou $\frac{22}{7}$ ou en utilisant la touche d'une calculatrice, on trouve 44 cm à 1 cm près.

Changements d'unités de mesure des longueurs

POINT méthode

Pour effectuer des changements d'unités, on utilise la valeur d'une unité en fonction de l'autre ou un tableau d'unités ou tableau de conversion. On place un chiffre dans chaque case du tableau, le chiffre des unités dans la colonne de l'unité, puis on place les autres chiffres par rapport à lui. Le résultat s'obtient en prenant pour colonne unité celle de l'unité de longueur demandée.

	km	hm	dam	m	dm	cm	mm	Lecture en prenant l'unité demandée
2,75 m				**2**	7	5		275 cm
32**5** dm			3	2	**5**	0		3 250 cm
2,**6** m				2	**6**	0		260 cm
35**7** mm					3	5	**7**	35,7 cm
35**8** cm				3	5	**8**		3,58 m
4**9** dm				4	**9**			4,9 m
5 m **8** mm				**5**	0	0	**8**	5,008 m
3**5** mm				0	0	3	**5**	0,035 m
3 58**0** m	3	5	8	**0**				3,58 km
58 42**5** cm	0	5	8	4	2	**5**		0,58 km
180 00**0** mm	0	1	8	0	0	0	**0**	0,18 km

Applications

Segment, Droite, Demi-droite

1. Tracer un segment [AB] de 5 cm de longueur. Marquer le milieu O de ce segment. Quelles sont les longueurs des segments [OA] et [OB] ?

2. Sur un segment [EF] de 6 cm de longueur, on marque deux points M et N tels que EM = 2 cm et FN = 2 cm. Faire une figure et calculer la longueur MN. M et N sont les milieux de deux segments. Lesquels ?

3. Soit trois points C, A, P non alignés. Combien de segments dont les extrémités sont deux de ces points peut-on tracer ? Les nommer et faire une figure.

4. Soit trois points B, E, P non alignés. Combien de droites passant par deux de ces points peut-on tracer ? Nommer ces droites. Faire une figure.

5. Soit trois points T, R, I non alignés. Combien de demi-droites dont les origines sont l'un de ces trois points et passant par l'un au moins des deux autres peut-on tracer ? Nommer ces demi-droites. Faire une figure.

6. Tracer deux demi-droites de même origine O. Sur l'une marquer le point A à 3 cm de O et sur l'autre le point B à 4 cm de O. Tracer la droite (AB).

■ *Angles*

7. Nommer chaque angle, donner son sommet, ses côtés.

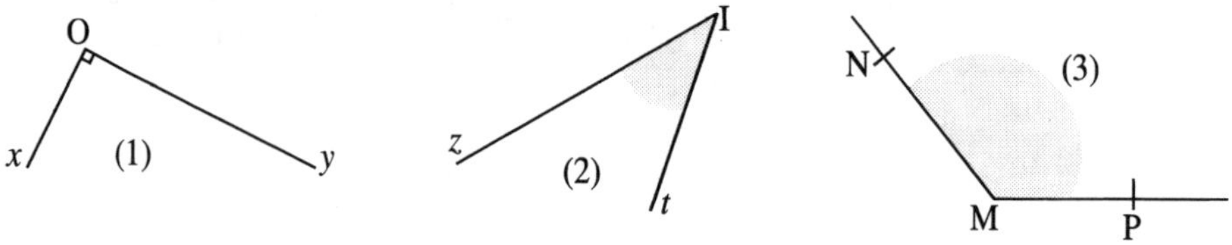

Figure 18.10

8. Pour chacun des angles de l'exercice précédent, sans le mesurer indiquer s'il est aigu, obtus ou droit.

9. À l'aide d'un rapporteur, mesurer chacun de ces angles.

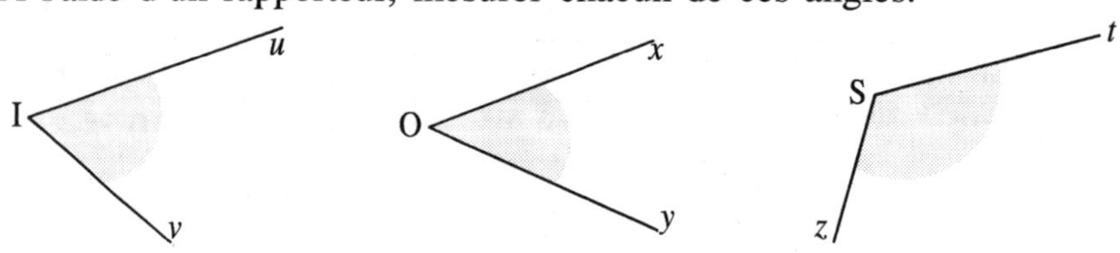

Figure 19.10

10. Tracer trois demi-droites $[Ox)$, $[Oy)$, $[Oz)$ tels que $\widehat{xOy} = 50°$; $\widehat{yOz} = 40°$, sachant que la demi-droite $[Oy)$ est contenue dans l'angle $\widehat{xOz}$. Quelle est la mesure en degrés de l'angle $\widehat{xOz}$?

■ *Polygones*

11. Chacune des figures ci-dessous est formée de 4 polygones. Donner les noms de chacun d'eux (triangle, quadrilatère, etc.).

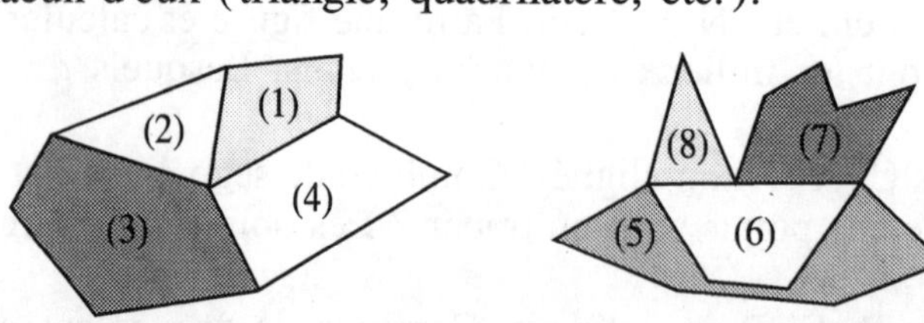

Figure 20.10

12. **1.** Reproduire la figure 21.10, puis tracer : le triangle ABE, le quadrilatère BCDE, les diagonales du quadrilatère BCDE.
2. Quel est le nom du polygone ABCDE ?

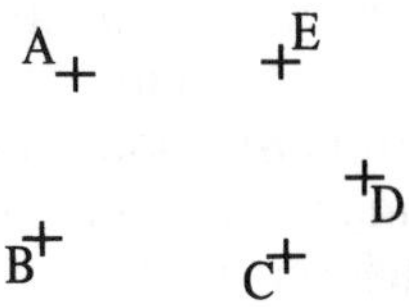

Figure 21.10

13. Reproduire la figure de l'exercice précédent (à l'aide d'un calque). Tracer les segments [AD], [DB], [BE], [EC], [CA]. Le polygone obtenu est étoilé. Combien a-t-il de côtés ?

■ *Cercle*

14. Sur un cercle $\mathscr{C}$ de centre O et de 4 cm de rayon, marquer un point A. À l'intérieur du cercle, tracer les arcs de cercles :
— de centre A passant par O. Ses extrémités sont les points B et F du cercle $\mathscr{C}$.
— de centre B d'extrémités A et C. — de centre C d'extrémités B et D.
— de centre D d'extrémités C et E. — de centre E d'extrémités D et F.
— de centre F d'extrémités E et A. Colorier la rosace obtenue.

15. Tracer un segment [OA] de 3 cm de longueur, puis le cercle de centre O passant par A. Sur ce cercle marquer les points T, P, N et E distincts de A tels que $\widehat{AOT} = \widehat{AOP} = \widehat{TON} = \widehat{POE} = 72°$. Tracer les segments [AT], [TN], [NE], [EP], [PA]. Quelle figure obtient-on ?

16. **1.** Tracer un segment [AB] de 3 cm de longueur.
2. Tracer le cercle de centre A de 3 cm de rayon. Ce cercle passe-t-il par B ?
3. Tracer le cercle de centre B de 3 cm de rayon. Ce cercle passe-t-il par A ?
4. Les deux cercles se coupent en M et N. Tracer la corde [MN].
5. Tracer les segments [AM], [BM], [BN], [AN].
Pourquoi a-t-on AM = AN = BN = BM ?

■ *Périmètres*

17. Sur la figure 22.10 PR = RQ = 1,7 cm et PQ = QS = SP = 2,6 cm, calculer le périmètre du quadrilatère PSQR.

18. Quel est le périmètre de la pièce formée d'un carré entouré de 4 demi-disques (figure 23.10) ? AB = BC = CD = DA = 6 cm.

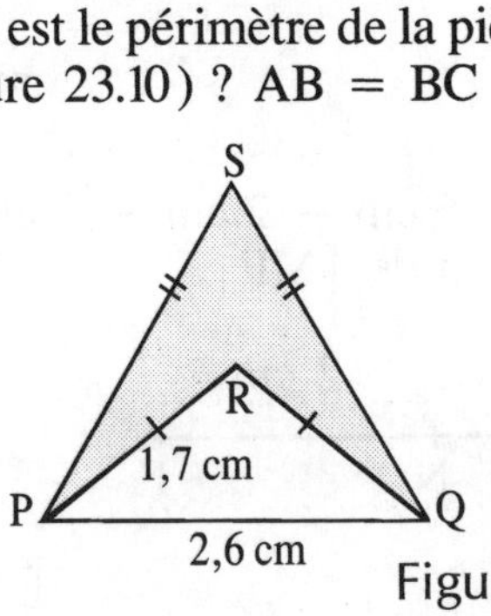

Figure 22.10

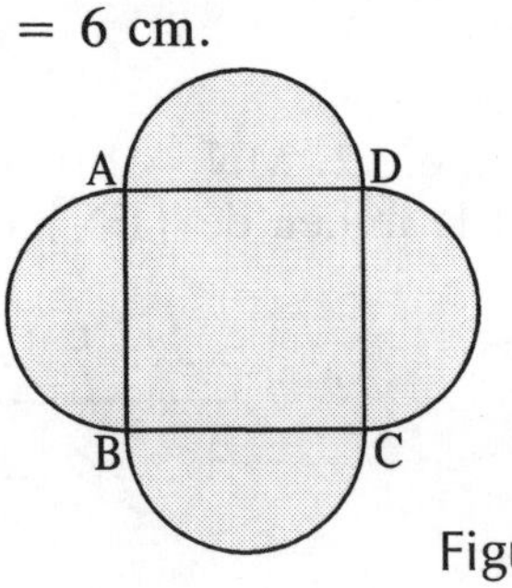

Figure 23.10

19. Calculer la longueur de la ligne ci-contre. Chacun des arcs est soit un demi-cercle soit un quart de cercle de 7 cm de rayon. (la ligne n'est pas représentée en vraie grandeur.)

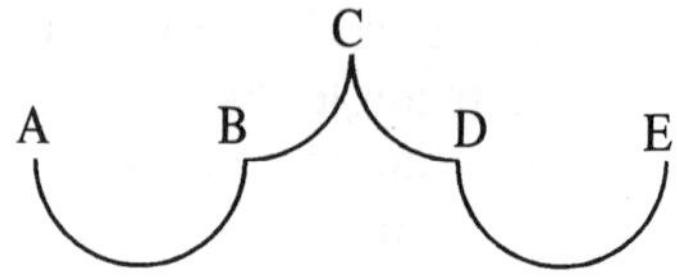

Figure 24.10

20. Calculer le périmètre de la figure ci-contre sachant qu'elle est formée d'arcs de demi-cercles et de quarts de cercles de rayon 4 cm. (La figure n'est pas représentée en vraie grandeur.)

Figure 25.10

■ *Problèmes de concours*

21. Parmi les figures A, B, C, D quelle est celle qui complète la série ?

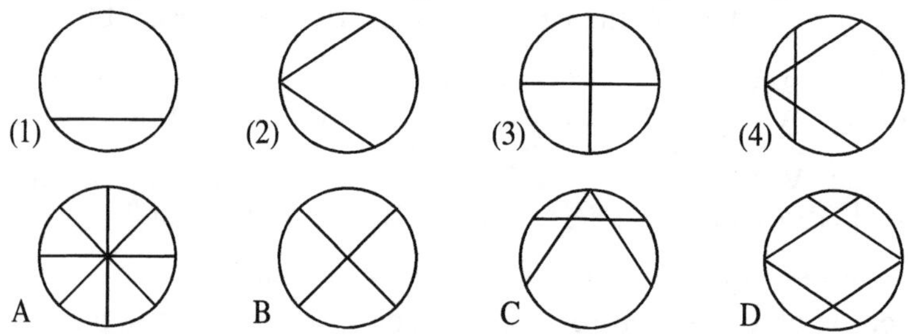

Figure 26.10

Corrigés

1. O est le milieu du segment [AB] donc : OA = OB ; or AB = 5 cm, donc : OA = OB = 2,5 cm.

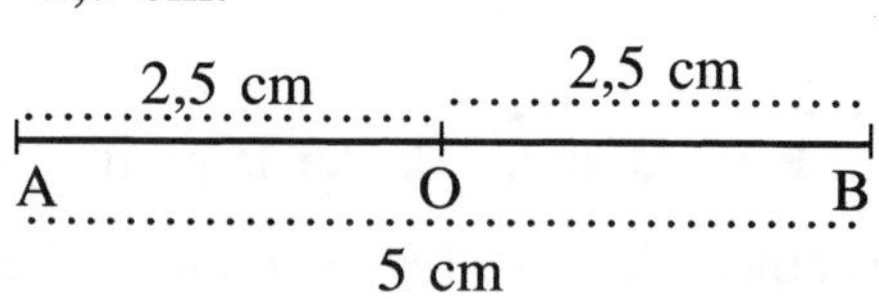

Figure 27.10

2. **1.** Figure. **2.** MN = EF − EM − FN = 6 cm − 2 cm − 2 cm = 2 cm. M est le milieu de [EN] et N est le milieu de [MF].

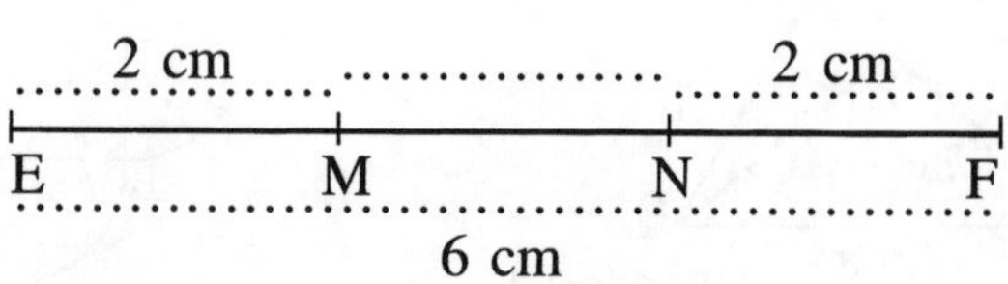

Figure 28.10

3. On peut tracer 3 segments. Les segments sont [CA], [AP], [PC]. **Figure 29.10**

4. Trois droites passent par deux de ces trois points. Ce sont les droites (BE), (BP), (EP). **Figure 30.10**

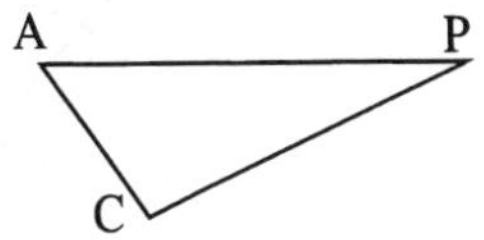

Figure 29.10

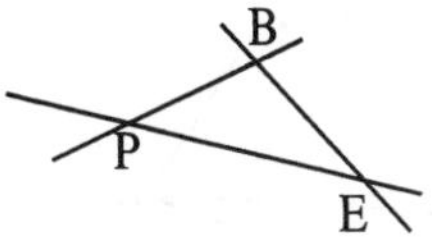

Figure 30.10

5. Six demi-droites. Les origines sont T, R ou I. Elles passent par R et I ou R et T ou I et T. Les demi-droites [TR), [TI), [RI), [RT), [IR), [IT). **Figure 31.10**

6. OA = 3 cm ; OB = 4 cm. La droite (AB) passe par A et B. **Figure 32.10**

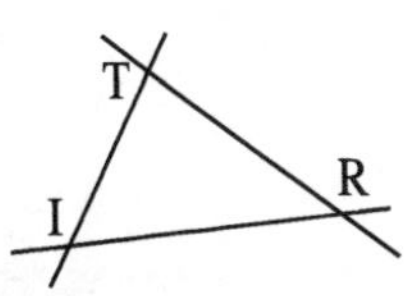

Figure 31.10

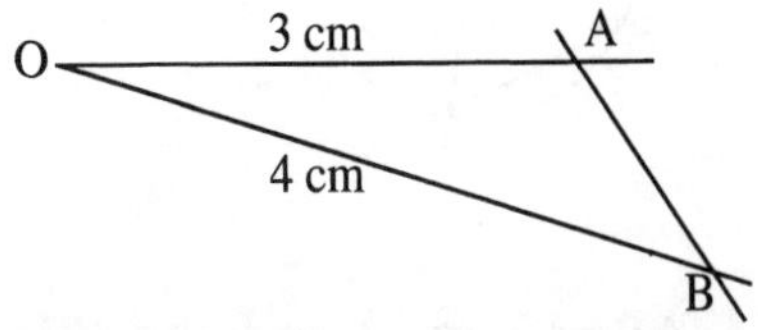

Figure 32.10

7. (1) Sommet O ; côtés [Ox) et [Oy) nom : $\widehat{xOy}$; (2) Sommet I, côtés [Iz) et [It) nom : $\widehat{zIt}$; (3) Sommet M, côtés [MN) et [MP) nom : $\widehat{PMN}$.

8. $\widehat{xOy}$ est droit ; $\widehat{zIt}$ est aigu ; $\widehat{PMN}$ est obtus.

9. $\widehat{ulv} = 75°$; $\widehat{xOy} = 50°$; $\widehat{tSz} = 115°$

10. L'angle $\widehat{xOz}$ est la somme des deux angles :
$\widehat{xOz} = \widehat{xOy} + \widehat{yOz} = 50° + 40° = 90°$;
$\widehat{xOz}$ est droit. Les deux angles $\widehat{xOy}$ et $\widehat{yOz}$ sont adjacents. Leur somme est un angle droit, ils sont complémentaires.

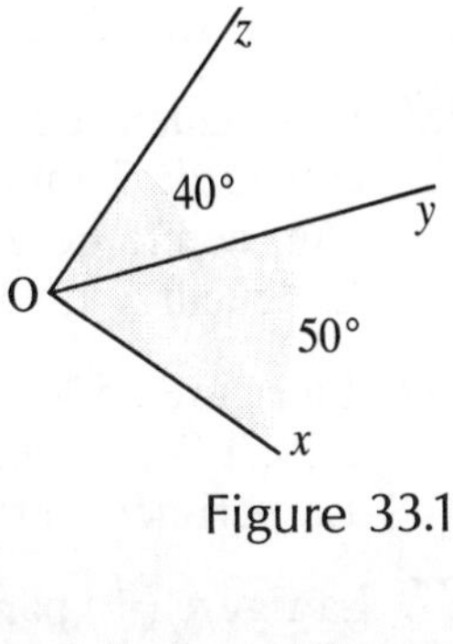

Figure 33.10

11. (1) quadrilatère ; (2) triangle ; (3) pentagone ; (4) quadrilatère ; (5) octogone ; (6) quadrilatère ; (7) hexagone ; (8) triangle.

12. **1. 2. Figure 34.10**. **3.** Les diagonales sont les segments [BD] et [CE]. **4.** Le polygone ABCDE est un pentagone.

13. Le polygone a 5 côtés : [AD], [DB], [BE], [EC], [CA]. **Figure 35.10**

14. **Figure 36.10**

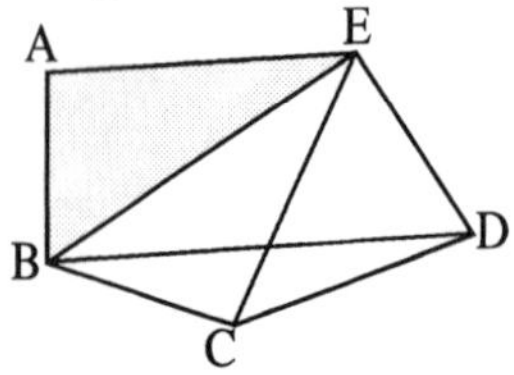

Figure 34.10

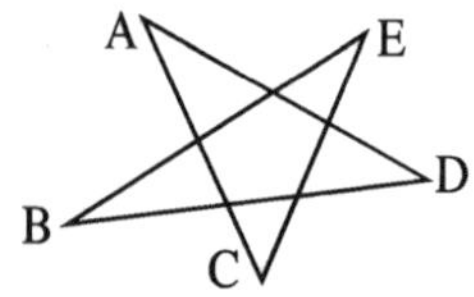

Figure 35.10

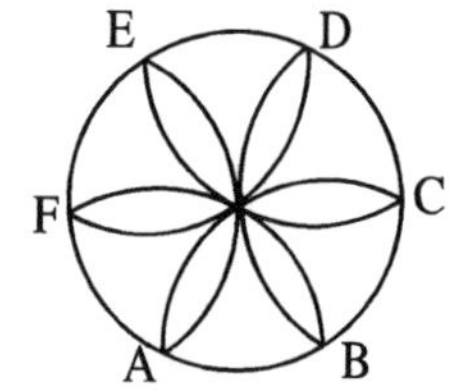

Figure 36.10

15. On obtient un pentagone régulier PENTA.

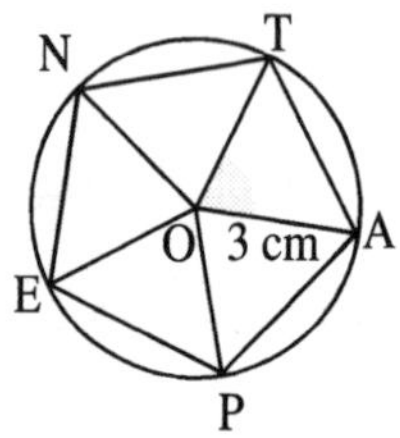

Figure 37.10

16. **1.** AB = 3 cm. **2.** et **3.** oui AB = 3 cm c'est le rayon du cercle. **4.** Figure. **5.** [AM], [AN], [BN], [BM] sont des rayons de 3 cm de longueur.
AM = AN = BN = BM = 3 cm

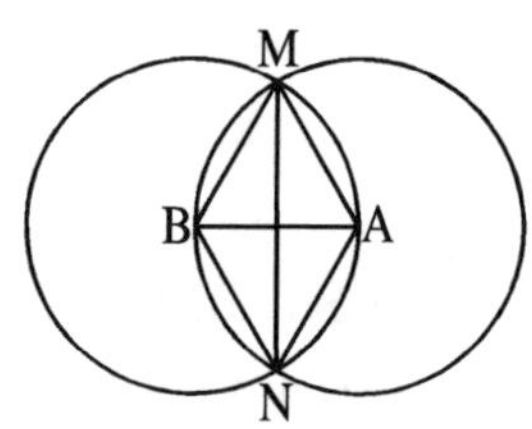

Figure 38.10

17. Sur la figure, on lit : PR = RQ = 1,7 cm et PQ = QS = SP = 2,6 cm. Le périmètre du quadrilatère PSQR est : PS + SQ + QR + RP soit 2,6 cm + 2,6 cm + 1,7 cm + 1,7 cm = 2(2,6 + 1,7) cm = **8,6 cm**.

18. Le périmètre est celui de 4 demi-cercles, c'est-à-dire 2 cercles de 3 cm de rayon. Le périmètre est $4 \times \pi \times 3$ cm = **12 π cm ; 37,7 cm à 0,1 cm près**.

19. La longueur de la ligne est celle de deux demi-cercles et de deux quarts de cercles de 7 cm de rayon ; ce qui correspond à une fois et demie la longueur d'un cercle de 7 cm de rayon.
Longueur : $1{,}5 \times 2\pi \times 7$ cm = **21 π cm** ; soit **66 cm à 0,1 cm près**.

20. La figure 25.10 est formée de 4 demi-cercles de 4 cm de rayon. Son périmètre est 2 fois celui du cercle de 4 cm de rayon. $2 \times 2\pi r = 16\pi$ cm.
Le périmètre est de 50,2 cm à 0,1 cm près.

21. La figure (1) partage le cercle en 2 arcs ; la (2) partage le cercle en 3 arcs ; la (3) partage le cercle en 4 arcs ; la (4) partage le cercle en 5 arcs. **La figure D** qui partage le cercle en 6 arcs **est la solution**.

CHAPITRE 11

Positions relatives de droites - Constructions à la règle et au compas

Tester ses connaissances

Reconnaître les positions relatives de droites

	Réponses
1. Les droites d et $d1$ sont	
2. Les droites $d1$ et $d3$ sont	a - sécantes
3. Les droites d et (AB) sont	b - parallèles
4. Les droites d et $d2$ sont	c - confondues
5. Les droites $d1$ et $d5$ sont	d - concourantes
6. Les droites $d2$ et $d4$ sont	e - perpendiculaires
7. Les droites d, $d1$, $d5$ sont	

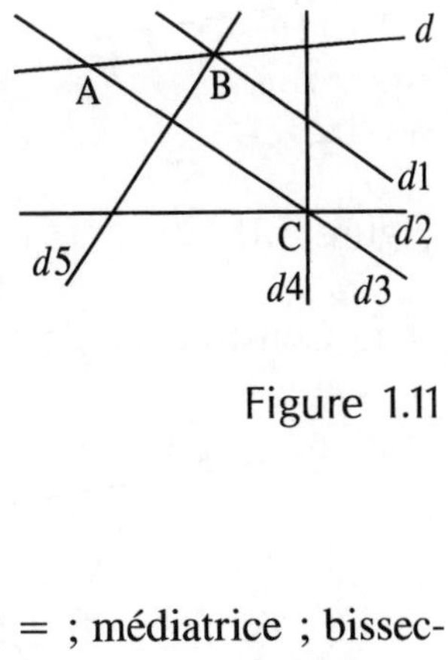

Figure 1.11

Médiatrice et bissectrice

Pour les exercices 8 à 14, utiliser les réponses : < ; > ; = ; médiatrice ; bissectrice ; angle.

Figure 2.11

8. La droite d est la … de …

9. MA … MB

10. PA … PB

11. RA … RB

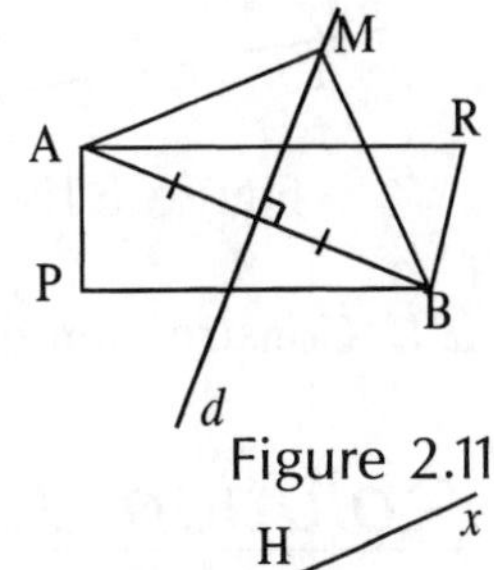

Figure 2.11

Figure 3.11

12. SH … SK

13. VI … VJ

14. La demi-droite [Oz) est la … de l'… $\widehat{xOy}$

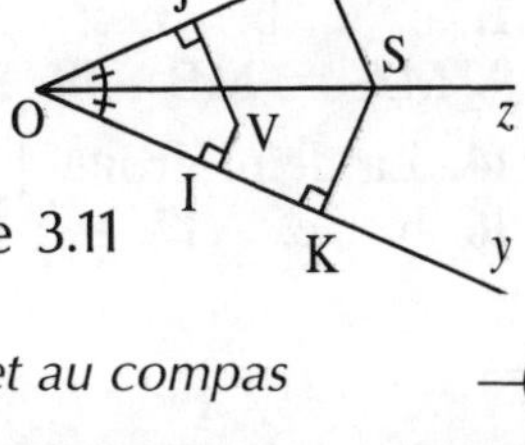

Figure 3.11

■ Constructions

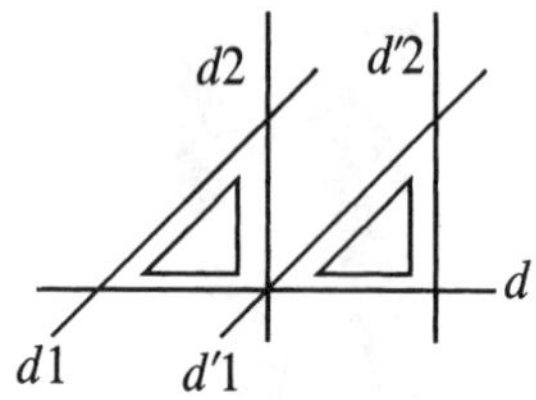

Figure 4.11

15. L'instrument utilisé est …

Pour les exercices 16 et 17 choisir parmi les solutions suivantes :

a. $d1$ et $d2$ **b.** $d1$ et $d'1$ **c.** $d2$ et $d'2$ **d.** d et $d1$
e. d et $d2$ **f.** d et $d'2$ **g.** d et $d'1$

16. Quelles sont les droites parallèles ? …

17. Quelles sont les droites perpendiculaires ?…

Constructions au compas et à la règle

Pour les exercices 18 à 22, choisir parmi les réponses suivantes :
a. d'une perpendiculaire à une droite passant par un point,
b. d'une parallèle à une droite passant par un point donné,
c. de la médiatrice d'un segment,
d. de la bissectrice d'un angle.

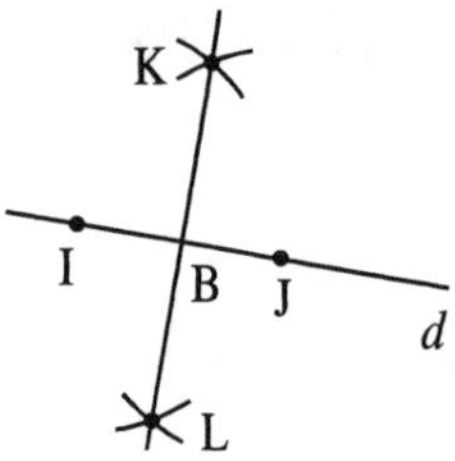

Figure 5.11

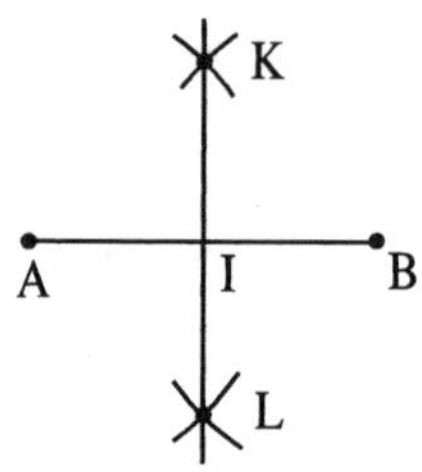

Figure 6.11

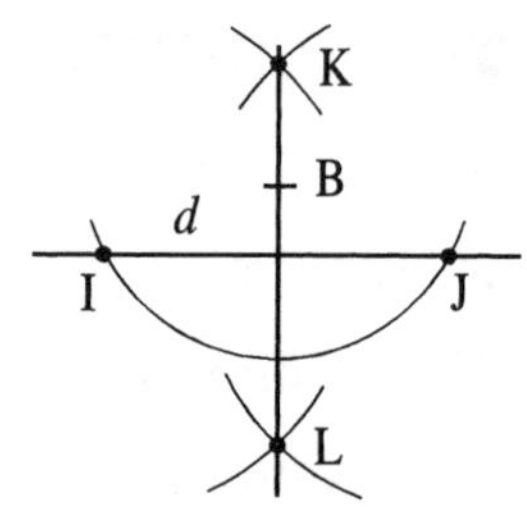

Figure 7.11

18. Construction de … *19.* Construction de … *20.* Construction de …

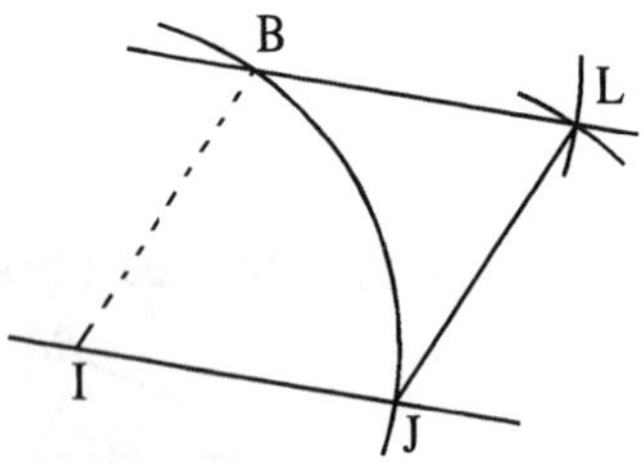

Figure 8.11

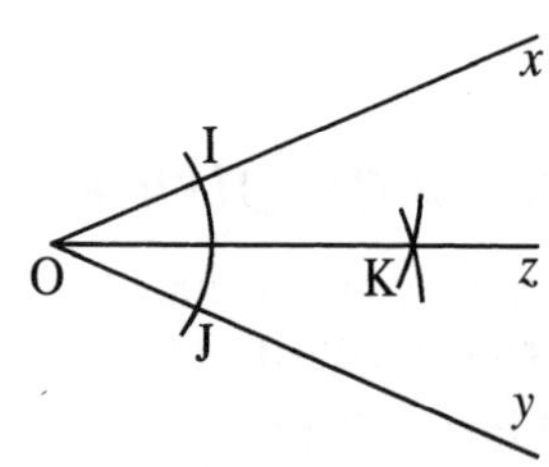

Figure 9.11

21. Construction de … *22.* Construction de …

Solution des tests

1. a. **2.** b. **3.** c. **4.** a. **5.** e. **6.** e. **7.** d. **8.** d est la médiatrice de [AB].
9. MA = MB **10.** PA < PB **11.** RA > RB **12.** SH = SK **13.** VI < VJ
14. La demi-droite [Oz) est la bissectrice de l'angle $\widehat{xOy}$. **15.** Équerre
16. b. ; c. **17.** e. ; f. **18.** a. **19.** c. **20.** a. **21.** b. **22.** d.

L'essentiel

■ Positions relatives de droites

Définition — *Droites sécantes, droites parallèles*

Par deux points distincts, il ne passe qu'une seule droite.

Deux droites qui ont un seul point commun sont sécantes.

Les droites $d1$ et $d2$ ci-contre sont sécantes. Elles ont un seul point commun I.

$d1$, $d3$, $d4$ sont concourantes en J.

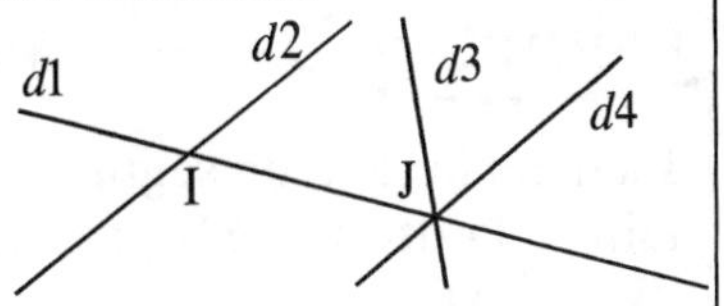

Figure 10.11

Deux droites qui ne sont pas sécantes sont parallèles.

On dit indifféremment **$d1$ est parallèle à $d2$**, ou **$d1$ et $d2$ sont parallèles** ;

On écrit **$d1$ // $d2$**.

— Les droites $d1$ et $d2$ n'ont aucun point commun, elles sont strictement parallèles.

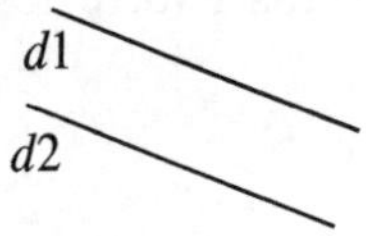

Figure 11.11

— Les droites d et (AB) ont tous leurs points communs, elles sont confondues.

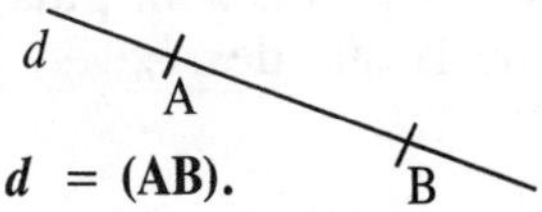

d = (AB).

Figure 12.11

Définition — *Droites perpendiculaires*

Deux droites perpendiculaires forment des angles droits.

Avec une équerre :

— on vérifie que les droites sont perpendiculaires,

— on trace des droites perpendiculaires ou parallèles.

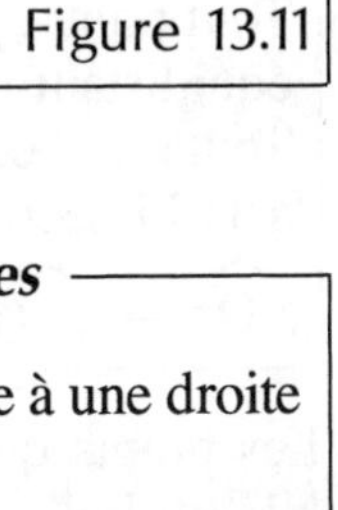

Figure 13.11

Définition — *Droites parallèles et droites perpendiculaires*

Par un point, il passe une seule perpendiculaire et une seule parallèle à une droite d donnée.

Si deux droites sont perpendiculaires :

— toute parallèle à l'une est perpendiculaire à l'autre ;

— toute perpendiculaire à l'une est parallèle à l'autre.

Si **deux droites sont parallèles :**
- toute parallèle à l'une est parallèle à l'autre;
- toute sécante à l'une est sécante à l'autre ;
- toute perpendiculaire à l'une est perpendiculaire à l'autre.

Médiatrice d'un segment

Définition — ***Médiatrice d'un segment***

La médiatrice d'un segment [AB] est la perpendiculaire à la droite (AB) passant par le milieu du segment [AB].
Tout point appartenant à la médiatrice d'un segment est **équidistant des extrémités de ce segment.**

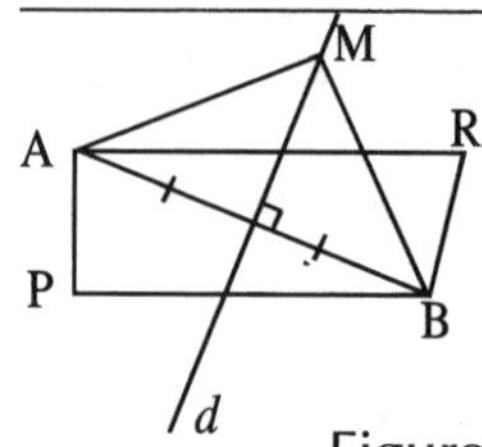

Figure 14.11

Tout point équidistant des extrémités d'un segment appartient à la médiatrice de ce segment.
La médiatrice d'un segment partage le plan en deux régions. Dans la région qui contient A, les points sont plus près de A que de B. Dans l'autre les points sont plus près de B que de A.

Bissectrice d'un angle

La distance d'un point à une droite (ou une demi-droite) est la longueur du segment de perpendiculaire compris entre ce point et la droite (ou la demi-droite).

Définition — ***Bissectrice***

La **bissectrice** [Oz) d'un angle $\widehat{xOy}$ est la demi-droite qui **partage l'angle en deux angles égaux**. ($\widehat{xOz} = \widehat{yOz}$).
Tout point appartenant à la bissectrice d'un angle est équidistant des côtés de l'angle.
Tout point équidistant des côtés d'un angle appartient à la bissectrice de l'angle.
$\widehat{xOz} = \widehat{zOy}$; MK = MH ; NE < NF ; PI < PJ

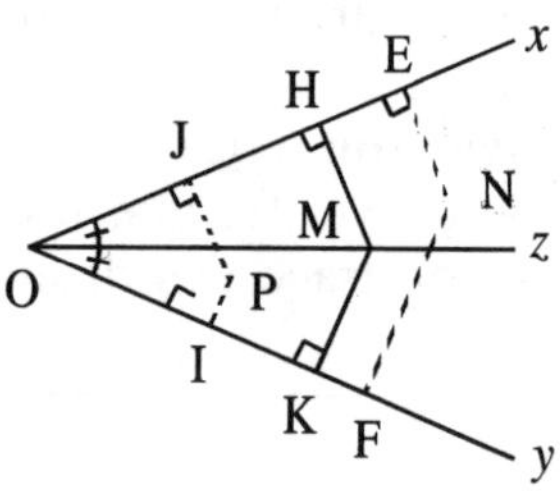

Figure 15.11

Les points qui sont dans l'angle $\widehat{xOz}$ sont plus près de [Ox) que de [Oy).
NE < NF
Les points qui sont dans l'angle $\widehat{yOz}$ sont plus près de [Oy) que de [Ox).
PI < PJ.

POINT méthode

Construction de la médiatrice d'un segment
Pour construire la médiatrice du segment [AB], on construit deux points équidistants de A et B en traçant deux cercles de centres A et B, de même rayon (supérieur à la moitié de AB), qui se coupent en K et L équidistants de A et de B.

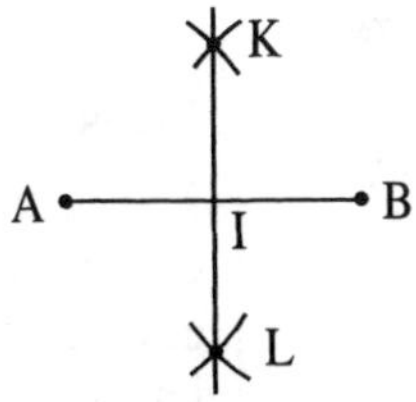

Figure 16.11

Sur la figure on ne trace que les arcs de cercles dans la région où ils se coupent.

POINT méthode

Construction de la perpendiculaire à une droite passant par un point donné
Pour construire la perpendiculaire à la droite *d* passant par B, on trace un cercle de centre B qui coupe *d* en deux points I et J équidistants de B (B appartient à la médiatrice de [IJ]. On construit la médiatrice de [IJ]).

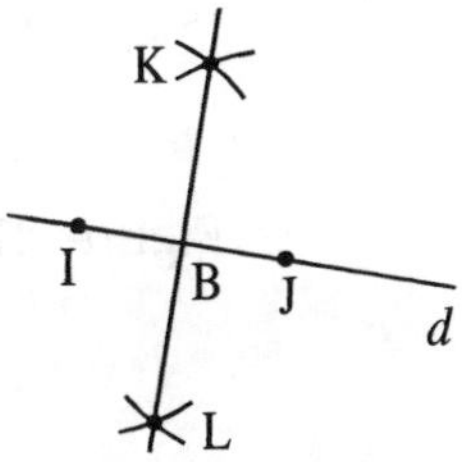

Figure 17.11

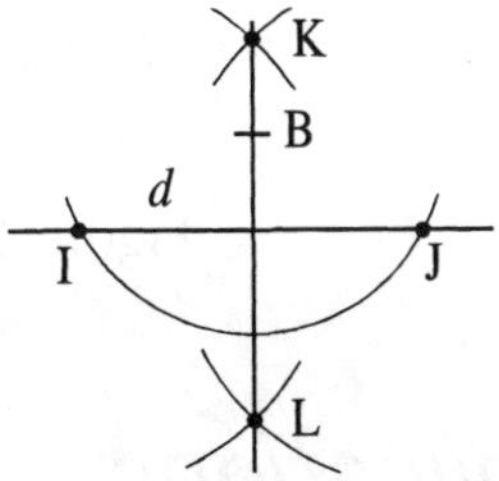

Figure 18.11

POINT méthode

Construction de la parallèle à une droite passant par un point donné
Pour construire la parallèle à la droite *d* passant par B, on construit un losange IBLJ dont les côtés opposés sont parallèles (voir ch. 14). On marque un point I sur la droite. On trace le cercle de centre I passant par B ; il coupe la droite en J. Les cercles de centres B et J de même rayon que le précédent se coupent en I et L. **La droite (BL) est parallèle à *d*.**

Remarque : IJ = IB = JL = BL ; IBLJ est un losange.

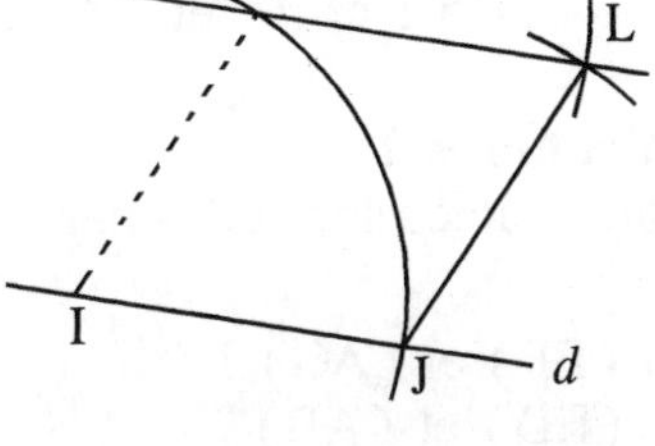

Figure 19.11

POINT méthode

Construction de la bissectrice d'un angle (deux méthodes)

1. Figure 20.11

On trace un cercle de centre O qui coupe [Ox) en I et [Oy) en J. Les cercles de centres I et J de même rayon se coupent en K à l'intérieur de l'angle.

La demi-droite [OK) est bissectrice de l'angle $\widehat{xOy}$.

2. Figure 21.11

On marque les points I, J, M, N sur [Ox) et [Oy) tels que OI = OJ et OM = ON (par exemple en traçant deux arcs de cercle de centre O). Les droites (IN) et (JM) sont sécantes en K. **La demi-droite [OK) est bissectrice de l'angle $\widehat{xOy}$.**

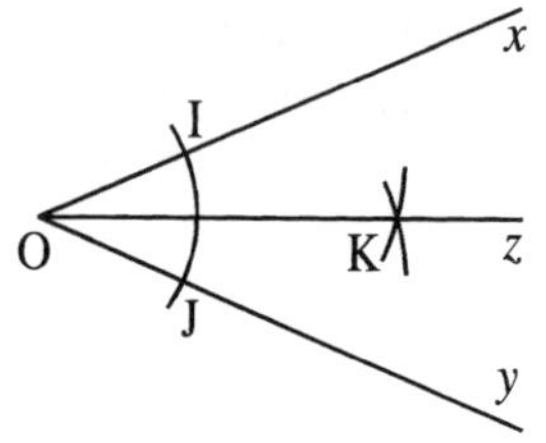

Figure 20.11

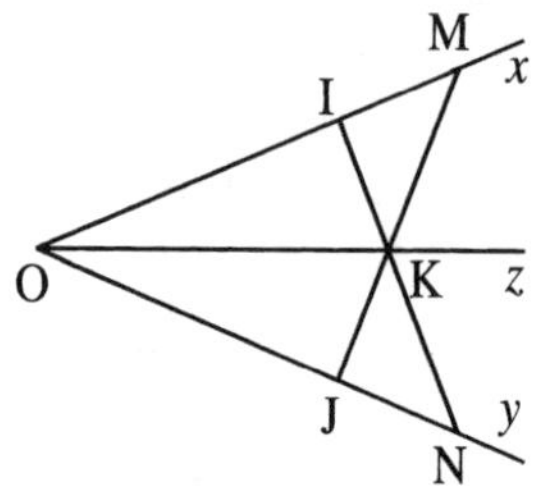

Figure 21.11

Applications

1. **Droites sécantes ou parallèles ?**

Sur cette figure, les droites suivantes sont-elles parallèles ou sécantes ?

a. $d1$ et $d2$? **b.** $d1$ et $d4$?
c. $d3$ et $d4$? **d.** $d1$ et $d3$?

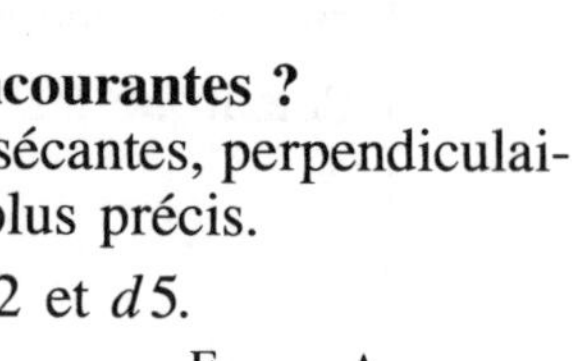

Figure 22.11

2. **Droites sécantes, perpendiculaires, parallèles, concourantes ?**

Sur la figure ci-dessus les droites suivantes sont-elles sécantes, perpendiculaires, parallèles, concourantes ? Trouver le terme le plus précis.

a. $d1$, $d4$ et $d5$; **b.** $d4$ et $d5$; **c.** $d4$ et $d3$; **d.** $d2$ et $d5$.

3. **Parallèles ou perpendiculaires ?**

Sur cette figure, les droites citées sont-elles parallèles ou perpendiculaires ?

a. (DE) et (DC) ? **b.** (EF) et (AG) ?
c. (AB) et (CD) ? **d.** (ED) et (AB) ?

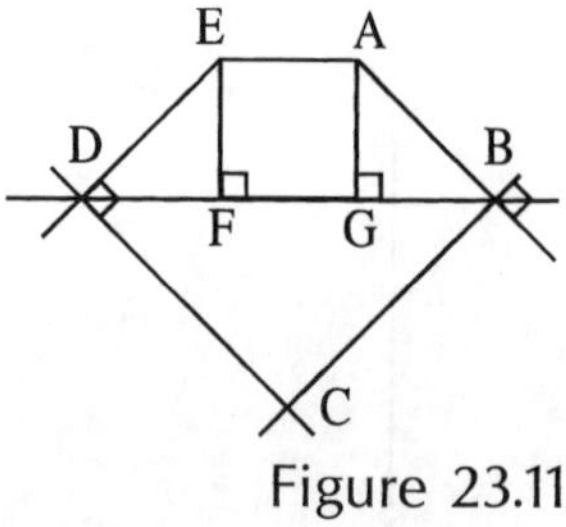

Figure 23.11

4. **Droites sécantes, droites concourantes.**
Sur la figure 23.11 (page précédente) :
1. Citer trois droites concourantes.
2. Sur quelle droite a-t-on marqué plus de deux points ? Citer ces points.

5. **Marquer trois points A, B, C.**
Par le point B construire la parallèle à (AB) passant par C et la parallèle à (AC) passant par B. Ces deux droites se coupent en D.

6. **Quatre !**
Réaliser cette figure avec les dimensions données sur le dessin.
Mesurer l'angle $\widehat{QUA}$.

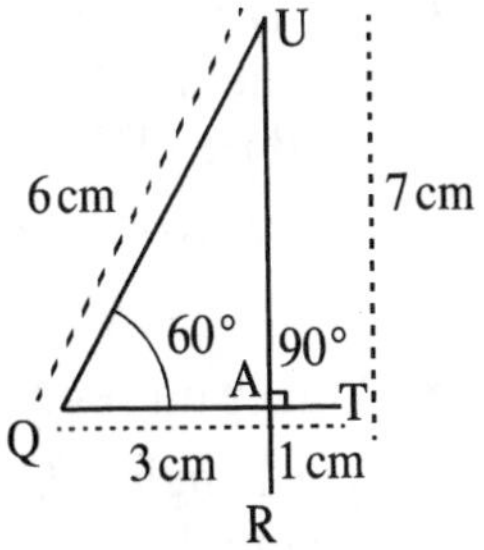

Figure 24.11

7. **Retrouver le centre O d'un cercle.** Avec un gabarit (un verre par exemple) tracer un cercle. Comment déterminer son centre ?

8. **Le croissant de lune.** La lune ci-contre est obtenue lorsqu'un disque de centre L (par exemple la Lune) est caché par un disque de centre T (par exemple l'ombre de la Terre).
Retrouver les centres de chacun de ces disques et tracer les disques.

Figure 25.11

9. **Pentagone ou étoile à 5 branches**
1. Tracer un cercle $\mathscr{C}$ de centre O de 10 cm de rayon et deux diamètres perpendiculaires [AB] et [CD].
2. Marquer le milieu I du segment [AO]. Tracer le cercle de diamètre [AO]. Il coupe la droite (CI) en J et K (J entre C et I).
3. Tracer le cercle de centre C passant par J. Il coupe le cercle $\mathscr{C}$ en P et E.
4. Tracer le cercle de centre C passant par K. Il coupe le cercle $\mathscr{C}$ en N et T.
5. Les points P, E, N, D, T sont les sommets d'un pentagone régulier.
On peut les joindre de 1 en 1 ou de deux en deux pour obtenir un pentagone régulier convexe ou un polygone étoilé. Réaliser ces deux constructions.

Corrigés

1. **a.** $d1$ et $d2$ sont parallèles. **b.** $d1$ et $d4$ sont sécantes.
c. $d3$ et $d4$ sont parallèles. **d.** $d1$ et $d3$ sont sécantes.

2. **a.** $d1$, $d4$ et $d5$ sont concourantes ; **b.** $d4$ et $d5$ sont perpendiculaires ;
c. $d4$ et $d3$ sont parallèles ; **d.** $d2$ et $d5$ sont sécantes.

3. **a.** (DE) et (DC) sont perpendiculaires ((DE) $\perp$ (DC)). (Vérification à l'équerre ou au rapporteur).
b. (EF) et (AG) sont parallèles (vérifier en faisant glisser l'équerre le long de (BD)).
c. (AB) et (CD) perpendiculaires à la droite (BC) sont parallèles.
d. (ED) est perpendiculaire à (CD) donc perpendiculaire à sa parallèle (AB) (pour vérifier à l'équerre prolonger les tracés de (ED) et (AB)).

4. **1.** (DE), (DB), (DC) sont concourantes. Autres solutions : (DE), (EF), (EA) ; (AG), (AE) et (AB) ; (BA), (BD) et (BC).
2. La droite (BD). Les points B, G, F, D.

5.

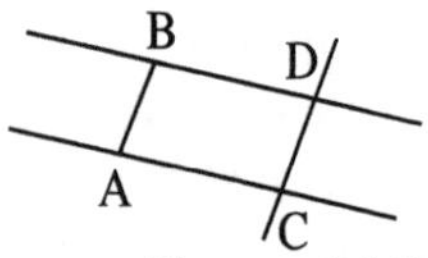

Figure 26.11

6. Tracer un segment [QT] de 4 cm de longueur, puis la demi-droite [Qx) pour que l'angle $\widehat{TQx}$ mesure 60°. Sur la demi-droite [Qx) marquer le point U à 6 cm de Q. Tracer ensuite la perpendiculaire à la droite (QT) passant par U. Elle coupe (QT) en A. L'angle $\widehat{QUA}$ mesure 30°.

7. Le centre O appartient à la médiatrice de toute corde, donc à celles de [MN] et [MP]. Le point d'intersection des deux médiatrices est le centre du cercle.

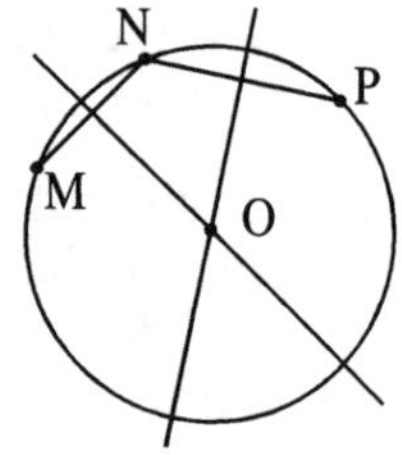

Figure 27.11

8. On trace les médiatrices de deux cordes de chacun des arcs pour obtenir le centre selon la méthode de l'exercice précédent.

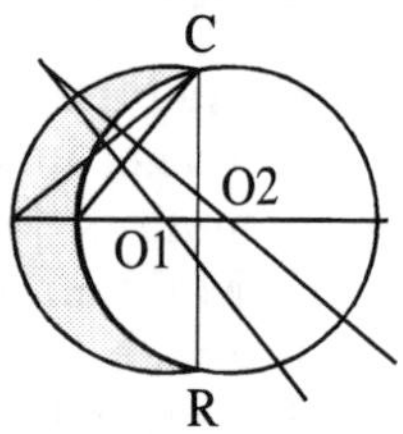

Figure 28.11

9.

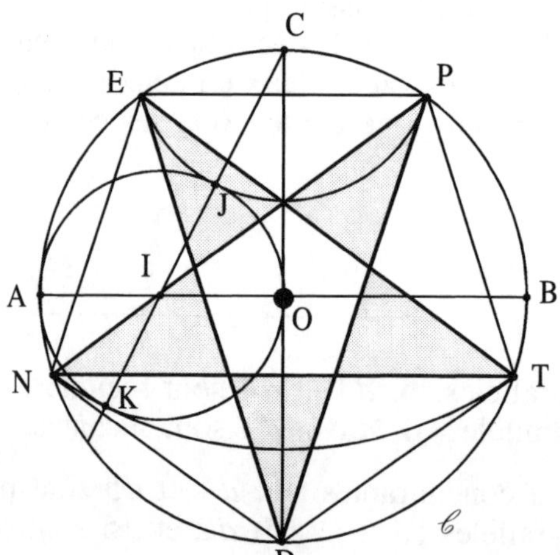

Figure 29.11

CHAPITRE 12

Triangles

Tester ses connaissances

Reconnaître un triangle

1. Si un triangle a trois côtés de même longueur, il est équilatéral. (V ; F)

2. Si un triangle a deux angles égaux, il est rectangle. (V ; F)

3. Les longueurs des côtés d'un triangle IJK sont 4 cm, 5 cm et 10 cm. (V ; F)

4. Les longueurs des côtés d'un triangle IJK sont 6 cm, 6 cm et 8 cm. (V ; F)

5. Les longueurs des côtés d'un triangle IJK sont 4 cm, 5 cm et 9 cm. (V ; F)

6. Le triangle TRI est isocèle en I alors RI = TI. (V ; F)

7. Le triangle MIN a deux angles obtus. (V ; F)

8. Le triangle MNP est rectangle en P, son angle droit est **A** : M ; **B** : N ; **C** : P.

9. Un triangle OUF rectangle et isocèle en F a pour hypoténuse
A : [OF] ; **B** : [OU] ; **C** : [FU].

10. Les angles P et I d'un triangle PIC mesurent 35° et 45° ; l'angle $\widehat{C}$ mesure
A : 10° ; **B** : 80° ; **C** : 100°.

11. Dans un triangle EFG : $\widehat{G} = 45°$; $\widehat{F} = 45°$. Le triangle est :
A : rectangle ; **B** : isocèle ; **C** : équilatéral.

12. Sur cette figure

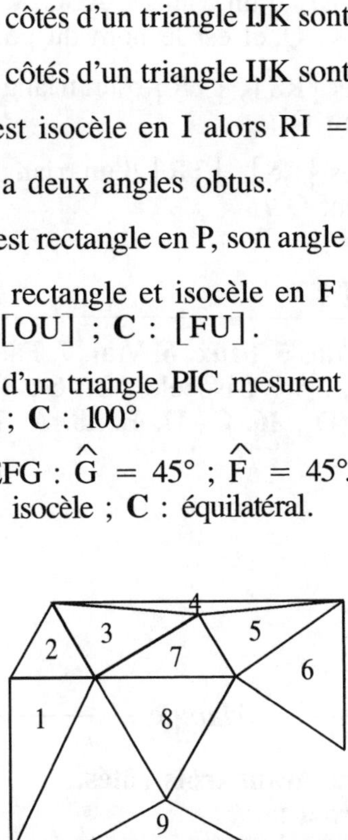

Figure 1.12

Quels sont les numéros des triangles rectangles, isocèles ou équilatéraux ?

■ Lignes remarquables dans le triangle

Réponses proposées pour les questions 13 à 17 :
A médiane ; **B** hauteur ; **C** médiatrice d'un côté ; **D** bissectrice d'un angle.

13. Dans un triangle RAP, on a marqué le milieu T de [AP]. Que représente le segment [RT] pour le triangle ?

14. Dans un triangle ANG, on a marqué le milieu L de [AG]. Que représente la perpendiculaire à (AG) passant par L ?

15. Dans un triangle ISO isocèle en S, on a tracé la perpendiculaire à (OI) passant par S. Que représente cette droite pour le triangle ?

16. Les sommets d'un triangle ABC appartiennent à un cercle de centre O. Soit I le milieu de [BC], que représente la droite (OI) pour le triangle ?

17. L'orthocentre d'un triangle MNP est le point H. Que représente la droite (MH) pour le triangle MNP ?

Réponses proposées pour les questions 18 à 20 :
A Centre de gravité ; **B** Centre du cercle inscrit ; **C** Orthocentre ; **D** Centre du cercle circonscrit.

18. Les médianes [AI] et [BJ) d'un triangle ABC se coupent en G. La droite (CG) coupe [AB] en K. Quel est le nom du point G ?

19. Les médiatrices des côtés [RS], [TR] d'un triangle ABC se coupent en O. Quel est le nom du point O ?

20. Les bissectrices des côtés [RS], [TR] d'un triangle ABC se coupent en O. Quel est le nom du point O ?

Solution des tests

1. Vrai. **2.** Faux. **3.** Faux. **4.** Vrai. **5.** Faux. **6.** Vrai. **7.** Faux. **8.** C. **9.** B. **10.** C 100°. **11.** A et B. **12.** rectangle : 1 ; 3 ; 7 ; isocèle : 2 ; 6 ; 8 ; 9 ; équilatéral : 2 ; 8. **13.** A. **14.** C. **15.** A, B, C et D ; **16.** C. **17.** B. **18.** A. **19.** D. **20.** B.

L'essentiel

■ Triangle

Définition — *Triangle*

Un triangle est un polygone ayant trois côtés.
Le triangle ABC de la figure a :
— trois côtés [AB], [BC] et [CA] ;
— trois sommets A, B, C ;
— trois angles BAC, ABC, BCA.

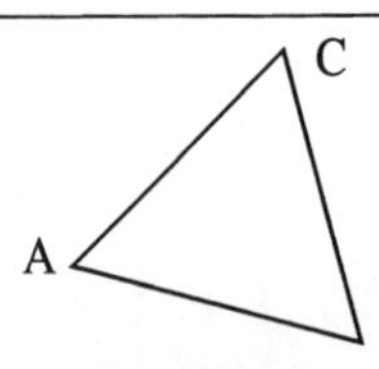

Figure 2.12

Définition — *Somme des côtés*

Dans un triangle, la longueur de chaque côté est comprise entre la somme et la différence des longueurs des deux autres côtés.

Pour reconnaître que trois longueurs a, b, c peuvent être celles des côtés d'un triangle, il suffit de vérifier que la plus grande est inférieure à la somme des deux autres.

Définition — *Somme des angles*

La somme des angles d'un triangle est un angle plat.
L'unité de mesure étant le degré, la somme des angles d'un triangle est 180°.

Remarque : Dans un triangle, il y a au plus un angle obtus.

Triangles particuliers

Définition — *Triangle rectangle*

Un triangle qui a un angle droit est un **triangle rectangle**.

Le triangle EDF est rectangle en D. La somme des angles $\widehat{E}$ et $\widehat{F}$ est un angle droit.
D = 90° ; E = 36° ; F = 54° ; 36 + 54 = 90
Le **côté opposé à l'angle droit** est **l'hypoténuse**.

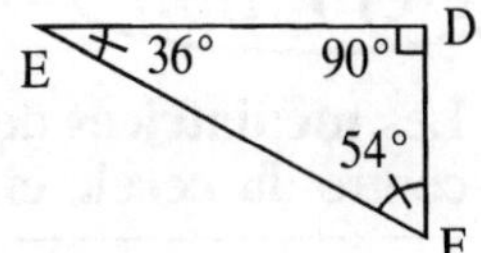

Figure 3.12

Définition — *Théorème de Pythagore*

Dans un triangle rectangle le carré de l'hypoténuse est égal à la somme des carrés des deux autres côtés. $EF^2 = ED^2 + DF^2$

Définition — *Triangle isocèle*

Un triangle qui a **deux côtés de même longueur** est un triangle isocèle.

Les **angles** opposés aux côtés de même longueur sont **égaux**. On dit :
— le triangle ABC est isocèle de sommet principal A.
— le triangle ABC est isocèle en A
— le triangle ABC est isocèle de base [BC].

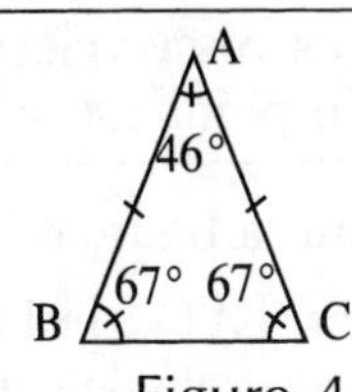

Figure 4.12

Définition — *Triangle équilatéral*

Un triangle dont les **trois côtés** ont **même longueur** est **équilatéral**.

Les trois angles d'un triangle équilatéral sont égaux. Ils mesurent chacun 60°.
Un triangle équilatéral ABC est isocèle en A ou B ou C.
$\widehat{A} = \widehat{B} = \widehat{C} = 60°$; AB = BC = CA.

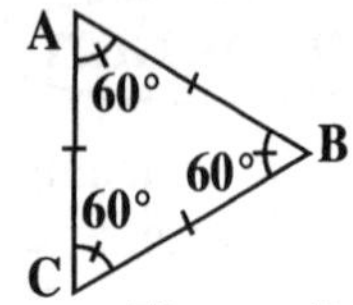

Figure 5.12

Définition — ***Triangle rectangle et isocèle***

Le triangle EDF est rectangle en D (D = 90°) et isocèle de sommet D (DE = DF) ; c'est un triangle rectangle et isocèle. Les angles $\widehat{E}$ et $\widehat{F}$ sont égaux, ils sont complémentaires. $\widehat{E} = \widehat{F} = 45°$.

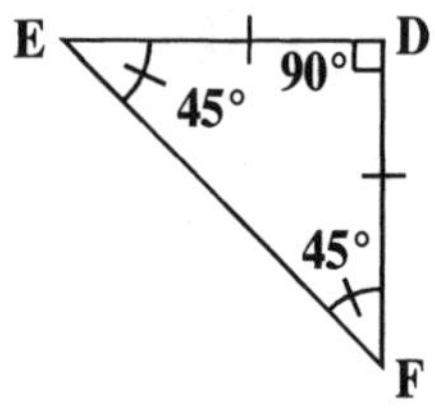

Figure 6.12

■ *Lignes remarquables d'un triangle*

Définition — ***Les médiatrices des côtés***

Les **médiatrices** des côtés d'un triangle ont un point commun. Ce point est le centre du **cercle circonscrit au triangle**.

Sur la figure 7.12 :
$d1$, $d2$ et $d3$ sont les médiatrices des segments [AB], [BC] et [CA]. Leur point commun O est le centre du cercle $\mathscr{C}$ circonscrit au triangle, OA = OB = OC.

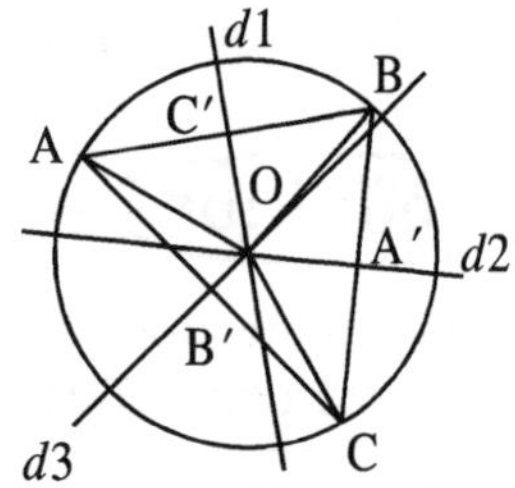

Figure 7.12

Définition — ***Les bissectrices des angles***

Les bissectrices des angles d'un triangle ont un point commun.
Ce point est le centre du **cercle inscrit au triangle**.

Sur la figure 8.12 : le point I est commun aux bissectrices [AI), [BI), [CI) des angles $\widehat{BAC}$, $\widehat{ABC}$, $\widehat{ACB}$. Le cercle de centre I de rayon IK ((IK) ⊥ (AB)) est le cercle inscrit ; IK = IE = IL.

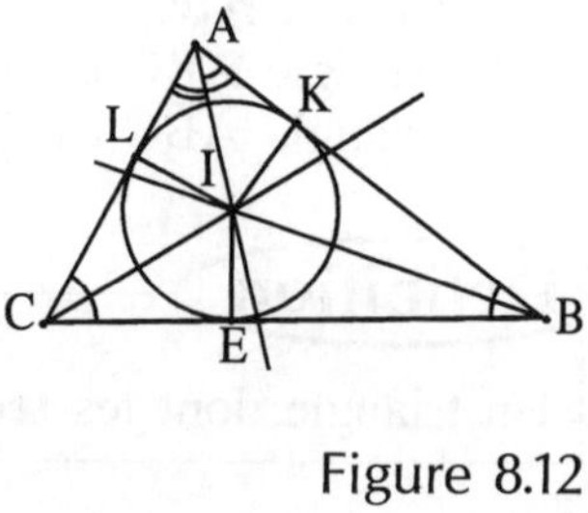

Figure 8.12

Définition — *Les hauteurs*

Une **hauteur** d'un triangle est une droite passant par un sommet et perpendiculaire au côté opposé. Les trois hauteurs d'un triangle ont un point commun appelé l'orthocentre du triangle.

Sur les figures 9.12, 10.12 et 11.12 les droites (AA′), (BB′) et (CC′) sont les hauteurs, H est l'orthocentre. On dit aussi hauteur pour les segments [AA′], [BB′] et [CC′] ou les longueurs AA′, BB′ et CC′ (en particulier dans les calculs d'aires).

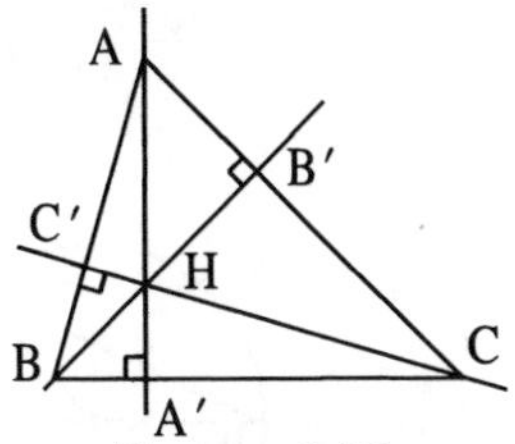

Figure 9.12

Le triangle ABC a trois angles aigus, l'orthocentre est à l'intérieur du triangle.

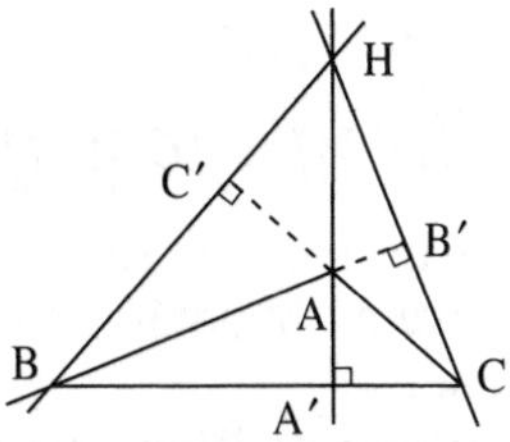

Figure 10.12

Le triangle ABC a un angle obtus, l'orthocentre est à l'extérieur du triangle

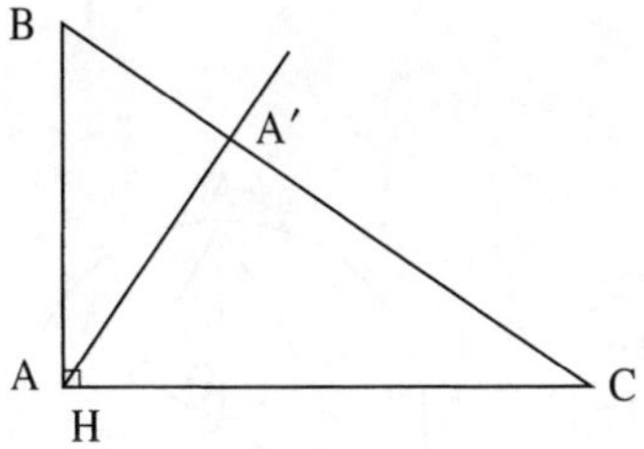

Figure 11.12

Le triangle ABC a un angle droit, l'orthocentre est le sommet de l'angle droit (A = H).

Définition — *Les médianes*

Une **médiane** est un segment qui joint un sommet au milieu du côté opposé. Les trois médianes d'un triangle ont un point commun appelé le centre de gravité du triangle. Il est situé aux deux tiers de chaque médiane à partir du sommet.

Sur la figure 12.12 [AA′], [BB′], [CC′] sont les médianes. Elles sont concourantes en un point G appelé centre de gravité du triangle.

$$AG = \frac{2}{3} AA' \; ; \; BG = \frac{2}{3} BB' \; ; \; CG = \frac{2}{3} CC'$$

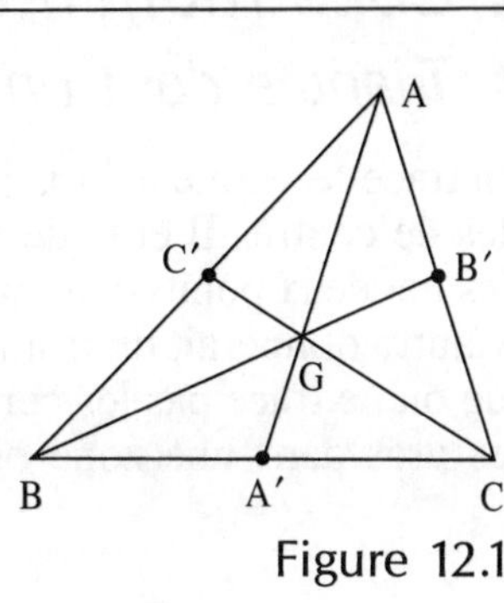

Figure 12.12

Dans les triangles particuliers

Triangle isocèle

La droite support de la médiane issue du sommet principal est bissectrice de l'angle ainsi que hauteur et médiatrice de la base.

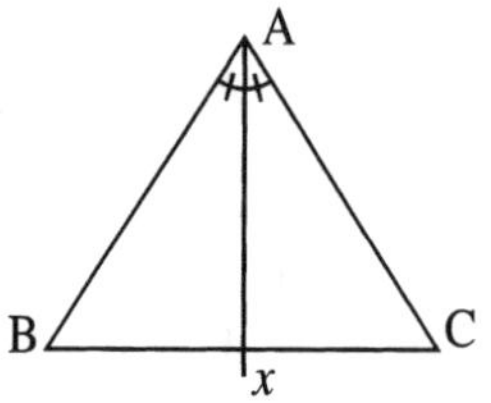

Figure 13.12

Triangle rectangle

Dans un triangle rectangle, la longueur de la médiane relative à l'hypoténuse est la moitié de celle de l'hypoténuse.
Le **milieu de l'hypoténuse** est le **centre** du **cercle circonscrit** d'un triangle rectangle.

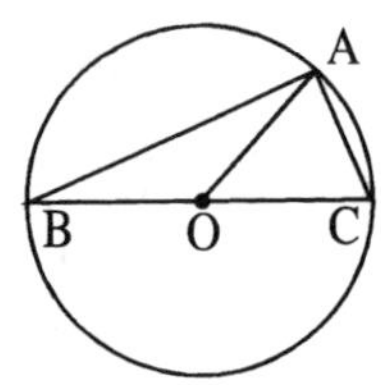

Figure 14.12

Triangle équilatéral

Les trois médianes, bissectrices, hauteurs et médiatrices ont mêmes supports. Le centre du cercle circonscrit, le centre du cercle inscrit, l'orthocentre et le centre de gravité sont confondus en un point appelé centre du triangle.

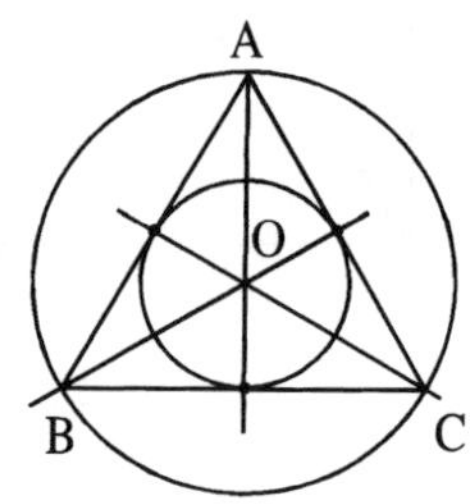

Figure 15.12

Construction de triangles

Triangle dont on donne les longueurs a, x, y des côtés

On trace le segment [BC] de longueur a, puis les cercles de centres B et C de rayons x et y. Ces deux cercles ont deux points communs. On nomme A l'un d'eux. (L'autre donnerait un triangle superposable.) En pratique on ne trace pas les cercles entiers, mais seulement des arcs dans une zone où ils vont se couper.

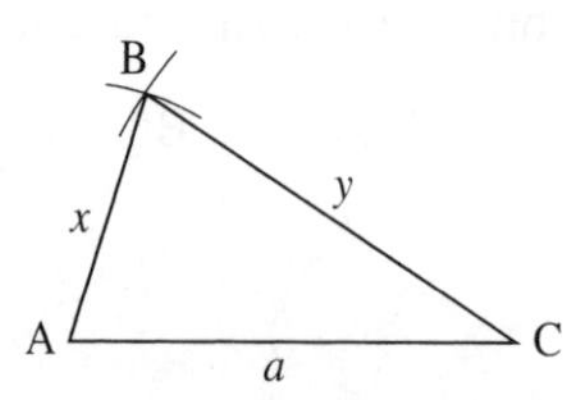

Figure 16.12

Triangle dont on donne les longueurs de deux côtés ([AB] et [AC]) et la mesure de l'angle compris entre ces côtés

On trace un angle de sommet A ayant la mesure donnée. Sur les côtés de l'angle, on reporte les longueurs données. On obtient les points B et C. ABC est le triangle demandé.

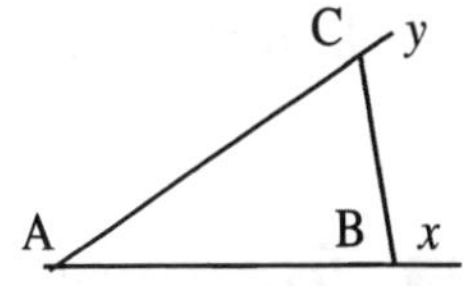

Figure 17.12

Triangle dont on donne la longueur d'un côté [AB] et les mesures (a et b) de deux angles

On trace un segment [AB] ayant la longueur donnée, puis du même côté de (AB), deux demi-droites [Ax) et [By) telles que $\widehat{BAx} = a$ et $\widehat{ABy} = b$.
Les demi-droites [Ax) et [By) se coupent en C. ABC est le triangle demandé.

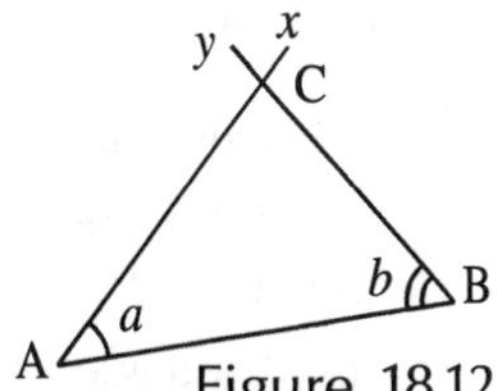

Figure 18.12

Pour démontrer que

— **un triangle est isocèle**, il suffit de démontrer que l'une des conditions ci-dessous est remplie.

1. Deux côtés de même longueur
2. Deux angles égaux
3. Une médiane est aussi hauteur
4. Une bissectrice est aussi médiane
5. Une bissectrice est aussi hauteur.

— **un triangle est équilatéral,** il suffit de démontrer qu'une des conditions suivantes est remplie.

1. Trois côtés de même longueur
2. Trois angles égaux.
3. Deux angles de 60°
4. Isocèle en deux sommets différents
5. Isocèle et un angle de 60°.

— **un triangle est rectangle,** il suffit de démontrer que l'une des conditions ci-dessous est remplie.

1. Il a un angle droit. **2.** Le carré du plus grand côté est la somme des carrés des deux autres côtés. **3.** La médiane relative à l'un des côtés a pour longueur la moitié de ce côté. **4.** Il est inscrit dans un cercle de diamètre de l'un de ses côtés. (Dans les deux derniers cas le côté est l'hypoténuse du triangle rectangle.)

Applications

Triangles

1. Construire un trangle ABC tel que : AB = 8 cm ; BC = 6 cm ; AC = 7 cm.

2. Construire un triangle BMN tel que BM = 4,5 cm ; BN = 5 cm ; MN = 9,5 cm.

3. Dans un triangle RAM, les angles $\widehat{R}$ et $\widehat{A}$ mesurent 53° et 87°. Quelle est la mesure de l'angle $\widehat{M}$?

4. Construire un triangle RIP sachant que IP = 4 cm ; IR = 4,5 cm et $\widehat{RIP}$ = 65°.

■ Triangles particuliers

5. Construire un triangle MNP sachant que MN = 6 cm ; $\widehat{MNP}$ = 70° ; $\widehat{NMP}$= 55°. Quelle est la nature de ce triangle ?

6. Dans un triangle ROM l'angle $\widehat{O}$ est le double de l'angle $\widehat{R}$; l'angle $\widehat{M}$ mesure 30°. Quelles sont les mesures des angles $\widehat{O}$ et $\widehat{R}$? Construire ce triangle sachant que OR = 5 cm.

7. Dans un triangle ROM l'angle $\widehat{O}$ est le double de l'angle $\widehat{R}$; l'angle $\widehat{R}$ mesure 30°. Quelles sont les mesures des angles $\widehat{O}$ et $\widehat{M}$? Construire ce triangle sachant que OR = 5 cm.

8. Construire un triangle MNP isocèle en N avec $\widehat{MNP}$ = 50° et MN = 4,2 cm.

9. Construire un triangle JBG rectangle en B tel que BJ = 2,5 cm et BG = 3,5 cm.

10. Construire un triangle équilatéral de 5,5 cm de côté.

11. Construire un triangle IRE rectangle et isocèle en R tel que IE = 6 cm.

12. Un triangle a deux angles de 50°. Quelle est la nature de ce triangle ?

■ Médiatrices - Hauteurs - Médianes - Bissectrices

13. Reprendre le triangle de l'exercice 12. Tracer les médiatrices des segments [AB] et [AC]. Elles se coupent en O. Tracer la perpendiculaire à la droite (BC) passant par O. Elle coupe [BC] en I.
1. Que représente le point O pour le triangle ABC ?
2. Que représente le point I pour le segment [BC] ?
3. Tracer le cercle de centre O passant par A. Passe-t-il par B et C ?

14. **1.** Tracer un triangle ABC. Tracer les hauteurs passant par A et B. Elles se coupent en H. Que représente la droite (CH) pour le triangle ABC ?
2. Que représentent les droites (AC) et (BA) pour le triangle HBC ? Quel est l'orthocentre du triangle HBC ?

15. Tracer un cercle de diamètre [AB] tel que AB = 6 cm. Marquer un point M sur le cercle. Quel est l'orthocentre du triangle MAB ?

16. Dans une plaque de carton ou de bois découper un triangle TIN tel que TI = 13 cm, TN = 15 cm, NI = 17 cm. Tracer ses médianes. Vérifier qu'elles passent toutes par un même point G.

1. Attacher un fil au sommet T et laisser pendre le triangle en tenant le fil entre les doigts. Vérifier que la médiane relative au côté [IN] est dans le prolongement du fil.

2. Faire la même expérience avec les deux autres sommets.

3. Essayer de poser horizontalement la plaque triangulaire en équilibre sur un crayon. En quel point doit-on la poser ?

17. Tracer un triangle GBC. Construire le triangle ABC ayant le point G pour centre de gravité.

18. Deux triangles TAB et TMN ont le même centre de gravité. Démontrer que les segments [AB] et [MN] ont le même milieu.

Corrigés

1. On trace le segment [AB] de 8 cm de longueur, puis les cercles de centres A et B de 7 cm et 6 cm de rayon pour obtenir le point C.

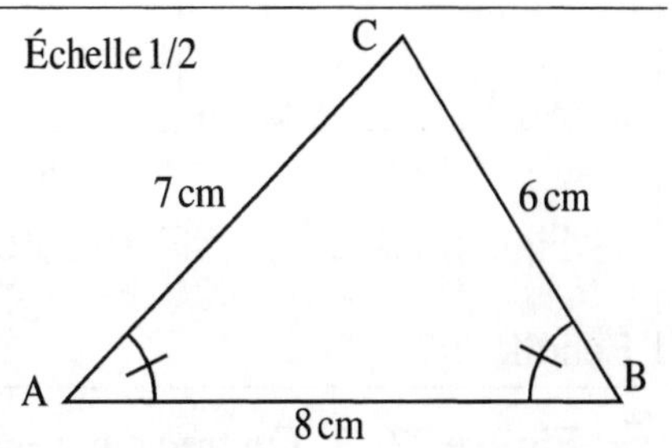

Figure 19.12

2.

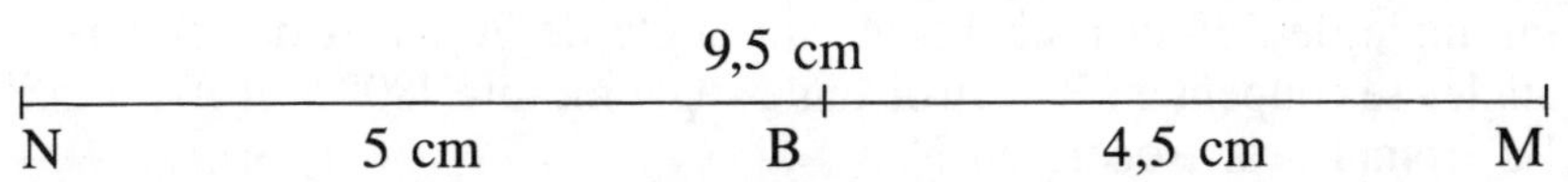

Figure 20.12

Les cercles de centres M et N de rayons 4 cm et 4,5 cm sont tangents. Leur point commun B appartient au segment [MN]. Il n'existe pas de triangle vérifiant les conditions imposées.

3. L'angle $\widehat{M}$ mesure $180° - (53° + 87°) = 40°$.

4. On trace un angle de 65° de sommet I. Sur les côtés de cet angle, on marque P tel que IP = 4 cm et R tel que IR = 4,5 cm.

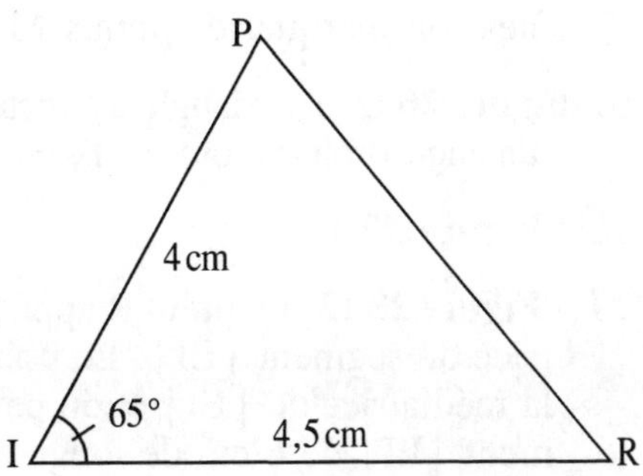

Figure 21.12

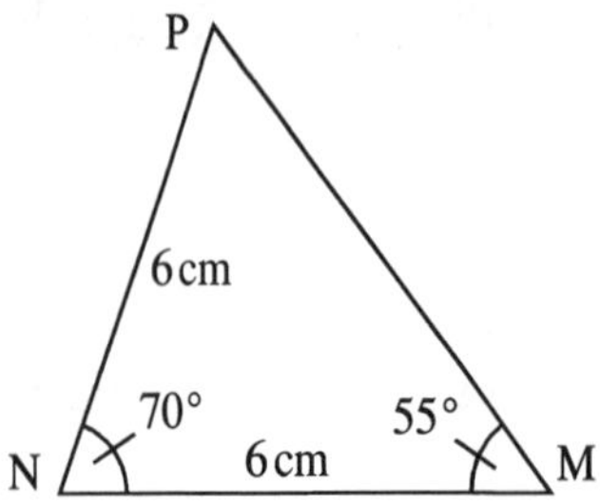

Figure 22.12

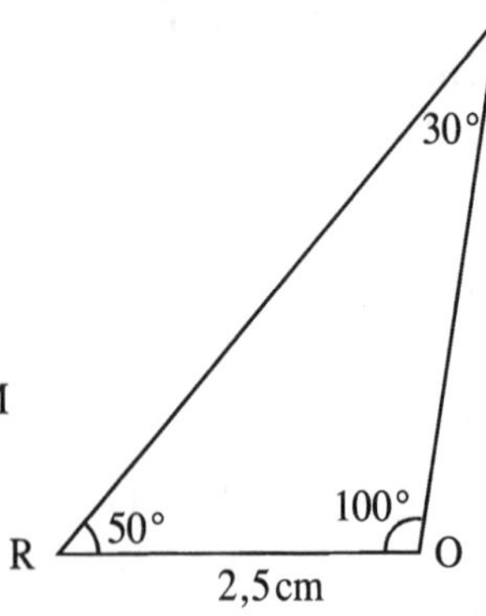

Figure 23.12

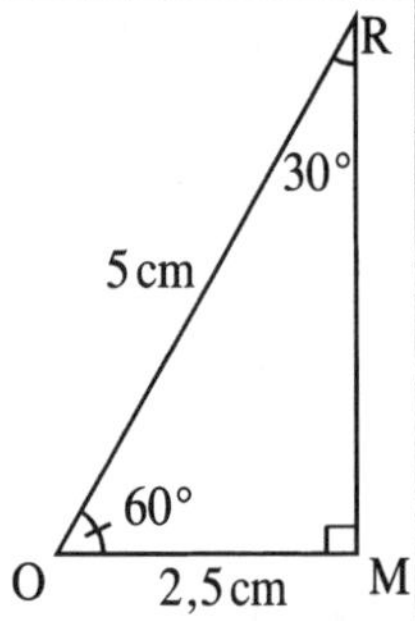

Figure 24.12

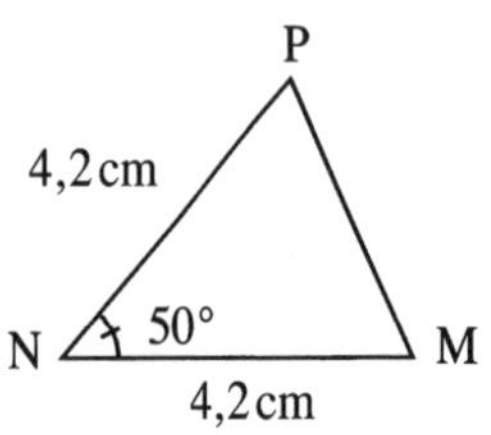

Figure 25.12

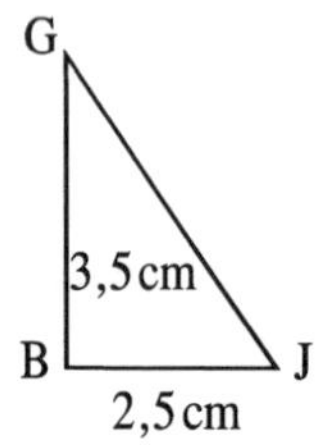

Figure 26.12

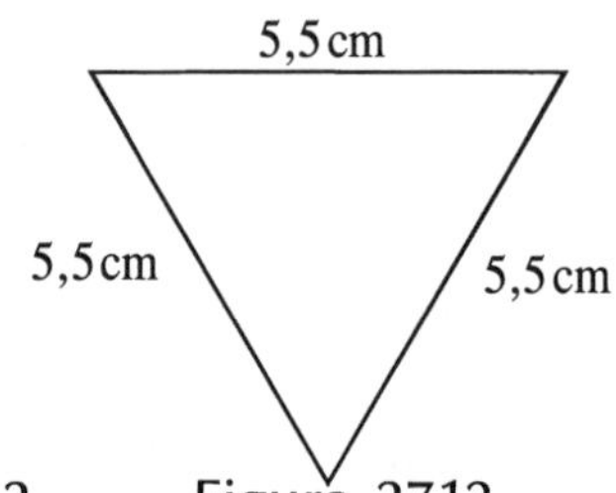

Figure 27.12

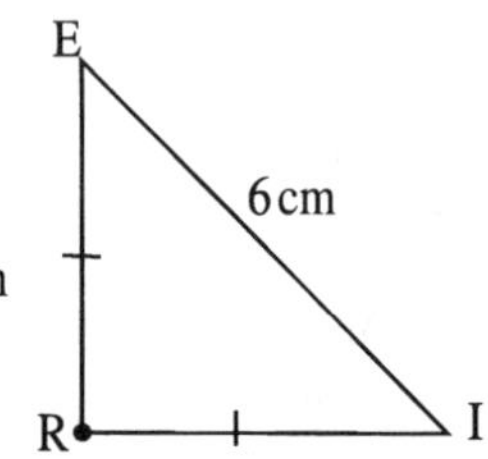

Figure 28.12

Échelle 1/2

5. **Figure 22.12**. On trace un segment [NM] de 6 cm de longueur puis les demi-droites d'origine M et N situées d'un même côté de (MN) faisant avec (MN) un angle de 55° et avec [NM) un angle de 70°. Les deux autres côtés des angles se coupent en P. Le troisième angle mesure 180° − (70° + 55°) = 55°. Le triangle est isocèle en N.

6. **Figure 23.12**. La somme des angles $\widehat{O}$ et $\widehat{R}$ est 180° − 30° soit 150°. Cette somme est trois fois le plus petit des deux angles. Ce plus petit angle mesure 50° ; $\widehat{R}$ = 50°, $\widehat{O}$ = 100°.

7. **Figure 24.12**. $\widehat{R}$ = 30° ; $\widehat{O}$ = 60°. Le triangle est rectangle en M. OR = 5 cm.

8. **Figure 25.12**. Le triangle est isocèle en N. On trace un angle de 50°. Sur les côtés, on marque les points M et P à 4,2 cm de M.

9. **Figure 26.12**. Le triangle est rectangle en B donc l'angle B est droit. Sur les côtés d'un angle droit de sommet B, on marque les points J et G à 2,5 cm et 3,5 cm de B.

10. **Figure 27.12**.

11. **Figure 28.12**. Le point R appartient au cercle de diamètre [EI] et à la médiatrice du segment [EI]. Le point R est l'un des deux points d'intersection de la médiatrice de [EI] et du cercle de diamètre [EI]. On trace donc un segment [EI] de 6 cm de longueur, puis la médiatrice du segment et le cercle de diamètre [EI].

12. Le triangle est isocèle. Son troisième angle mesure 180° − (50° × 2) = 80°

13. **1.** Les médiatrices des segments [AB] et [AC] se coupent en un point O. Ce point est le centre du cercle circonscrit au triangle ABC.
2. Le point O appartient à la médiatrice du segment [BC]. La médiatrice du segment [BC] est la perpendiculaire à la droite (BC) passant par le point O. Elle coupe [BC] en son milieu I.
3. Oui

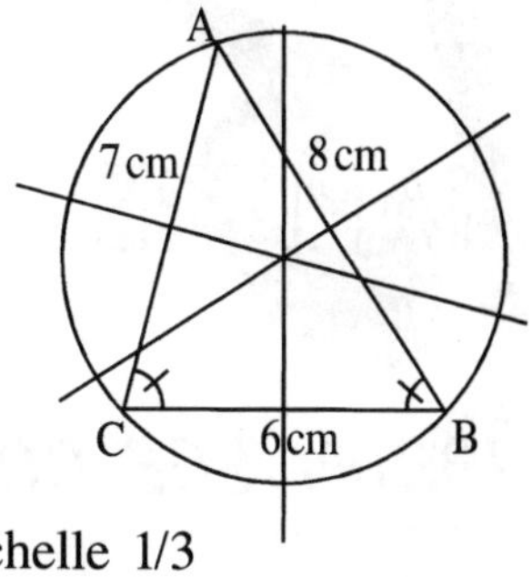

Échelle 1/3

Figure 29.12

14. **1.** Les hauteurs se coupent en H orthocentre du triangle ABC.
2. La droite (AC) est perpendiculaire à (BH) et passe par H ; la droite (BA) est perpendiculaire à (CH) et passe par H ; les droites (AC) et (AB) sont des hauteurs du triangle HBC.
Le point A est l'orthocentre du triangle HBC.

15. Le triangle MAB est rectangle en M. Son orthocentre est le sommet M de l'angle droit.

16. **1. 2.** Faire l'expérience. Le fil suit la médiane du triangle relative au sommet où le fil est fixé.
3. Le triangle est en équilibre. Le point G est le centre de gravité à condition que le triangle soit découpé dans une plaque homogène (même densité en tout point).

17. On marque le point I milieu de [BC].
La médiane relative à [BC] dans le triangle ABC est [AI]. AG = $\frac{2}{3}$ AI. Donc GA = 2 GI.
Sur la droite (IG), à l'aide du compas, on reporte deux fois la longueur GI, A et I étant de part et d'autre de G sur la droite (GI). On obtient le point A, puis on trace les segments [AB] et [AC].

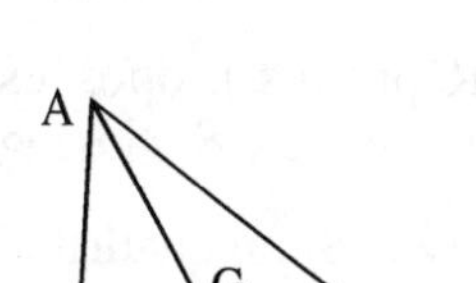

Figure 30.12

18. La médiane commune est portée par la droite (TG).
Soit I le milieu de [TG], on construit le point J tel que GJ = GI. TG = $\frac{2}{3}$ TJ
Les deux triangles TAB et TMN ont en commun la médiane [TJ].
Les côtés [AB] et [MN] ont même milieu J.

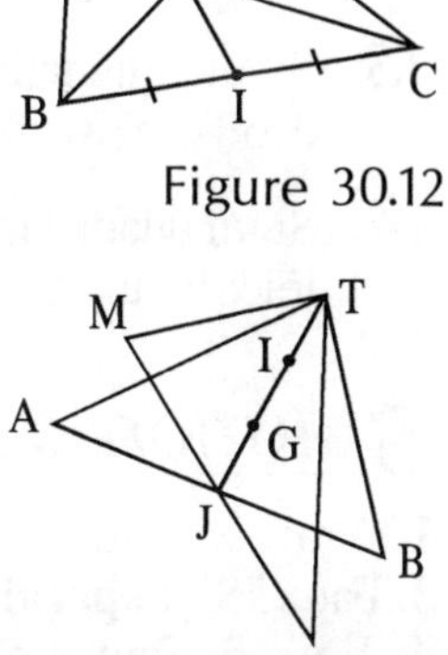

Figure 31.12

CHAPITRE 13 Les quadrilatères

Tester ses connaissances

Reconnaître les propriétés

Répondre par Vrai ou Faux aux questions 1 à 11.

1. Les diagonales d'un losange ont le même milieu.

2. Les diagonales d'un trapèze ont même longueur.

3. Les diagonales d'un parallélogramme sont perpendiculaires.

4. Un carré est un losange.

5. Un rectangle est un carré.

6. Il existe des parallélogrammes qui sont des rectangles.

7. Certains parallélogrammes ont des diagonales de même longueur.

8. Certains parallélogrammes ont quatre côtés de même longueur.

9. Il existe des losanges qui sont des carrés.

10. Il existe des rectangles qui sont des carrés.

11. Un parallélogramme n'est jamais un losange.

Réponses proposées aux questions 12 à 17 :
A : carré ; **B** : losange ; **C** : rectangle ; **E** : trapèze ; **F** : isocèle ; **G** : parallélogramme

12. Si un quadrilatère a quatre côtés de même longueur, c'est un …

13. Si un quadrilatère a trois angles droits, c'est un …

14. Si un quadrilatère a ses côtés parallèles deux à deux, c'est un …

15. Si un quadrilatère a exactement deux côtés parallèles, c'est un …

16. Si un parallélogramme a ses diagonales perpendiculaires, c'est un …

17. Si un trapèze a un angle droit, il est …

Solution des tests

1. Vrai. **2.** Faux. Seul un trapèze isocèle a des diagonales de même longueur. **3.** Faux. Si un **parallélogramme** a des diagonales perpendiculaires c'est un losange. **4.** Vrai. **5.** Faux ; c'est un carré qui est un rectangle. **6.** Vrai. **7.** Vrai : les rectangles. **8.** Vrai : les losanges. **9.** Vrai. **10.** Vrai. **11.** Faux. **12.** **B** losange. **13.** **A** carré. **14.** **G** parallélogramme. **15.** **E** trapèze. **16.** **B** losange. **17.** **C** rectangle.

L'essentiel

— Par abus de langage on dit souvent que deux segments sont parallèles pour exprimer que les droites supports de ces segments sont parallèles.
— Les propriétés relatives à la symétrie seront données dans le chapitre 14.

Définition — *Le trapèze*

Un trapèze est un quadrilatère qui a deux côtés parallèles (et deux seulement).

ABCD (fig. 1.13) est un trapèze. (AB) // (CD).
Pour vérifier ou démontrer qu'un quadrilatère est un trapèze, il suffit de vérifier ou démontrer que deux côtés sont parallèles.

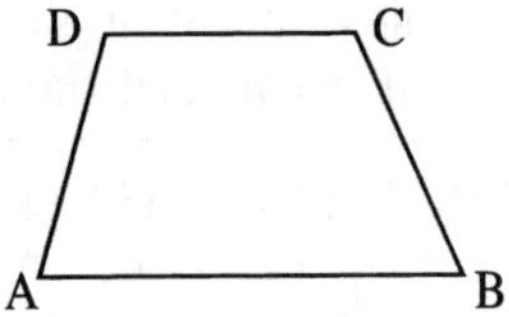

Figure 1.13

Cas particuliers. Un trapèze est dit isocèle lorsque ses côtés non parallèles ont même longueur.
Un trapèze est dit rectangle lorsqu'il a deux angles droits.

ABCD est un trapèze isocèle.
(AD = BC)

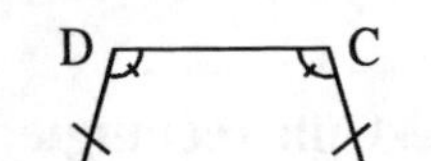

Figure 2.13

ABCD est un trapèze rectangle.

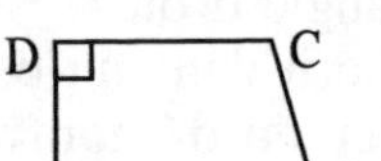

Figure 3.13

Définition — *Le parallélogramme*

Un quadrilatère dont les côtés sont parallèles deux à deux est un **parallélogramme**.
Dans un parallélogramme (ABCD sur la figure 4.13) :
— les diagonales ont le même milieu ; — les côtés opposés ont même longueur ;
— les angles opposés sont égaux ; — les angles consécutifs sont supplémentaires.

ABCD (fig. 4.13) est un parallélogramme.
— (AB) // (CD) et (AD) // (BC) ;
— O est le milieu de [AC] et [BD] ;
— AB = CD et AD = BC ; $\widehat{A} = \widehat{C}$ et $\widehat{D} = \widehat{B}$;
— $\widehat{B} + \widehat{C} = \widehat{C} + \widehat{D} = \widehat{D} + \widehat{A} = \widehat{A} + \widehat{B} = 180°$.

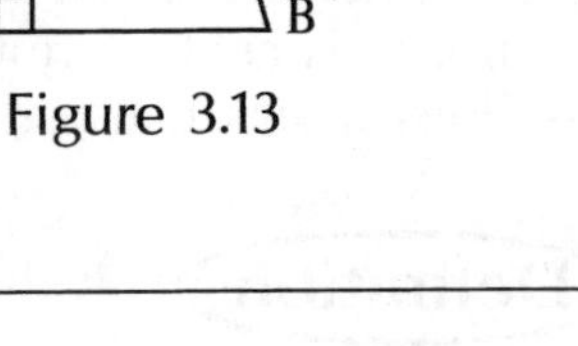

Figure 4.13

Pour vérifier ou démontrer qu'un quadrilatère est un parallélogramme il suffit de vérifier ou démontrer l'une des propriétés suivantes :
— les supports de ses côtés sont parallèles deux à deux ;

— ses diagonales ont le même milieu ;
— il n'est pas croisé et il a deux côtés opposés parallèles et de même longueur ;
— il n'est pas croisé et ses côtés opposés ont même longueur.

■ *Parallélogrammes particuliers*

Définition — ***Rectangle***

Un **rectangle** est un parallélogramme qui a un angle droit.
Un rectangle a toutes les propriétés du parallélogramme et de plus :
— ses quatre angles sont droits ; — ses diagonales ont même longueur ;
— il est inscrit dans un cercle ayant ses diagonales pour diamètres.

ABCD (fig. 5.13) est un rectangle. On a :
(AB) // (CD) et (AD) // (BC)
$\widehat{A} = \widehat{B} = \widehat{C} = \widehat{D} = 90°$;
AC = BD et OA = OB = OC = OD.

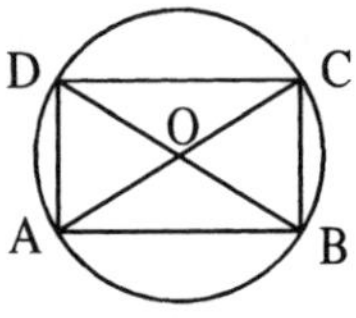

Figure 5.13

Pour vérifier ou démontrer qu'un *parallélogramme* est un rectangle,
il suffit de vérifier ou démontrer l'une des propriétés suivantes :
— ses diagonales ont même longueur ;
— il a un angle droit ;
— il est inscrit dans un cercle.
Pour vérifier ou démontrer qu'un *quadrilatère* est un rectangle,
il suffit de vérifier ou démontrer l'une des propriétés suivantes :
— il a trois angles droits ;
— il est inscrit dans un cercle ayant pour diamètres les diagonales.

Définition — ***Losange***

Un **losange** est un parallélogramme qui a deux côtés consécutifs de même longueur. ABCD est un losange.
Un losange a toutes les propriétés du parallélogramme et de plus :
— les quatre côtés ont même longueur ; — les diagonales sont perpendiculaires.

ABCD (fig. 6.13) est un losange. On a
(AB) // (CD) et (AD) // (BC)
OA = OC ; OB = OD
(AC) ⊥ (BD) ; *AB* = *BC* = *CD* = *DA*

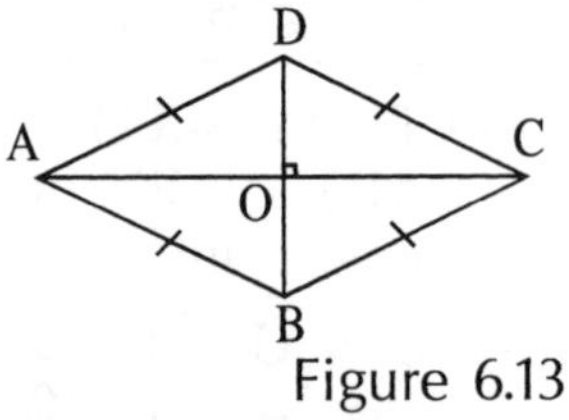

Figure 6.13

Pour vérifier ou démontrer qu'un *parallélogramme* est un losange,
il suffit de vérifier ou démontrer l'une des propriétés suivantes :
— deux côtés consécutifs ont même longueur ;
— ses diagonales sont perpendiculaires.

Pour vérifier ou démontrer qu'un *quadrilatère* est un losange, il suffit de vérifier ou démontrer l'une des propriétés suivantes :
— ses quatre côtés ont même longueur ;
— les diagonales sont perpendiculaires en leur milieu.

Définition — ***Carré***

Un carré est un rectangle et un losange, il a les propriétés du rectangle, du losange.

Pour vérifier ou démontrer qu'un quadrilatère est un carré, il suffit de vérifier ou démontrer que c'est un rectangle et un losange.

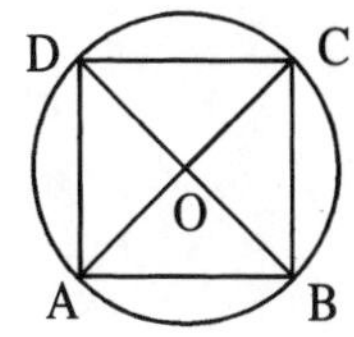

Figure 7.13

Applications

■ Reconnaître des parallélogrammes

Dans les figures 8.13 et 9.13, quels quadrilatères notés de (1) à (5) forment des trapèzes ? des parallélogrammes ? des rectangles ? des losanges ? des carrés ?

1.

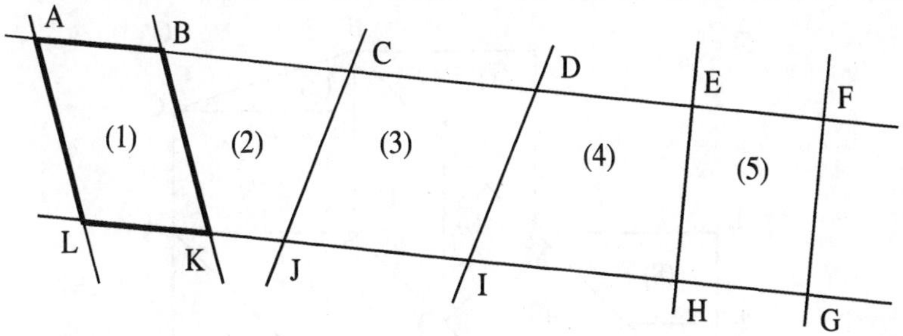

Figure 8.13

2.

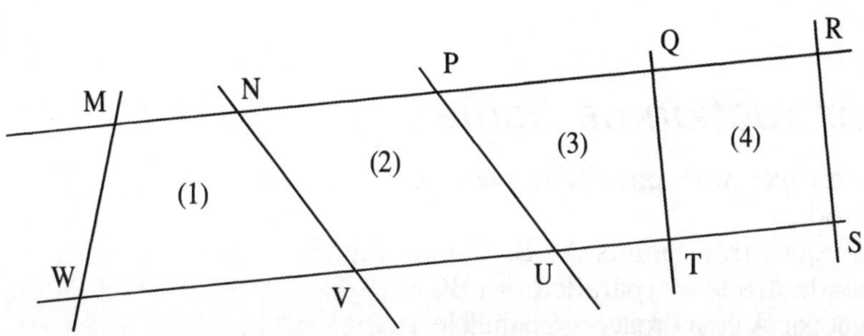

Figure 9.13

3. **Formes et dessins techniques** (fig. 10.13 à 13.13)
De quelles formes sont constitués ces trous réalisés avec une perceuse ?

Trou débouchant

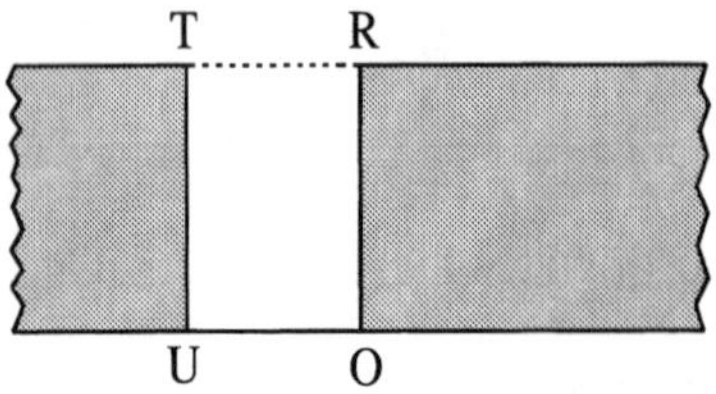

Figure 10.13

Trou borgne

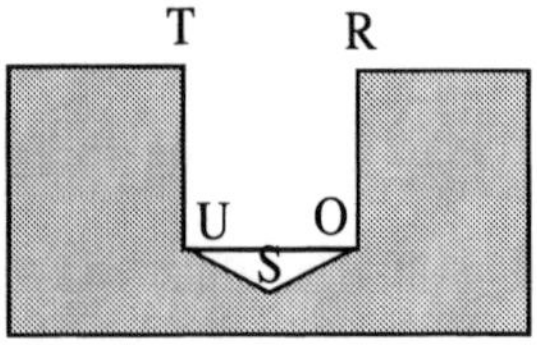

Figure 11.13

Trou lamé

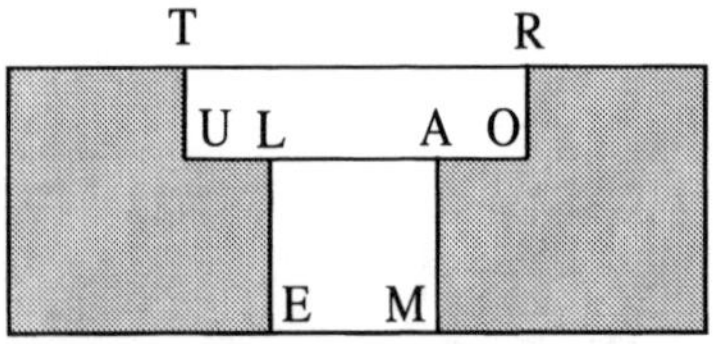

Figure 12.13

Trou fraisuré

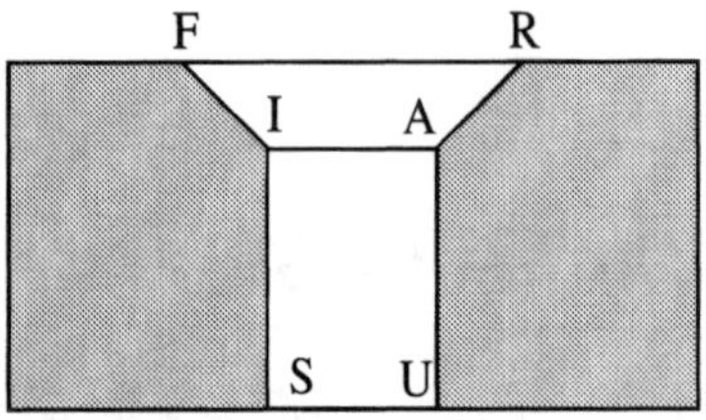

Figure 13.13

4. **1.** Quelle est la nature précise de chacune des pièces de ce puzzle (fig. 14.13) ?
2. On complète le puzzle en dessinant deux pièces pour obtenir un rectangle ABCD. Quelle est la nature de chacune des deux pièces ?

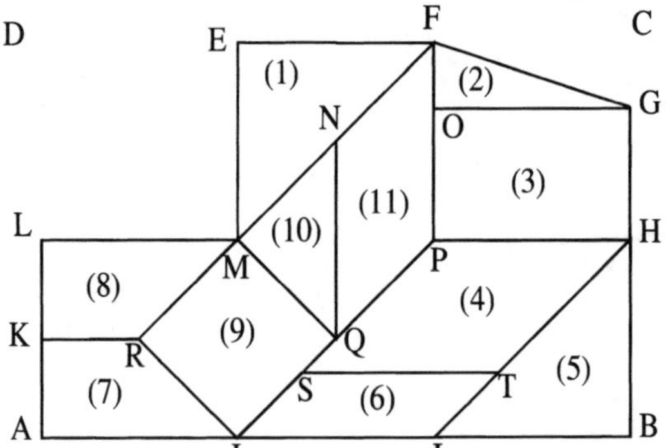

Figure 14.13

■ *Construction de figures*

5. **Construire un parallélogramme**
Méthode 1
1. Marquer trois points A, B, C non alignés. Tracer la droite ℓ parallèle à (BC) passant par A et la droite ℓ' parallèle à (AB) passant par C. Les droites ℓ et ℓ' se coupent en D.

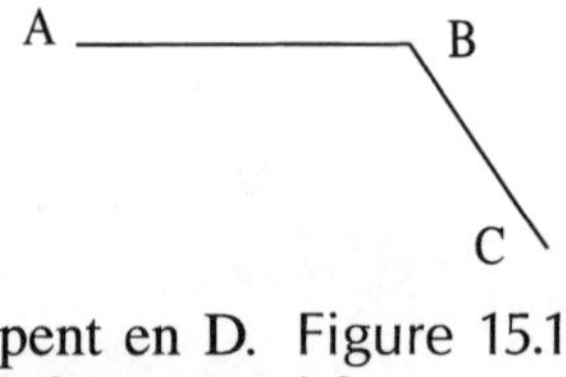

Figure 15.13

2. Le quadrilatère ABCD est-il un parallélogramme ? Pourquoi ?

6. **Construire un parallélogramme. Méthode 2**

1. Tracer trois points A, B, C non alignés. Marquer le milieu O de [AC], puis sur la demi-droite [BO) marquer le point D tel que BO = OD.
2. Expliquer pourquoi le quadrilatère ABCD ainsi construit est un parallélogramme.

7. **Construire un parallélogramme. Méthode 3**

1. Marquer trois points non alignés A, B et C. Tracer le cercle de centre A de rayon BC, puis le cercle de centre C de rayon AB. Ces deux cercles se coupent en deux points D et E. D est le point qui appartient à l'angle saillant $\widehat{ABC}$.
Réaliser cette construction.
2. Les quadrilatères ABCD et ABCE sont-ils des parallélogrammes ?

8. **Construire un parallélogramme. Méthode 4**

1. Tracer deux droites d et d' sécantes en un point I. Sur la droite d, marquer deux points M et N situés à 4 cm de I. Sur la droite d', marquer deux points P et Q situés à 3 cm de I. Tracer les segments [MP], [PN], [NQ], [QM].
2. Le quadrilatère MNPQ est-il un parallélogramme ? Pourquoi ?

9. **Construire un rectangle. Méthode 1**

1. Tracer un segment [AB] de 3 cm de longueur. Tracer la droite $d1$ passant par B et perpendiculaire à la droite (AB). Sur cette droite $d1$ marquer un point C à 4 cm de B. Tracer la droite $d2$ passant par A et perpendiculaire à la droite (AB) et la droite $d3$ passant par C et perpendiculaire à la droite (BC). Les droites $d3$ et $d2$ se coupent en un point. Nommer D ce point.
2. Pourquoi le quadrilatère ABCD est-il un rectangle ?

10. **Construire un rectangle. Méthode 2**

1. Tracer un angle droit $\widehat{xOy}$. Sur la demi-droite [Ox), marquer un point R, sur la demi-droite [Oy), marquer un point L. La parallèle à la droite (Ox) passant par L et la parallèle à la droite [Oy) passant par R se coupent en T.
2. Pourquoi le quadrilatère ORTL est-il un rectangle ?

11. **Construire un rectangle. Méthode 3**

1. Tracer deux droites d et d' sécantes en un point A. Tracer un cercle de centre A. Il coupe la droite d en R et C et la droite d' en E et T. Tracer les segments [RE], [EC], [CT], [TR].
2. Le quadrilatère RECT est un rectangle. Expliquer pourquoi.

12. **Construire un losange. Méthode 1**

1. Tracer un cercle de centre O de 3 cm de rayon et deux rayons [OL] et [OS].
Tracer les cercles de centres L et S passant par O. Ils se recoupent en A. Tracer les segments [LA] et [SA].
2. Le quadrilatère LOSA est un losange. Expliquer pourquoi.

13. **Construire un losange. Méthode 2**

1. Tracer deux droites d et d' perpendiculaires en un point I. Sur la droite d, marquer deux points M et N situés à 4 cm de I. Sur la droite d', marquer deux points P et Q situés à 3 cm de I. Tracer les segments [MP], [PN], [NQ], [QM].

2. Le quadrilatère MPNQ est un losange. Expliquer pourquoi.

14. **Une autre construction.**

1. Tracer un cercle de centre A et 4 cm de rayon. Tracer deux rayons perpendiculaires [AC] et [AE]. Tracer les cercles de centres C et E passant par A. Ils se recoupent en R. Tracer les segments [CR] et [CE].

2. Quelle est la nature précise du quadrilatère CARE ? Expliquer pourquoi.

Corrigés

1.

Trapèzes	Parallélogrammes	Rectangles	Losanges
(2) BCJK ;	(1) ABKL ;	(5) EFGH	(3) CDIJ
(4) IHED	(3) CDIJ ;		
(rectangle)	(5) EFGH.		

2.

Trapèzes	Parallélogrammes	Rectangles	Losanges	Carrés
(1) MNVW ;	(2) NPUV ;	(4) QRST	(2) NPUV	(4) QRST
(3) PQTU	(4) QRST.		(4) QRST	
(rectangle).				

3. **Trou débouchant :** rectangle TROU

Trou borgne : triangle isocèle SOU surmonté d'un rectangle TROU.

Trou lamé : deux rectangles superposés TROU et LAME.

Trou fraisuré : rectangle AISU surmonté d'un trapèze isocèle FRAI

4. **1.** (1), (5) et (10) triangles rectangles et isocèles ; (2) triangle rectangle ; (3) rectangle ; (4) losange ; (6) et (11) parallélogrammes ; (7) et (8) trapèzes rectangles ; (9) carré.

2. FCG est un triangle rectangle, DEML est un carré.

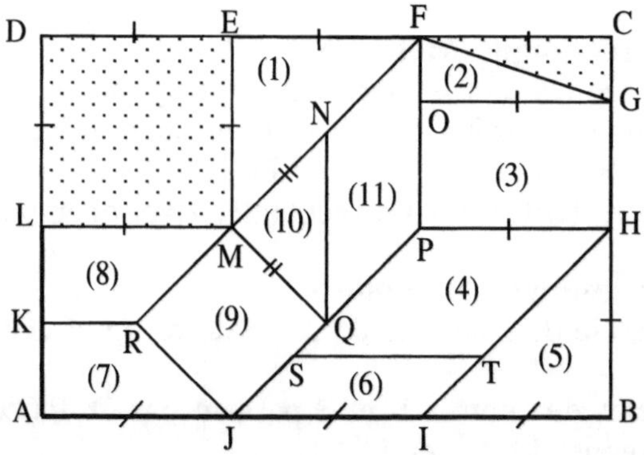

Figure 16.13

5. **1.**

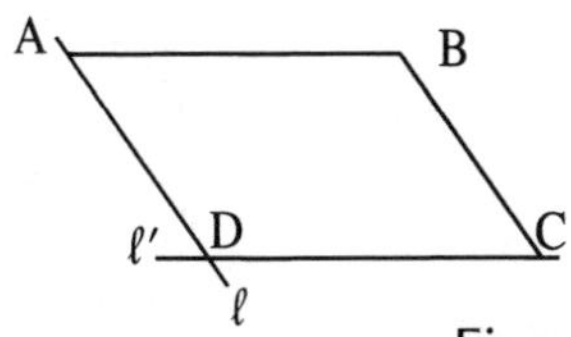

Figure 17.13

2. Le quadrilatère dont les côtés (supports des côtés) sont parallèles deux à deux **est un parallélogramme**.

6. **1.**

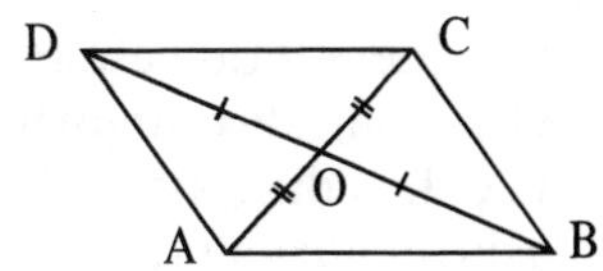

Figure 18.13

2. Le quadrilatère **ABCD** dont les diagonales [AC] et [BD] ont le même milieu O **est un parallélogramme**.

7. **1.**

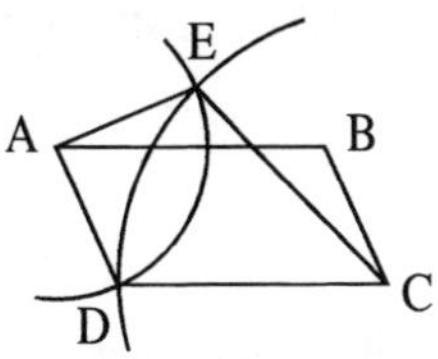

Figure 19.13

ABCD et ABCE ont tous les deux leurs côtés opposés de même longueur.
Le quadrilatère ABCE est croisé, ce n'est pas un parallélogramme.
Le quadrilatère **ABCD** est convexe, **c'est un parallélogramme**.

8. **1.** Fig. 20.13
2. IM = IN = 4 cm ;
IP = IQ = 3 cm. Le point I est le milieu de [MN] et [PQ].
Le quadrilatère **MPNQ** dont les diagonales ont même milieu **est un parallélogramme**.

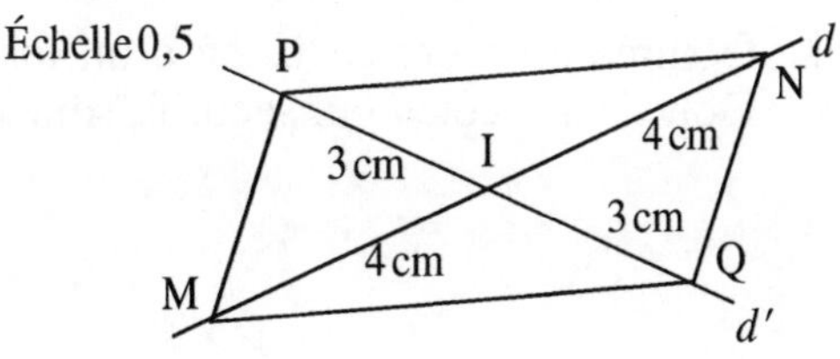

Figure 20.13

9. **1.** Fig. 21.13
2. Le quadrilatère a trois angles droits A, B et C, **c'est un rectangle**.

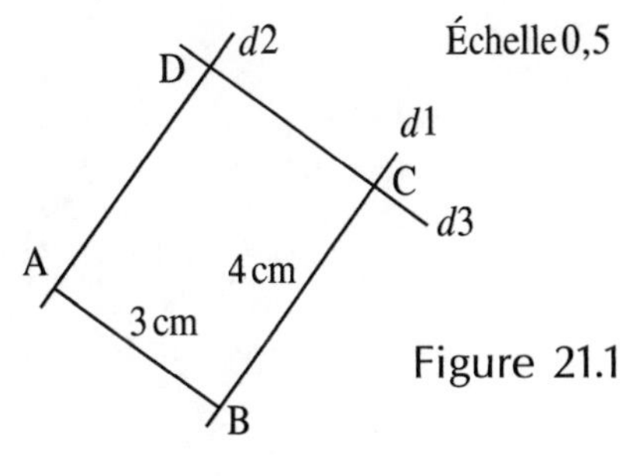

Figure 21.13

10. **1.** Fig. 22.13.
2. (TL) // (Ox), (RT) // (Oy) sont parallèles ; donc ORTL est un parallélogramme.
Il a un angle droit, **c'est un rectangle**.

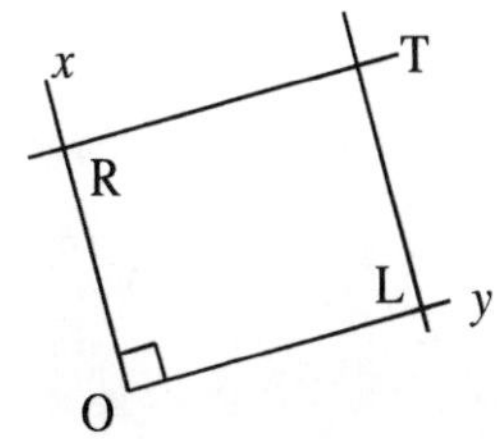

Figure 22.13

11. **1.** Fig. 23.13
2. A est le centre du cercle, [CR] et [ET] sont des diamètres de milieu A. Les diagonales [RC] et [ET] du quadrilatère RECT ont même longueur et même milieu. Le quadrilatère **RECT est un rectangle**.

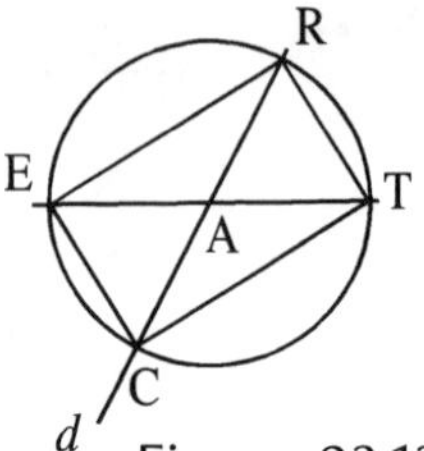

Figure 23.13

12.

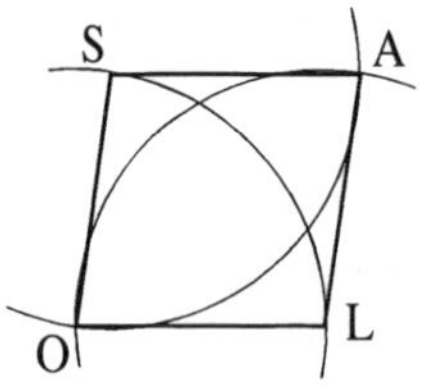

Figure 24.13

Dans chacun des cercles, on a : OL = OS ; LO = LA ; SO = SA. D'où OL = LA = AS = OS les trois cercles ont le même rayon. Le quadrilatère **LOSA** a quatre côtés de même longueur, **c'est un losange**.

13. Comme à l'exercice 8 on a un parallélogramme. Les droites *d* et *d'* sont perpendiculaires, donc les diagonales sont perpendiculaires ; c'est un losange.

14. Comme à l'exercice 12 on a un losange. Les rayons sont perpendiculaires. Donc deux côtés consécutifs sont perpendiculaires, on a un carré.

CHAPITRE 14

Symétrie

Tester ses connaissances

Reconnaître les propriétés

Répondre par Vrai ou Faux aux tests 1 à 11.

1. Si deux points A et B sont symétriques par rapport à une droite d, alors d est la médiatrice du segment $[AB]$.

2. Deux droites symétriques par rapport à une droite sont parallèles.

3. Deux droites symétriques par rapport à un point sont parallèles.

4. Si deux points M et N sont symétriques par rapport à un point O, ce point est le milieu du segment $[MN]$.

5. Un parallélogramme a un axe de symétrie.

6. Un rectangle a un seul axe de symétrie.

7. Deux droites parallèles sont symétriques par rapport à une droite.

8. Un cercle n'a pas d'axe de symétrie.

9. Un angle n'a pas d'axe de symétrie.

10. Un angle n'a pas de centre de symétrie.

11. Un losange et un rectangle ont le même nombre d'axes de symétrie.

12. Si un quadrilatère non croisé a un centre de symétrie, c'est un …
A : parallélogramme ; B : losange ; C : rectangle.

13. Si un triangle a un (et un seul) axe de symétrie, alors il est :
A : rectangle ; B : isocèle ; C : équilatéral.

14. Le nombre d'axes de symétrie d'un carré est A : 1 ; B : 2 ; C : 4.

15. Deux angles opposés par le sommet sont symétriques par rapport à A : une droite ; B : un point ; C : rien.

16.

17.

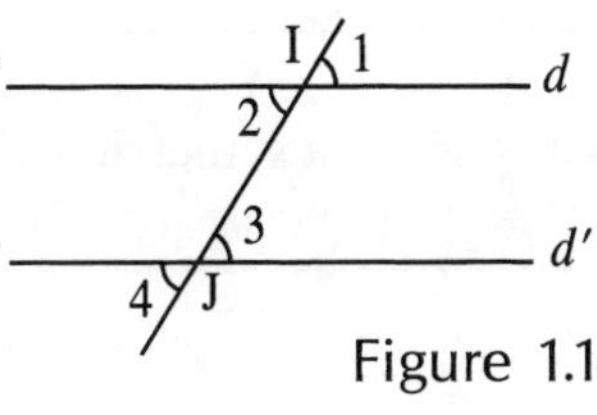

Figure 1.14

Sur la figure 1.14,

les angles $\widehat{I1}$ et $\widehat{I3}$ sont A ; B ; C.

les angles $\widehat{I2}$ et $\widehat{I3}$ sont A ; B ; C.

A : correspondants ; B : alternes-internes ; C : égaux.

Solution des tests

1. Vrai. **2.** Faux. Ce n'est vrai que si les droites sont parallèles à l'axe. **3.** Vrai. **4.** Vrai. **5.** Faux en général, vrai s'il est rectangle ou losange. **6.** Faux ; il en a deux. **7.** Vrai ; l'axe de la bande qu'elles forment. **8.** Faux. **9.** Faux. **10.** Vrai. **11.** Vrai. **12.** **A** parallélogramme. **13.** **B** isocèle. **14.** **C** 4. **15.** **B** point. **16.** **A** correspondants ; **C** égaux. **17.** **B** alternes-internes ; **C** égaux.

L'essentiel

■ Symétrie axiale

Définition

Deux points M et M′ sont symétriques par rapport à une droite d lorsque d est la médiatrice du segment [MM′].

Sur la figure 2.14 d est la médiatrice du segment [MM′].
On dit indifféremment :
— les points M et M′ sont symétriques par rapport à d.
— le symétrique de M par rapport à d est M′.
— la droite d perpendiculaire à (MM′) coupe le segment [MM′] en son milieu.
— le point K de la droite d est son propre symétrique.

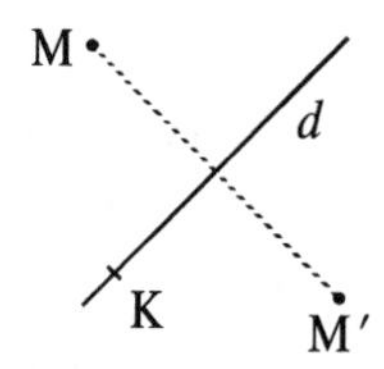

Figure 2.14

POINT méthode

Pour construire au compas le symétrique d'un point M par rapport à une droite d, on peut :
1. Marquer deux points I et J sur d, puis tracer les cercles de centres I et J passant par M. Ils se coupent en M et en M′ symétrique de M par rapport à d.
2. Tracer un arc de cercle de centre M coupant d en I et J puis les cercles de centres M passant par I et J. Ils se coupent en M et M′ symétrique de M par rapport à d. Cette méthode permet de toujours garder le même écartement de compas.

Propriété

Des points alignés ont pour symétriques des points alignés. La symétrie axiale conserve les distances.

● *Symétrique d'une droite*

d est sa propre symétrique.
— $d1$ est sécante à d, sa symétrique $d'1$ est sécante à d au même point I.
— $d2$ est parallèle à d, sa symétrique $d'2$ est parallèle à d.
— $d3$ est perpendiculaire à d, elle est sa propre symétrique.

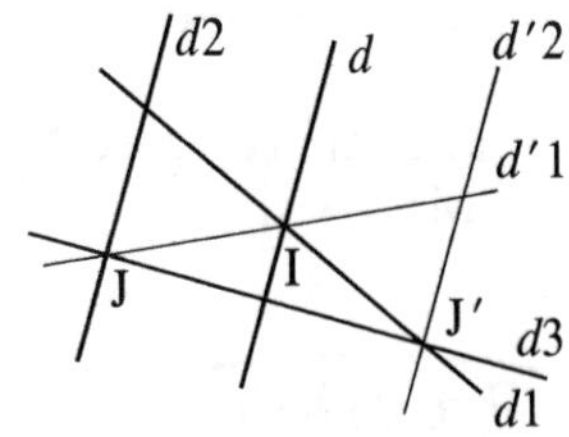

Figure 3.14

● *Symétrique d'une demi-droite*

— La demi-droite [Au) est parallèle à d, sa symétrique [A'u') est parallèle à d.
— La demi-droite [Av) est sécante à d en J, sa symétrique [A'v') coupe d en J.
— La demi-droite [Ix) est perpendiculaire à d, sa symétrique [Ix') est perpendiculaire à d. [Ix) et [Ix') sont deux demi-droites opposées.

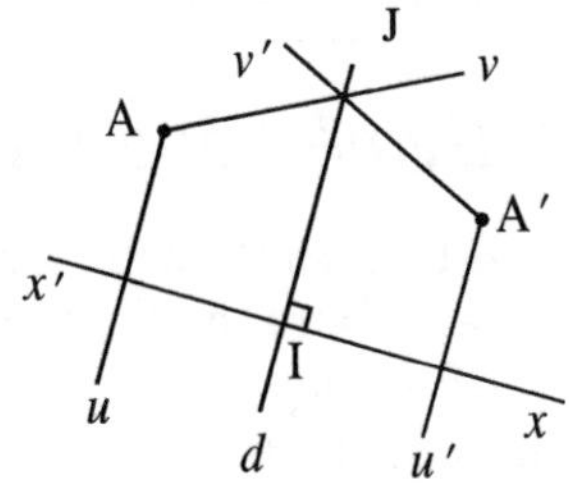

Figure 4.14

● *Symétrique d'un segment*

— Les segments [AB] et [MM'] sont leurs propres symétriques.
— Les segments [ME] et [M'E'] sont symétriques par rapport à d.
— Les segments [EB] et [E'B] sont symétriques par rapport à d
— Le segment [PQ] a pour symétrique [P'Q'] ((PQ) // (P'Q'))

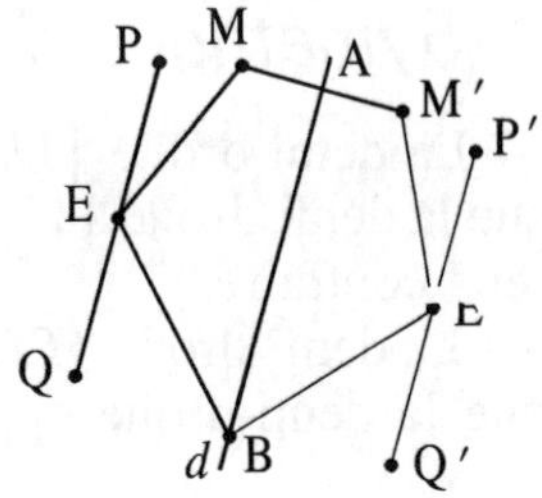

Figure 5.14

Définition

Le symétrique d'un cercle de centre O de rayon r est le cercle de centre O' symétrique de O et de même rayon r. Le symétrique d'un angle est un angle égal.

■ *Symétrie centrale*

Définition

Deux points M et M' sont symétriques par rapport à un point O lorsque O est le milieu du segment [MM']. Le point O est son propre symétrique.

Sur la figure 6.14 (page suivante), O est le milieu du segment [MM']. On dit indifféremment :
— les points M et M' sont symétriques par rapport à O.

— le symétrique de M par rapport à O est M′.
— le symétrique de M′ par rapport à O est M.

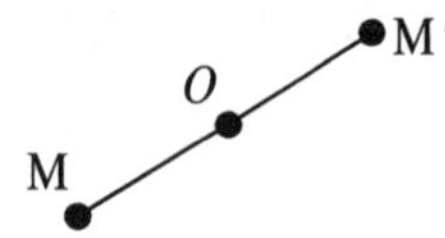

Figure 6.14

Propriété

Des points alignés ont pour symétriques des points alignés.
La symétrie centrale conserve les distances.

Symétrique d'une droite

— $d1$ passant par le centre de symétrie est sa propre symétrique.
— $d2$ ne passe pas par le centre de symétrie. Sa symétrique est la droite $d'2$ strictement parallèle à $d2$. Les droites $d1$ et $d2$ sont sécantes en I, leurs symétriques sont sécantes en I′ symétrique de I.

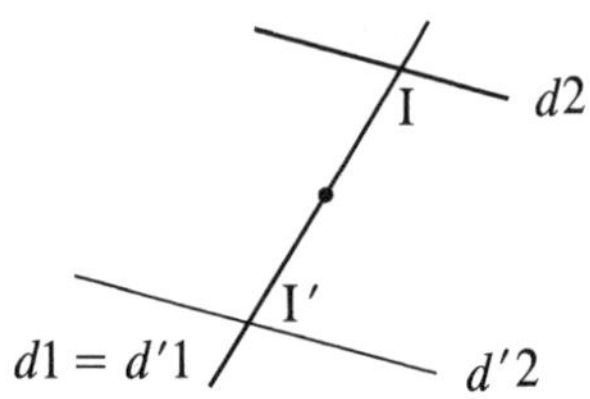

Figure 7.14

Symétrique d'une demi-droite

— La demi-droite $[Iu)$ a pour symétrique la demi-droite $[I'u')$ parallèle et de sens contraire.
— La demi-droite $[Ox)$ a pour symétrique la demi-droite opposée à $[Ox')$.

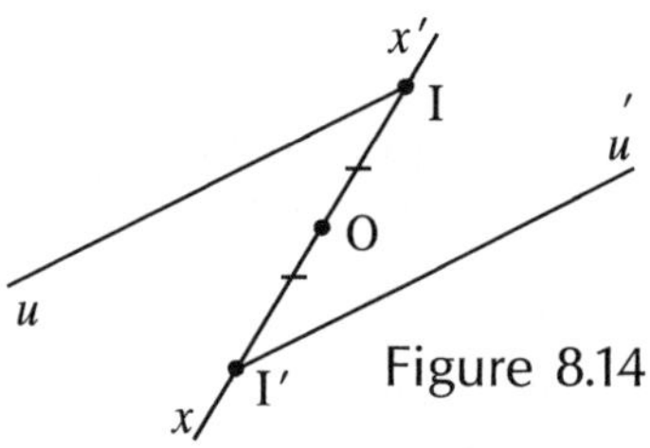

Figure 8.14

Symétrique d'un segment

— [AB] a pour symétrique [A′B′]. AB = A′B′
— [CD] et [C′D′] sont symétriques par rapport à O.
— Les segments [OA] et [OA′] sont symétriques par rapport à O.
— Le segment [AA′] est son propre symétrique (O milieu de [AA′]).

Figure 9.14

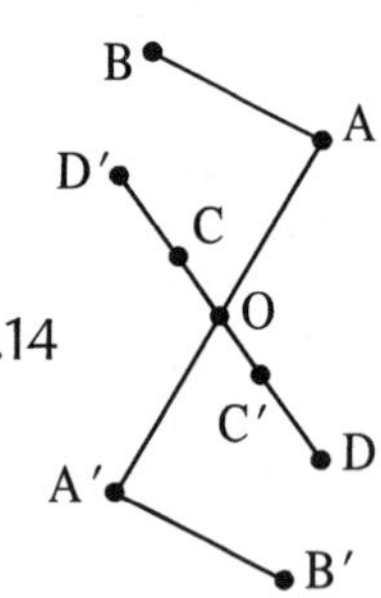

Définition

Le symétrique d'un segment d'extrémités A et B est un segment de même longueur, dont les extrémités sont les symétriques de A et B.
Le symétrique d'un cercle de centre O et de rayon r est le cercle de centre O′ symétrique de O et de même rayon r. Le symétrique d'un angle est un angle égal dont les côtés sont parallèles et de sens contraires.
Exemple : $\widehat{uIx}$ et $\widehat{u'I'x'}$ sur la figure 8.14.

Figures admettant un axe ou un centre de symétrie

Une figure admet un axe de symétrie lorsqu'elle est sa symétrique par rapport à cet axe.

Droite et demi-droite

Une droite admet une infinité d'axes de symétrie : la droite elle-même et toutes les droites qui lui sont perpendiculaires.
Une demi-droite a un seul axe de symétrie, la droite qui la contient.

Segment

Un segment admet deux axes de symétrie : sa médiatrice et la droite support du segment. Lorsqu'on parle de l'axe de symétrie d'un segment, on pense à sa médiatrice.

Angle

L'axe de symétrie d'un angle est la droite support de sa bissectrice.

Angles formés par les droites parallèles coupées par une sécante

Les droites $d1$ et $d2$ sont parallèles. La bande formée par ces deux droites admet la droite d pour axe de symétrie.

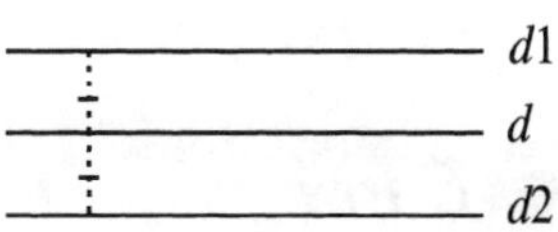

Figure 10.14

Les angles $\widehat{u\mathrm{I}x}$ **et** $\widehat{u\mathrm{J}y}$ situés d'un même côté de $(u'u)$, l'un à l'extérieur de la bande formée par $(x'x)$ et $(y'y)$, l'autre à l'extérieur sont appelés correspondants. **Les angles correspondants sont égaux** $\widehat{u\mathrm{I}x} = \widehat{u\mathrm{J}y}$.

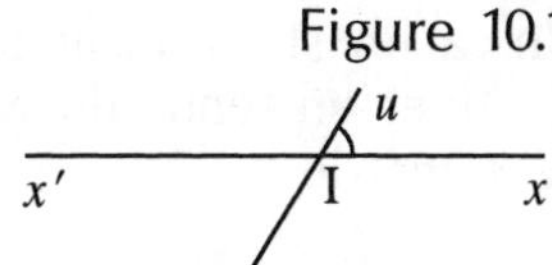

Figure 11.14

Les angles situés de part et d'autre de $(u'u)$, à l'intérieur de la bande sont appelés alternes-internes. **Les angles alternes-internes sont égaux.** $\widehat{x'\mathrm{I}u'} = \widehat{u\mathrm{J}y}$

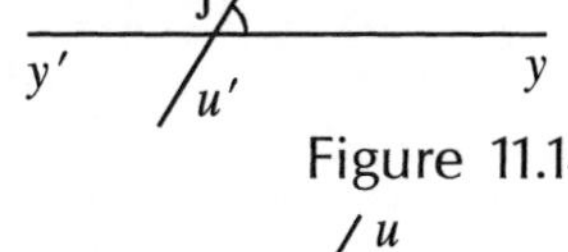

Figure 12.14

Triangle isocèle, triangle équilatéral

Un triangle ABC isocèle a pour axe de symétrie la médiatrice de sa base.
Un triangle équilatéral est isocèle de chacun de ses sommets.
Il a donc trois axes de symétrie qui sont les médiatrices des côtés.

Trapèze isocèle

Un trapèze isocèle a un axe de symétrie qui est la médiatrice commune aux deux bases.

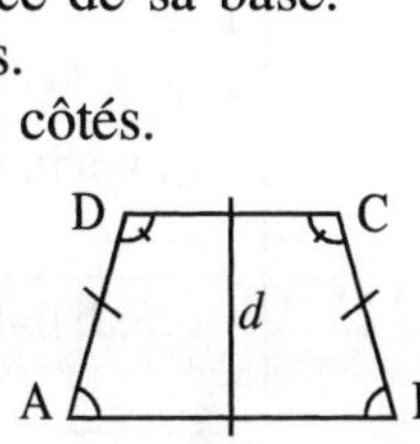

Figure 13.14

Parallélogramme

Un **parallélogramme** a un centre de symétrie qui est le milieu commun des diagonales.

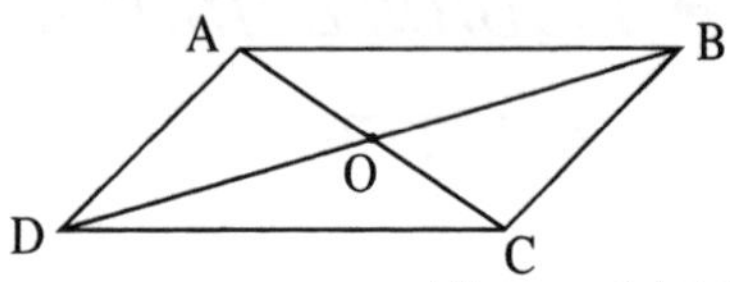

Figure 14.14

Rectangle

Un **rectangle** est un parallélogramme, il a donc un centre de symétrie.
De plus : Un rectangle a deux axes de symétrie qui sont les médiatrices des côtés.

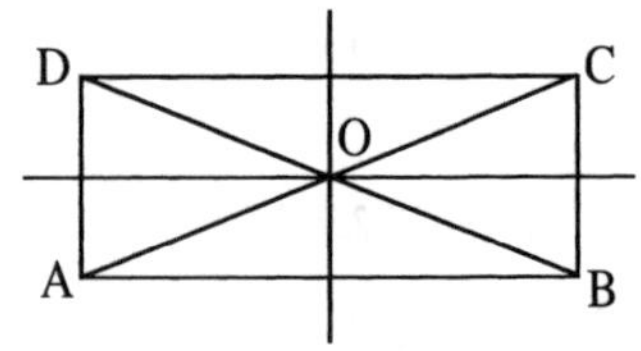

Figure 15.14

Losange

Un **losange** est un parallélogramme, il a donc un centre de symétrie. **De plus**, un losange a deux axes de symétrie qui sont les supports des diagonales.

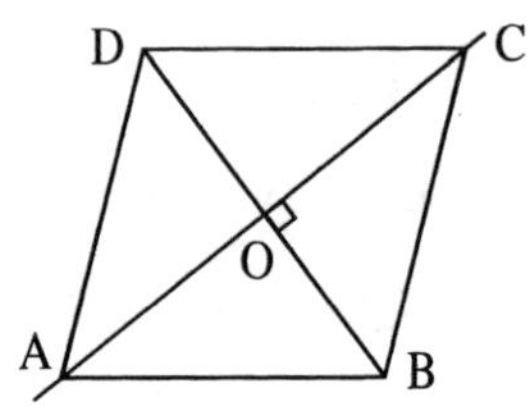

Figure 16.14

Carré

Un carré est un rectangle et un losange. Il a donc un centre de symétrie et 4 axes de symétrie.

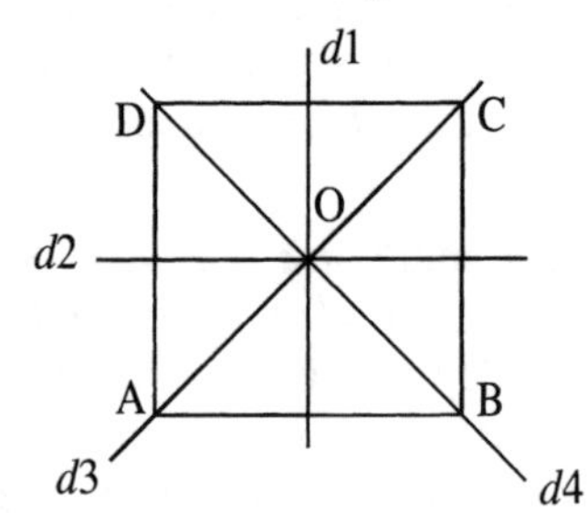

Figure 17.14

POINT méthode

Pour justifier qu'un :	**Il suffit de montrer que :**
triangle est *isocèle*,	il a un axe de symétrie.
triangle est *équilatéral*,	il a deux axes de symétrie.
trapèze est *isocèle*,	il a un axe de symétrie.
quadrilatère est un *parallélogramme*,	il a un centre de symétrie.
quadrilatère est un *rectangle*,	les médiatrices de deux côtés consécutifs sont axes de symétrie.
quadrilatère est un *losange*,	les diagonales sont axes de symétrie.

Applications

Symétrie axiale

1. **Symétrique de points et de segments**
Tracer un segment [BJ]. Construire sa médiatrice d. Sur la droite d, marquer un point M. Quel est le symétrique du point B par rapport à d ?
Quel est le symétrique de M par rapport à d ?
Quel est le symétrique du segment [BM] ? du segment [BJ] ?

Construction de symétriques de droites par rapport à une droite d

2. Sur la figure 18.14 la droite $d1$ coupe d en I. Sa symétrique passe par I. Soit M un point de $d1$. Construire le symétrique de M par rapport à d (voir point méthode). Quelle est la droite $d2$ symétrique de $d1$ par rapport à d ? La tracer.

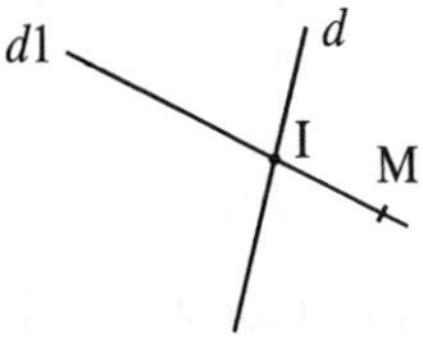

Figure 18.14

3. Tracer deux droites parallèles d et $d1$. Soit A un point de $d1$. Construire le symétrique de A par rapport à d.
Quelle est la droite $d2$ symétrique de $d1$ par rapport à d ? La tracer.

4. Tracer deux droites perpendiculaires d et $d1$.
Quelle est la droite $d2$ symétrique de $d1$ par rapport à d ?

5. Sur la figure 19.14 les deux droites $d1$ et $d2$ sont sécantes en A. Construire le symétrique A′ de A par rapport à d. Quelles sont les droites $d'1$ et $d'2$ symétriques de $d1$ et $d2$ par rapport à d ? Les tracer.

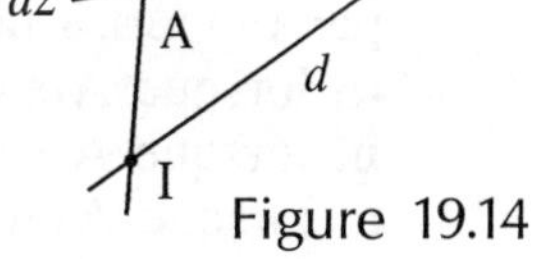

Figure 19.14

6. Tracer une droite d. Sur cette droite marquer un point M. Hors de la droite d marquer un point N. Construire le symétrique N′ de N par rapport à d. Quel est le symétrique du segment [MN] par rapport à d ? Le tracer.

7. Tracer un angle $\widehat{xAy}$. Construire la symétrique [Az) de la demi-droite [Ax) par rapport à [Ay). Que représente [Ay) pour l'angle $\widehat{xAz}$?

8. Reproduire cette figure en relevant les points A, B, C, D, E, F, G, H à l'aide d'un calque. Construire la symétrique de la figure suivante par rapport à la droite d :

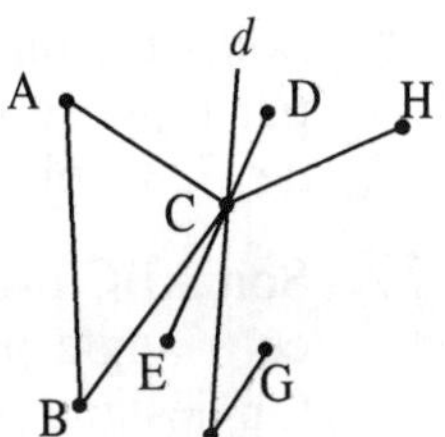

Figure 20.14

9. **1.** Reproduire cette figure en doublant le rayon du cercle C.

2. L'arc $\overset{\frown}{AB}$ passe par O, son centre est sur le cercle C. Construire le symétrique de l'arc $\overset{\frown}{AB}$ passant par O, par rapport aux droites (OA) et (OB).

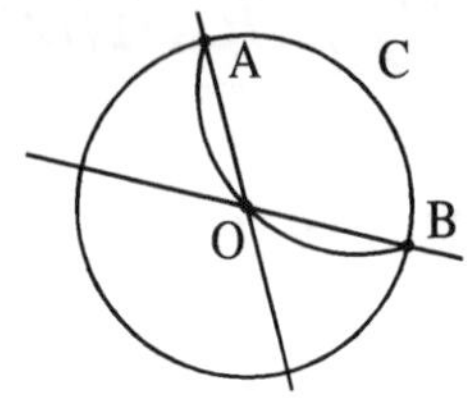

Figure 21.14

■ *Symétrie centrale*

10. Reproduire la figure en relevant les points A, B et O à l'aide d'un calque. Construire le segment [A′B′] symétrique du segment [AB] par rapport à O.

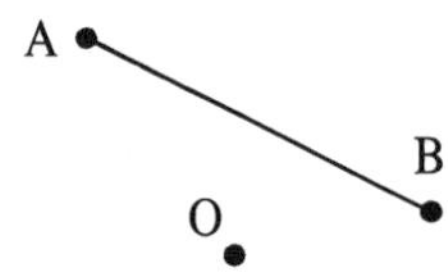

Figure 22.14

Mesurer les longueurs AB et A′B′. Quelle propriété vérifie-t-on ? Quels sont les symétriques des segments [AA′], [AO], [OB′] ?

11. Construire la symétrique $(y'y)$ d'une droite $(x'x)$ par rapport à un point O. **1.** lorsque O n'appartient pas à $(x'x)$. **2.** lorsque O appartient à $(x'x)$.

12. **1.** Construire la demi-droite $[A'x')$ symétrique d'une demi-droite $[Ax)$ par rapport à un point O :
a. lorsque O n'appartient pas à la droite support de $[Ax)$. Que peut-on dire des angles $\widehat{OAx}$ et $\widehat{OA'x'}$?
b. lorsque A = O
c. lorsque A appartient à la demi-droite $[Ox)$

13. Tracer un cercle I de 3 cm de rayon. Construire le symétrique de ce cercle par rapport à un point A :
a. lorsque A est un point intérieur au cercle ;
b. lorsque A est un point extérieur au cercle ;
c. lorsque A un point du cercle ; **d.** lorsque A = I.

14. Soit ABC un triangle. Construire le symétrique de ce triangle par rapport au point A. On désigne par B′ le symétrique de B et C′ celui de C. Quelle est la nature du quadrilatère BCB′C′ ?

15. Soit ABC un triangle isocèle en A. Construire le symétrique de ce triangle par rapport au point A. On désigne par B′ le symétrique de B et C′ celui de C. Quelle est la nature du quadrilatère BCB′C′ ?

16. Soit ABC un triangle rectangle en A. Construire le symétrique de ce triangle par rapport au point A. On désigne par B′ le symétrique de B et C′ celui de C. Quelle est la nature du quadrilatère BCB′C′ ?

17. Soit ABC un triangle rectangle et isocèle en A. Construire le symétrique de ce triangle par rapport au point A.
On désigne par B′ le symétrique de B et C′ celui de C. Quelle est la nature du quadrilatère BCB′C′ ?

18. Reprendre la figure obtenue à l'exercice 9 et tracer sa symétrique par rapport à O.

■ *Symétries axiales et centrales*

19. Construire la symétrique de cette figure par rapport à la droite (ND) puis par rapport à la droite (DR). Construire ensuite la symétrique de l'ensemble des trois figures construites par rapport à D.

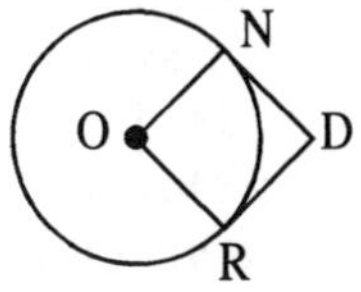

Figure 23.14

20. Quels sont les axes ou centres de symétrie de chacune des figures ci-dessous :

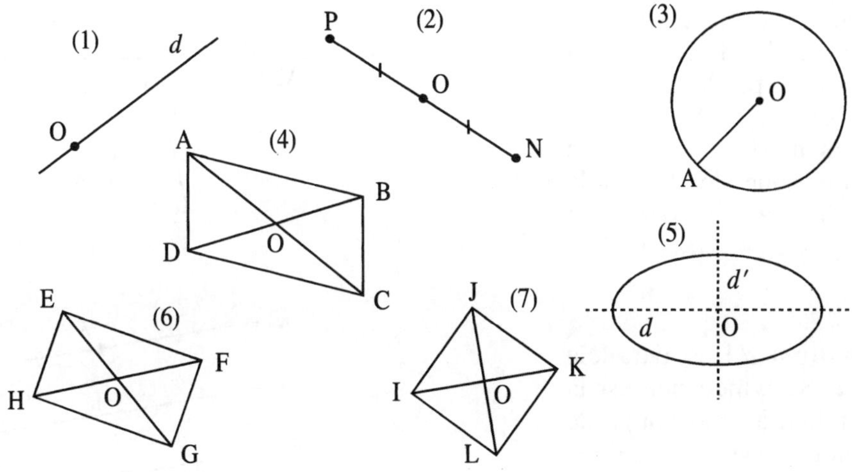

21. Figures sur quadrillage

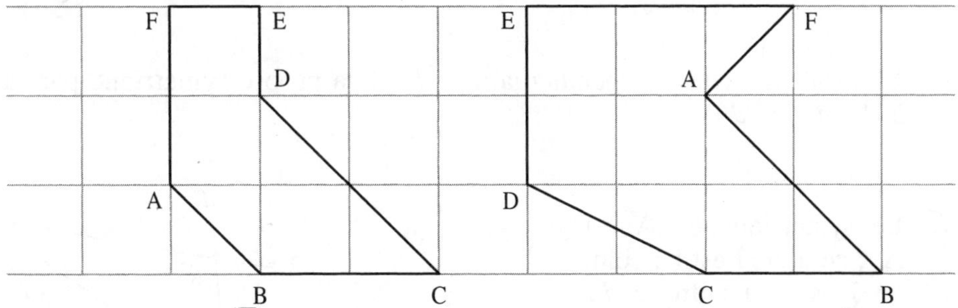

Figure 24.14

En utilisant un quadrillage dont les cases sont des carrés de 1 cm de côté, reproduire chaque figure puis construire sa symétrique par :

1. la symétrie de centre A suivie de la symétrie d'axe (AF) des deux figures obtenues.

2. la symétrie d'axe (BC) suivie de la symétrie de centre B des deux figures obtenues.

1. Le symétrique du point B par rapport à d est le point J. Le point M appartient à l'axe d, le symétrique de M est M.
Le symétrique du segment [BM] est le segment [JM].
Celui du segment [BJ] est [JB] c'est-à-dire le segment lui-même.

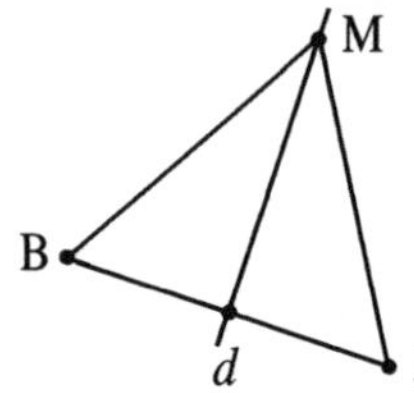

Figure 25.14

2. On trace le cercle C de centre M passant par I. Il coupe la droite d en I et J. Les cercles de centres I et J passant par M recoupent le cercle C en M′. M′ est le symétrique de M. La symétrique de $d1$ est la droite passant par I et M′ ; $d2$ = (IM′).

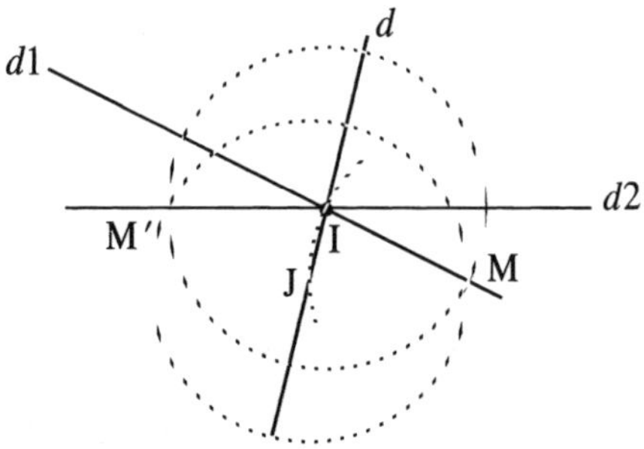

Figure 26.14

3. La droite $d1$ est parallèle à d. Sa symétrique est la parallèle à d passant par le point A′ symétrique de A par rapport à d.

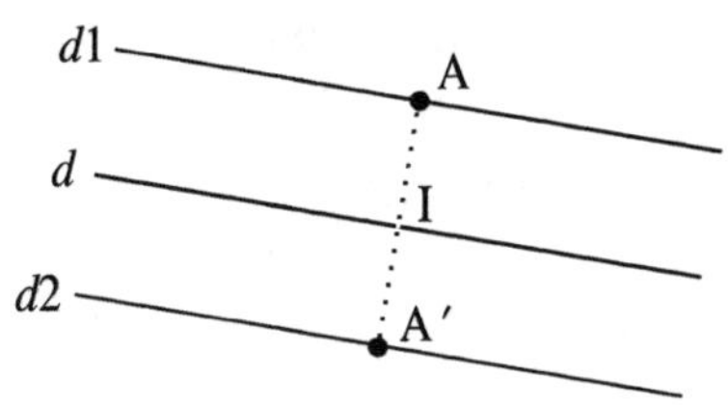

Figure 27.14

4. La droite $d1$ étant perpendiculaire à d est sa propre symétrique par rapport à d ; $d2 = d1$.

5. Le symétrique de A est A′, celui de I est I ; celui de J est J. La droite $d1$ c'est-à-dire (AI) a pour symétrique la droite (A′I). $d'1$ = (A′I).
La droite (AJ) a pour symétrique la droite (A′J).
$d'2$ = (A′J).

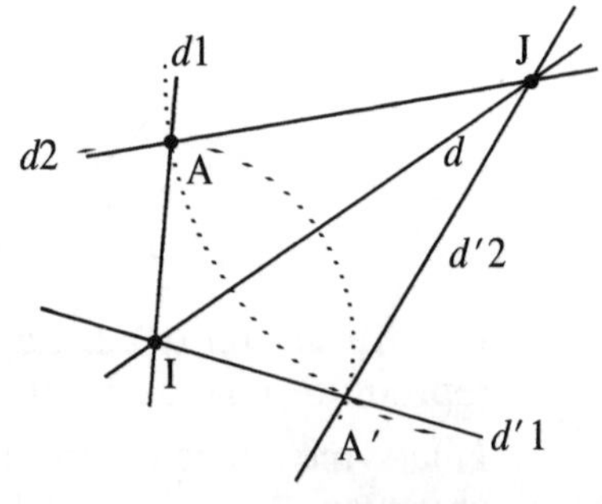

Figure 28.14

6. Le symétrique du segment [MN] est le segment [MN′].

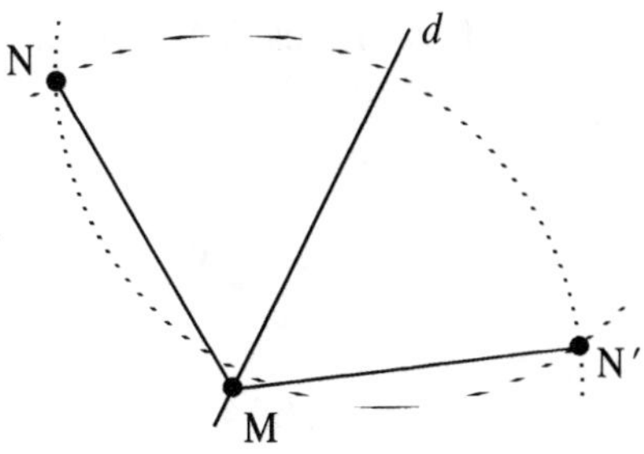

Figure 29.14

7. (Ay) est l'axe de symétrie de l'angle $\widehat{xAz}$.
[Ay) est la bissectrice de l'angle $\widehat{xAz}$.

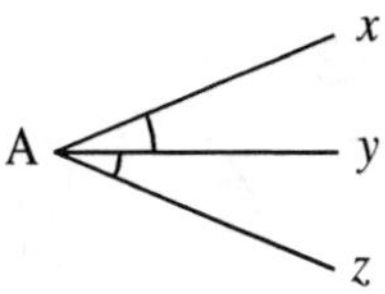

Figure 30.14

8.

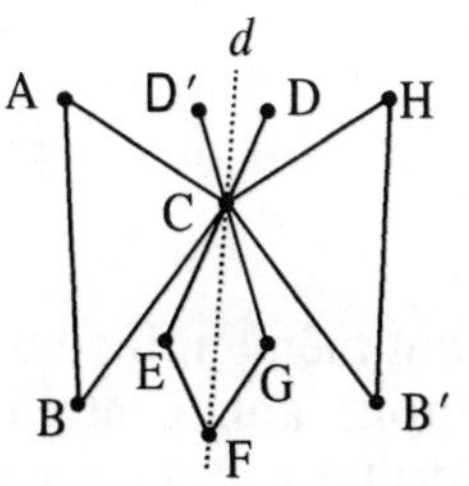

Figure 31.14

9.

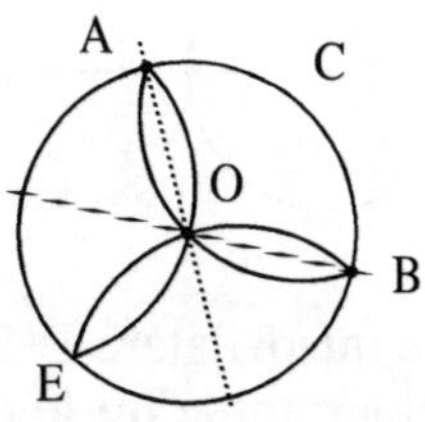

Figure 32.14

10. AB = A′B′.
On vérifie la conservation des distances.
Le symétrique de [AA′] est [A′A], c'est-à-dire le même segment. Celui de [AO] est [A′O] et celui de [OB′] est [OB].

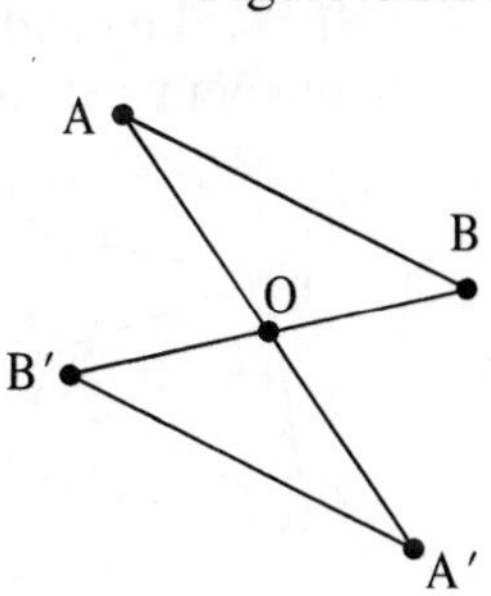

Figure 33.14

11. **1.** La droite ($y'y$) est la parallèle à ($x'x$) passant par A′ symétrique de A par rapport à O. Pour construire cette droite ($y'y$), il suffit de prendre un point B sur ($x'x$) et de construire le symétrique B′ de B. La droite ($y'y$) est la droite (A′B′).
2. ($x'x$) est sa propre symétrique.

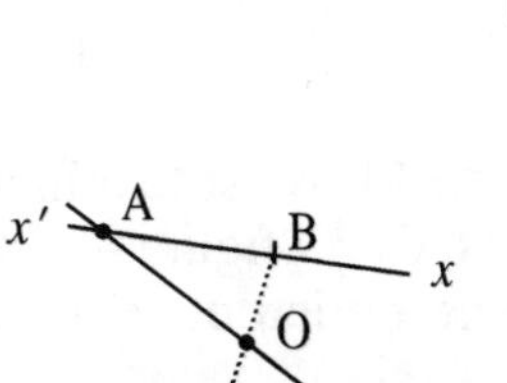

Figure 34.14

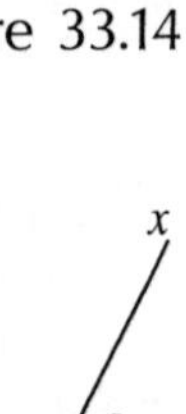

Figure 35.14

12. **a.** Les angles $\widehat{OAx}$ et $\widehat{OA'x'}$ sont égaux.

a)

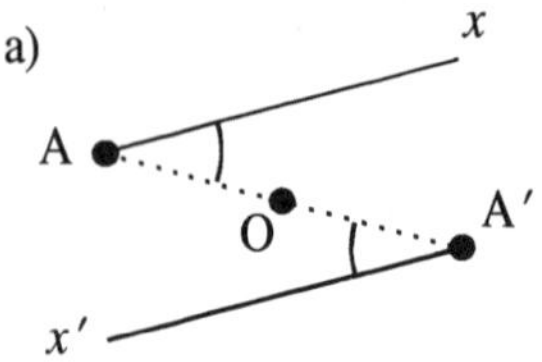

Figure 36.14

b)

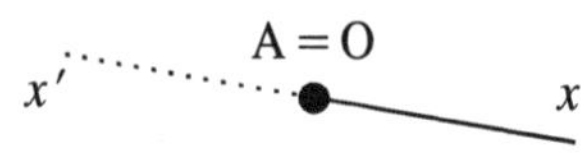

Figure 37.14

c)

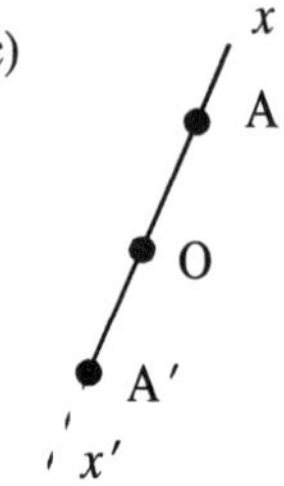

Figure 38.14

13.

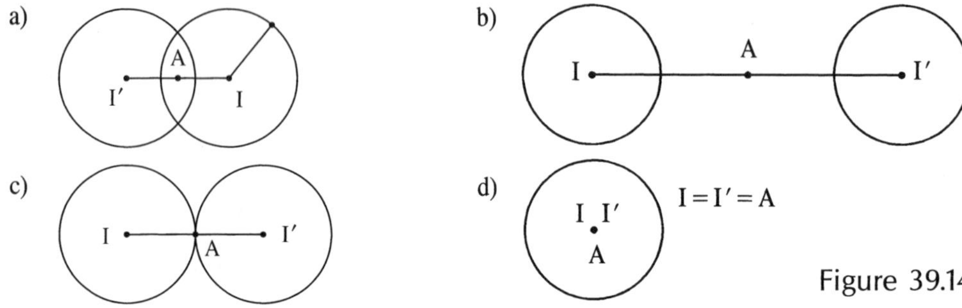

Figure 39.14

14. Le quadrilatère BCB′C′ dont les diagonales ont même milieu est un parallélogramme **ou** le quadrilatère BCB′C′ non croisé a un centre de symétrie c'est un parallélogramme (figure 40.14). Le quadrilatère croisé serait BCC′B′.

15. A est le milieu de [BB′] et [CC′] ; AB = AC et donc CC′ = BB′ (figure 41.14). Le quadrilatère BCB′C′ dont les diagonales ont même milieu et même longueur est un rectangle.

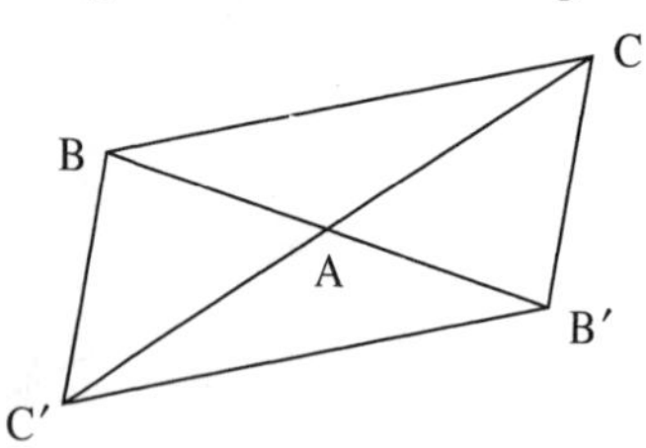

Figure 40.14

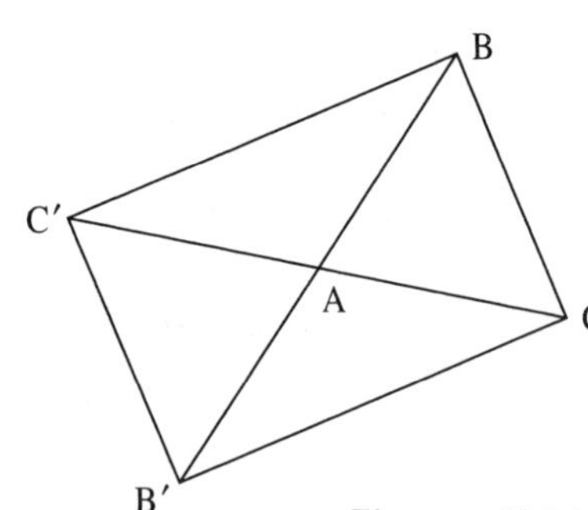

Figure 41.14

16. **Figure 42.14.** A est le milieu de [BB′] et [CC′] ; (BB′) est perpendiculaire à [CC′] (figure 42.14). Le quadrilatère BCB′C′ dont les diagonales ont même milieu et sont perpendiculaires est un losange.

17. **Figure 43.14.** A est le milieu de [BB′] et [CC′] ; AB = AC et donc CC′ = BB′ ; (BB′) est perpendiculaire à [CC′] (figure 43.14). Le quadrilatère BCB′C′ dont les diagonales ont même milieu, même longueur et sont perpendiculaires est un carré.

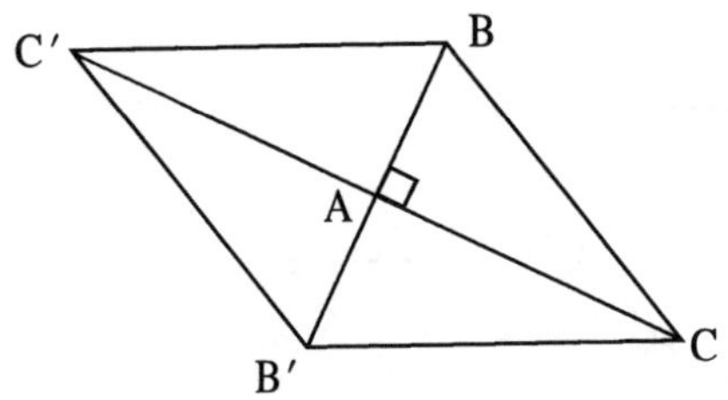

Figure 42.14

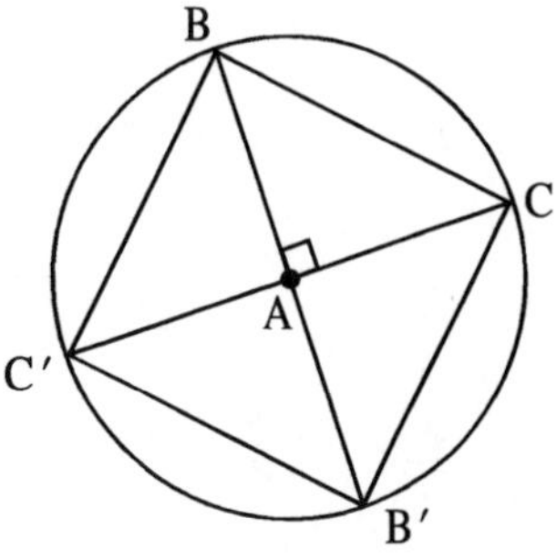

Figure 43.14

18.

Figure 44.14

19.

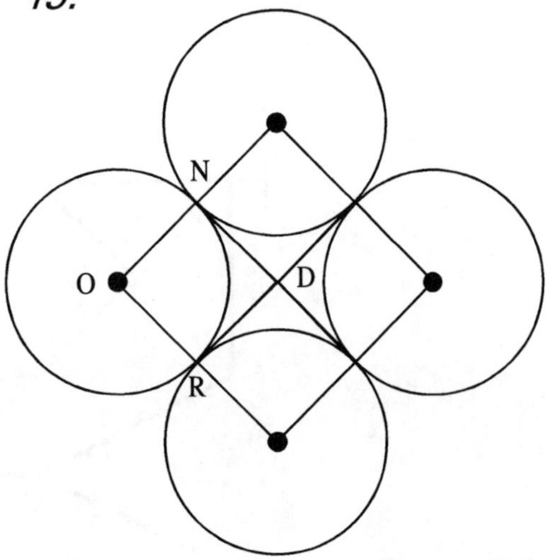

Figure 45.14

20.

Figure	Axes	Centre
(1)	*d* et la perpendiculaire à *d* en O	O
(2)	(PN) et la médiatrice de [PN]	O
(3)	La droite (OA)	Aucun
(4)	Aucun	O
(5)	*d* et *d'*	O
(6)	Les médiatrices de [EF] et [FG]	O
(7)	Les médiatrices des côtés et les supports des diagonales	O

21.

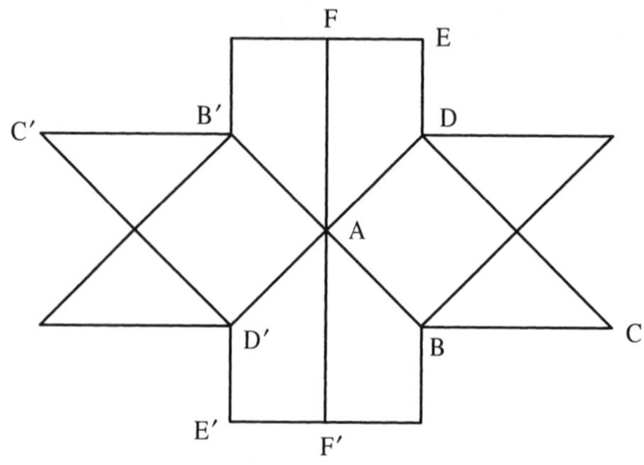

Figure 46.14

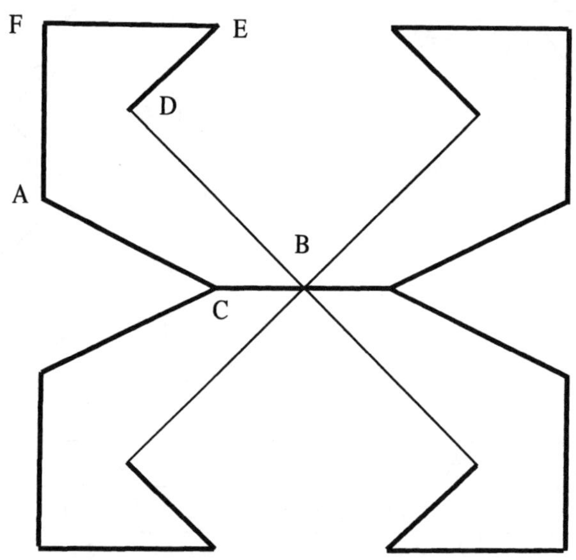

Figure 47.14

15 CHAPITRE

Aires

Tester ses connaissances

Reconnaître les propriétés

Répondre par Vrai ou Faux aux tests 1 à 9.

1. Ces deux figures ont la même aire.

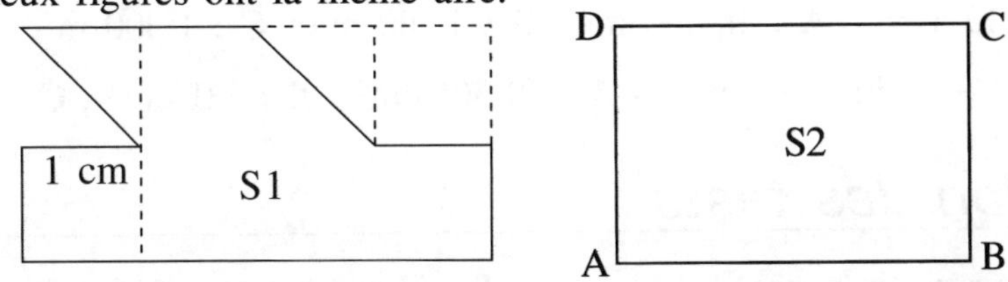

Figure 1.15

2. Ces deux figures ont la même aire.

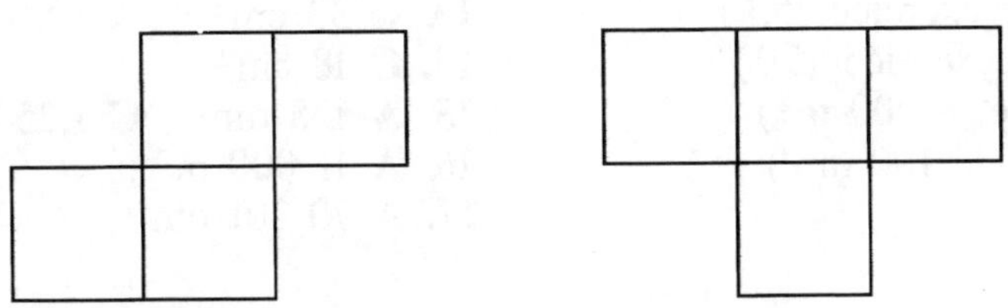

Figure 2.15

3. L'aire du rectangle ABCD (fig. 1.15) est de 5 cm^2.

4. Un trapèze et un rectangle peuvent avoir la même aire.

5. Si deux rectangles ont la même aire, ils ont le même périmètre.

6. Les deux triangles AID et BIC ont la même aire.

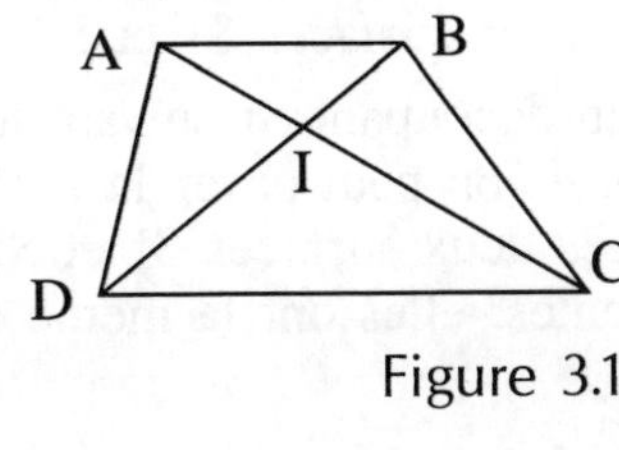

Figure 3.15

7. Un are est l'aire d'un carré de 10 mètres de côtés.

8. Un mètre carré vaut 10 décimètres carrés.

9. Un décamètre carré vaut un are.

10. Le côté d'un carré dont l'aire est de 36 cm^2 est :
A : 9 cm ; **B** : 6 cm ; **C** : 18 cm.

11. L'aire d'un triangle rectangle dont les côtés de l'angle droit ont 4 cm et 3 cm de longueur est **A** : 6 cm^2 ; **B** : 6 cm ; **C** : 12 cm^2.

12. L'aire d'un disque de rayon r, de diamètre d est :
A : πd^2 ; **B** : πr^2 ; **C** : $2\pi r$.

13. L'aire d'un trapèze de petite base 4 cm, de grande base 7 cm et de 6 cm de hauteur est : **A** : 16,5 cm^2 ; **B** : 66 cm^2 ; **C** : 33 cm^2.

14. L'aire d'un rectangle de longueur 6 cm dont la longueur est le double de la largeur est : **A** : 36 cm^2 ; **B** : 72 cm^2 ; **C** : 18 cm^2

15. 1,25 m^2 = **A** : 125 dm^2 ; **B** : 12,5 dm^2 ; **C** : 1,25 ca

16. 1 ha 10 a = **A** : 11 000 m^2 ; **B** : 1 010 m^2 ; **C** : 1 100 m^2

17. 1 cm^2 + 3 dm^2 + 7 m^2 = **A** : 70 301 cm^2 ; **B** : 731 cm^2 ; **C** : 307,01 m^2

Solution des tests

1. Vrai (voir partie cours)
2. Vrai (4 carreaux chacune)
3. Faux (3 × 2 carreaux)
4. Vrai
5. Faux (voir exercice 15.1)
6. Vrai (voir exercice 15.0)
7. Vrai (1 are = 100 m^2)
8. Faux (1 m^2 = 100 dm^2)
9. Vrai (1 are = 1 dam^2 = 100 m^2)
10. **B** 6 cm
11. **A** 6 cm^2
12. **B** πr^2
13. **C** 33 cm^2
14. **C** 18 cm^2
15. **A** 125 dm^2 ; **C** 1,25 ca
16. **A** 11 000 m^2 ;
17. **A** 70 301 cm^2

L'essentiel

■ Notion d'aire

Si, avec les pièces obtenues en découpant une surface S1 on peut paver une surface S2, les surfaces S1 et S2 ont la même aire.

En découpant S1 suivant les pièces 1, 2, 3, 4, on peut paver la surface S2.
Les deux surfaces S1 et S2 sont équivalentes, elles ont la même aire.

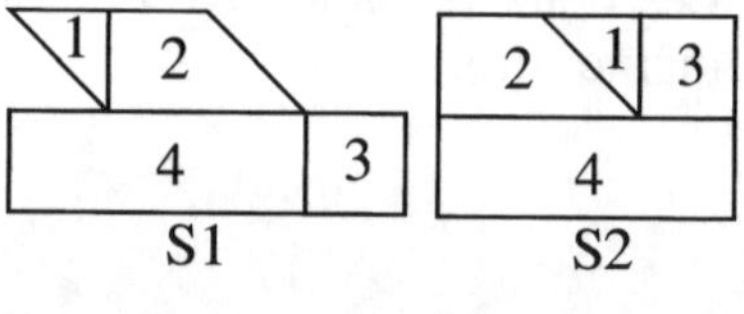

Figure 4.15

■ *Unité d'aire*

On choisit une surface représentant l'unité d'aire. La surface habituelle est le carré ayant pour côté l'unité de longueur. La mesure de l'aire d'une surface donnée est le nombre d'unités nécessaires pour paver la surface.
Exemples :

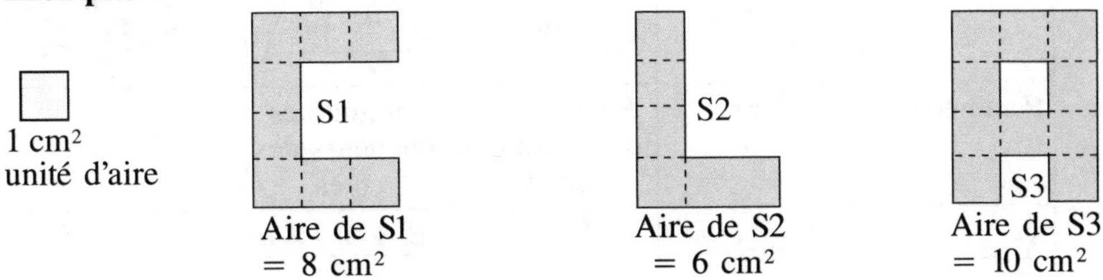

Figure 5.15

Le mètre carré (m^2) est l'aire d'un carré de 1 m de côté ; **le décimètre carré (dm^2)** est l'aire d'un carré de 1 dm de côté.
Le centimètre carré (cm^2) est l'aire d'un carré de 1 cm de côté ; etc.
Autres unités : les unités agraires : **l'are (*a*)** est l'aire d'un carré de 1 dam de côté (1 are = 100 m^2) ; le **centiare (ca)** est le mètre carré (1 ca = 1 m^2). L'**hectare (ha)** est 1 hm^2 (1 ha = 100 a = 10 000 ca = 10 000 m^2).

Tableau des unités

km^2	hm^2	dam^2	m^2	dm^2	cm^2	mm^2	
	hectare (ha)	are (a)	centiare (ca)				
1	00	00	00	00	00	00	1 km^2 = 1 000 000 m^2
	1	00	00	00	00	00	1 hm^2 = 1 ha = 10 000 m^2
		1	00				1 dam^2 = 1 a = 100 m^2
			1	00			1 m^2 = 1 ca = 100 dm^2
				1	00		1 dm^2 = 100 cm^2
					1	00	1 cm^2 = 100 mm^2

On passe d'une unité à l'unité inférieure suivante en multipliant par 100.

■ *Aire des figures usuelles*

	Carré de côté c	**Rectangle** longueur L ; largeur l
Figure	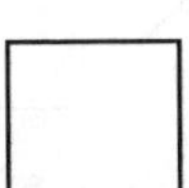	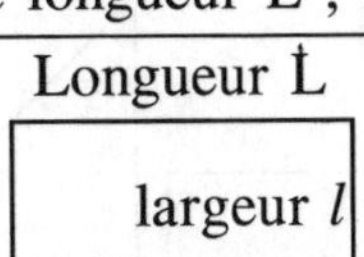
Périmètre	$c \times 4 = 4c$	$2(L + l)$
Aire	$\mathbf{c \times c}$	$\mathbf{L \times l}$

	Disque de rayon r	**Triangle** base b, hauteur h	**Trapèze** bases b et B, hauteur h	**Losange** diagonales d et D
Figure	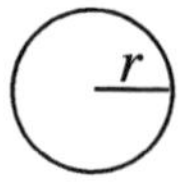	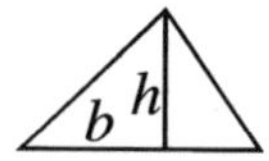	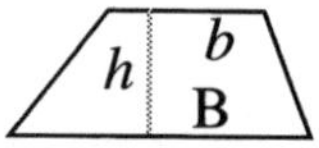	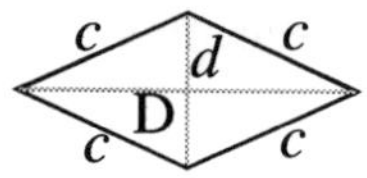
Périmètre	$\mathbf{2\pi r}$	Somme des longueurs des côtés	Somme des longueurs des côtés	$\mathbf{4c}$
Aire	πr^2	$\dfrac{b \times h}{2}$	$\dfrac{(B + b) \times h}{2}$	$\dfrac{D \times d}{2}$

POINT méthode Pour calculer des aires de figures plus complexes, on peut les décomposer en plusieurs surfaces dont on peut calculer les aires. On peut aussi raisonner par comparaisons.

Applications

Pavage

1. Dénombrer les carreaux et comparer les aires.

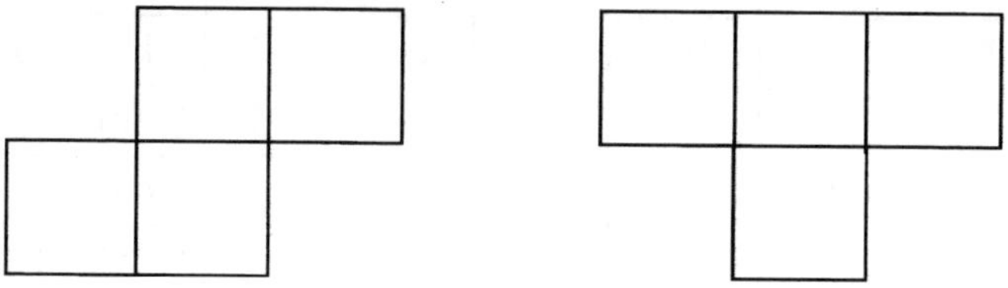

Figure 6.15

2. **1.** L'unité d'aire étant l'aire de la figure 1, quelle est l'aire de la figure 2 ?
2. Après avoir pavé chacune les figures 3, 4, 5, 6 avec les figures 1 ou 2, déterminer les aires de chacune de ces figures.

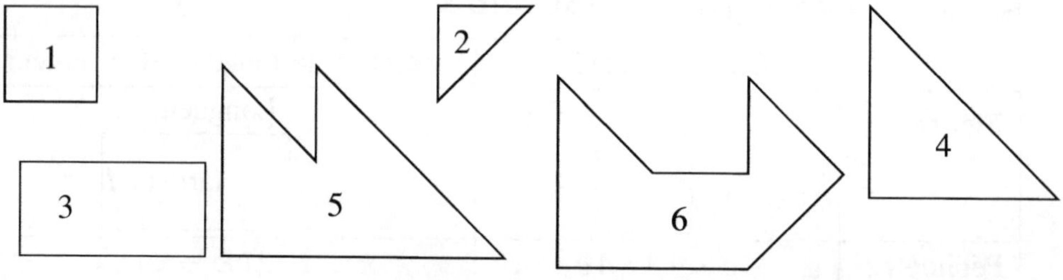

Figure 7.15

■ *Changement d'unités*

3. **Convertir en mètres carrés**
a. 4,572 km^2 ; 39 000 cm^2 ; 560 dm^2 ; **b.** 4 783 dm^2 ; 769 hm^2 ; 500 cm^2.

4. **Convertir en décimètres carrés**
a. 52,6 cm^2 ; 0,0849 m^2 ; 35 200 cm^2. **b.** 5,7 m^2 ; 3,85 dam^2 ; 0,08 hm^2.

5. **Mesures agraires** : Convertir en m^2
a. 538,5 ares ; 4,349 ha ; 37,85 ca. **b.** 18,3 a ; 15,7 ha ; 0,38 ha.

6. **Convertir en centiares, en ares, en hectares.**
a. 1,2 ha ; 0,375 hm^2 ; 37 dam^2. **b.** 238 m^2 ; 4,8 ca ; 2 038,4 dm^2.

7. **Écrire en m^2** : **a.** 8 hm^2 7 dam^2 15 m^2 ; 3 hm^2 4 m^2 ;
b. 8 ares 3 centiares ; 9 ha 3 a ; 9 hm^2 3 dam^2.

8. Ce puzzle dit «puzzle de Pythagore» est composé de 7 pièces.
1. Quelle fraction de l'aire totale représente chacune des pièces ?
2. Le côté du carré est de 8 cm. Calculer l'aire de chacune des 7 pièces.

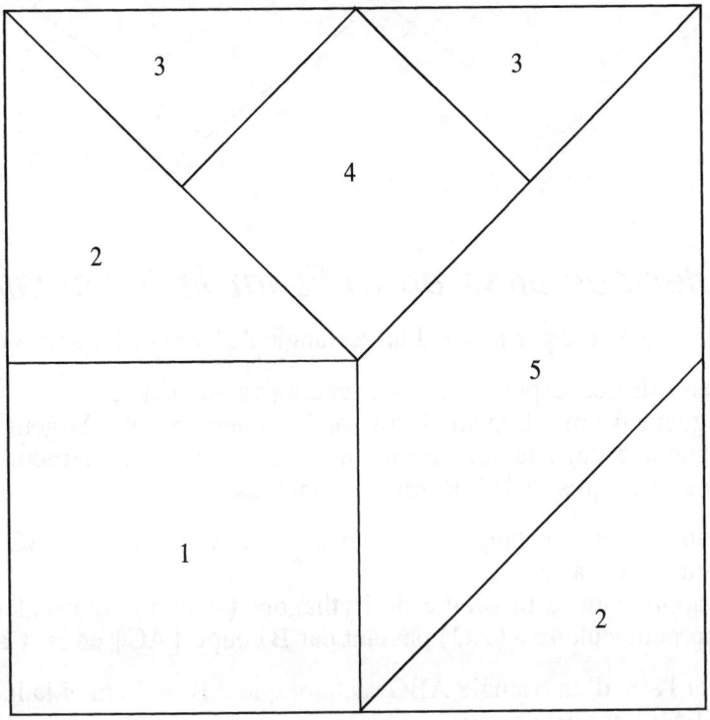

Figure 8.15

9. Chacune des pièces A et B a été réalisée avec des pièces du puzzle précédent. Retrouver les pièces et calculer les aires des surfaces A et B.

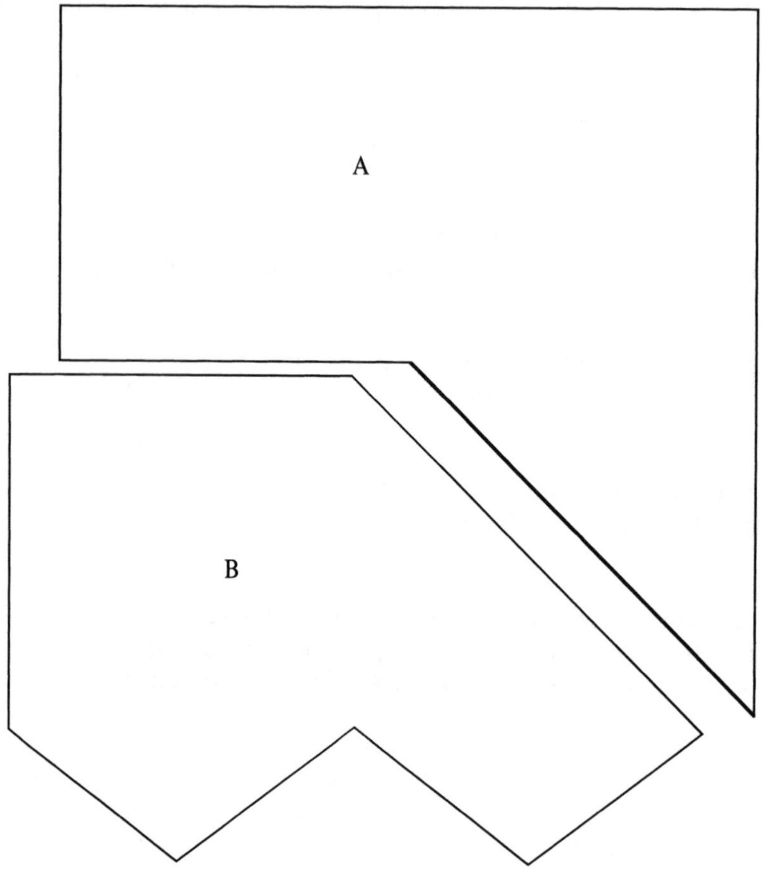

Figure 9.15

■ *Calculer des aires en utilisant le formulaire*

10. Calculer l'aire et le périmètre d'un rectangle de 2 cm de large et 3 cm de long.

11. Calculer l'aire et le périmètre des rectangles suivants :
a. Longueur 4 cm ; largeur 3 cm. **b.** Longueur 6 cm ; largeur 2 cm.
c. Longueur 5 cm ; largeur 2 cm. **d.** Longueur 5 cm ; largeur 3 cm.
Comparer les aires et les périmètres obtenus.

12. Un triangle ABC rectangle en B est tel que AB = 4 cm ; BC = 3 cm.
1. Calculer son aire.
2. En appliquant le théorème de Pythagore (voir ch. 12), calculer AC.
3. La perpendiculaire à (AC) passant par B coupe [AC] en H. Calculer BH.

13. Calculer l'aire d'un triangle ABC sachant que AB = 4 cm et la hauteur relative à [AB] mesure 5 cm.

14. Les droites *d* et (BC) sont parallèles. Calculer et comparer les aires de chacun des triangles BMC, BNC, BPC.

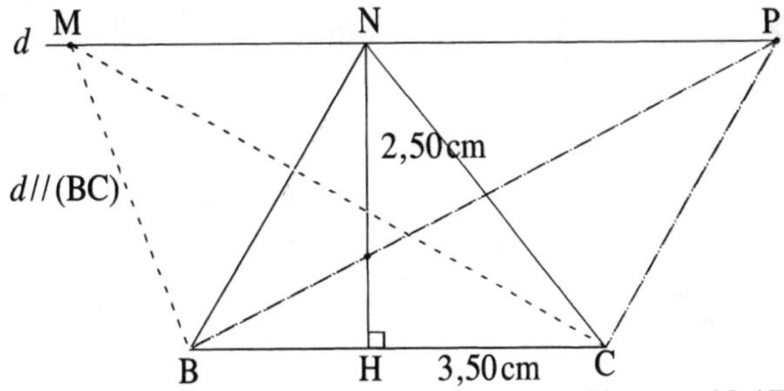

Figure 10.15

15. **1.** Sans mesurer de longueurs montrer que les triangles ADC et BDC ont la même aire.
2. Les deux triangles AID et BIC ont-ils la même aire ?
3. Calculer les aires : du trapèze ABCD ; des triangles ADC, ADI et BCI sachant que DC = 6 cm ; AB = 2 cm ; AH = 4 cm ; IK = 3 cm.

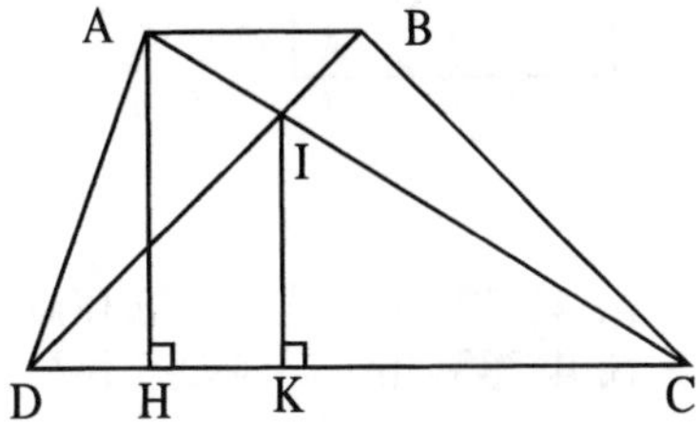

Figure 11.15

16. **Sujet de concours**
Calculer l'aire de cette surface.

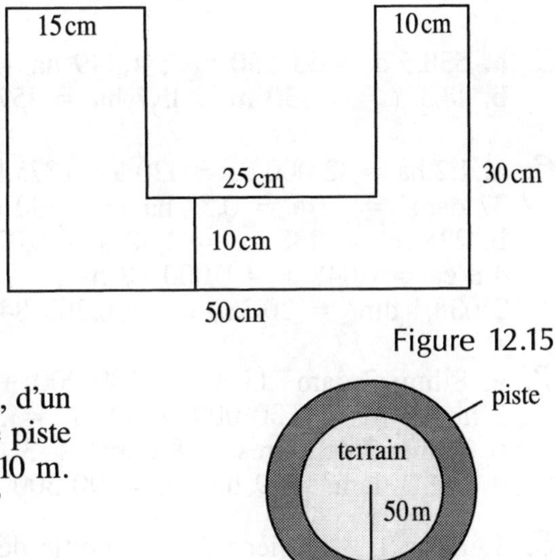

Figure 12.15

17. Un terrain parfaitement circulaire, d'un rayon de 50 m est entouré d'une piste d'athlétisme d'une largeur de 10 m. Quelle est l'aire de cette piste ?

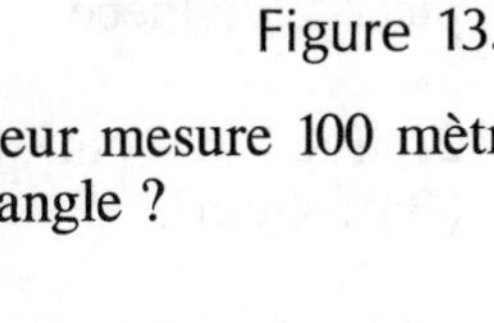

Figure 13.15

18. Un rectangle a pour périmètre 340 mètres. La largeur mesure 100 mètres de moins que la longueur. Quelle est l'aire du rectangle ?

Corrigés

1. Les deux figures ont la même aire : 4 carreaux.

2. **1.** En unités d'aire : Figure 2 : $\frac{1}{2}$; **2.** Fig. 3 et 4 : 2 ; Fig. 5 et 6 : 3,5.

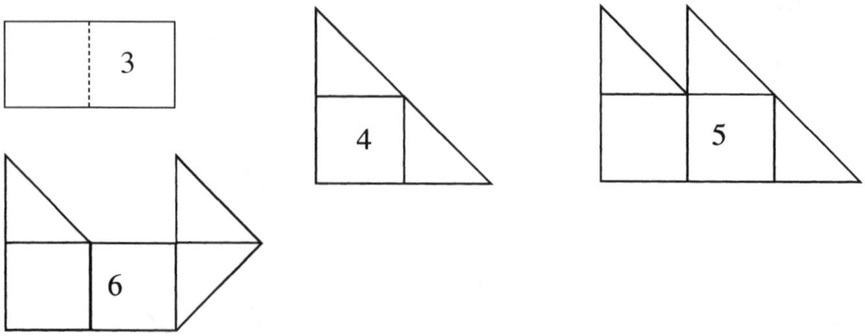

Figure 14.15

3. **a.** 4,572 km^2 = 4 572 000 m^2 ; 39 000 cm^2 = 3,9 m^2 ; 560 dm^2 = 5,60 m^2.
b. 4 783 dm^2 = 47,83 m^2 ; 769 hm^2 = 7 690 000 m^2 ; 500 cm^2 = 0,05 m^2.

4. **a.** 52,6 cm^2 = 0,52 dm^2 ; 0,0849 m^2 = 8,49 dm^2 ; 35 200 cm^2 = 352 dm^2.
b. 5,7 m^2 = 570 dm^2 ; 3,85 dam^2 = 38 500 dm^2 ; 0,08 hm^2 = 80 000 dm^2.

5. **a.** 538,5 a = 53 850 m^2 ; 4,349 ha = 43 490 m^2 ; 37,85 ca = 37,85 m^2.
b. 18,3 a = 1 830 m^2 ; 15,7 ha = 157 000 m^2 ; 0,38 ha = 3 800 m^2.

6. **a.** 1,2 ha = 12 000 ca = 120 a ; 0,375 hm^2 = 0,375 ha = 37,5 a = 3 750 ca.
37 dam^2 = 37 a = 0,37 ha = 3 700 ca.
b. 238 m^2 = 238 ca = 2,38 a = 0,023 8 ha ;
4,8 ca = 0,048 a = 0,000 48 ha ;
2 038,4 dm^2 = 20,384 ca = 0,203 84 a = 0,002 038 4 ha.

7. **a.** 8 hm^2 7 dam^2 15 m^2 = (80 000 + 700 + 15) m^2 = 80 715 m^2 ;
3 hm^2 4 m^2 = (30 000 + 4) m^2 = 30 004 m^2
b. 8 ares 3 centiares = 8 dam^2 + 3 m^2 = 803 m^2 ;
9 hm^2 3 dam^2 = 9 ha 3 a = 90 300 m^2.

8. **1.** Pièce 1 : $\frac{1}{4}$; Pièce 2 : $\frac{1}{8}$ (moitié de pièce 1) ; Pièce 3 : $\frac{1}{16}$ (moitié de pièce 2) ; Pièce 4 : $\frac{1}{8}$ (deux pièces 3) ; Pièce 5 : $\frac{1}{4}$ (deux pièces 2).

2. Total 64 cm^2. Pièces (1) et (5) : 16 cm^2 ; (2) et (4) : 8 cm^2 ; (3) : 4 cm^2.

9.

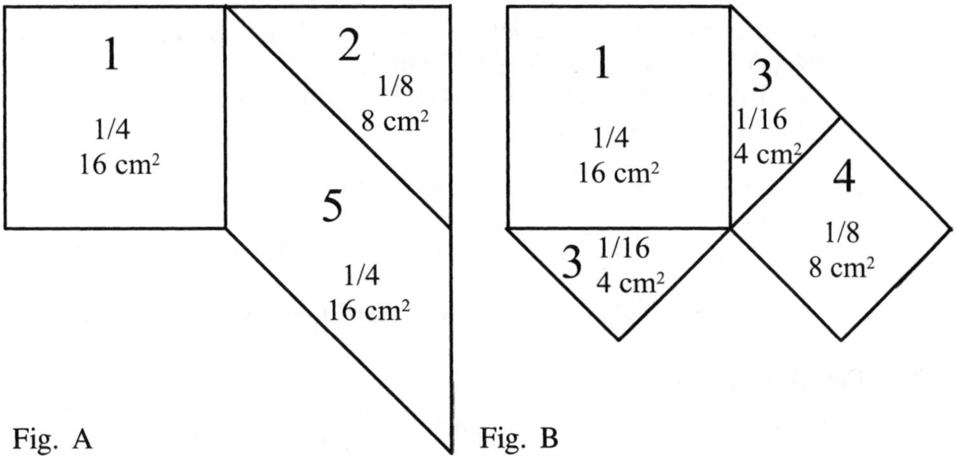

Fig. A Fig. B

L'aire de la surface A est la somme des aires des surfaces 1, 2 et 5 ; $\frac{1}{4} + \frac{1}{4} + \frac{1}{8} = \frac{5}{8}$; l'aire totale est de 64 cm² ; $\frac{5}{8} \times 64 = 40$.
L'aire de la surface A est les $\frac{5}{8}$ de l'aire totale ou **40 cm²**.

L'aire de la surface B est la somme des aires des surfaces 1, 3, 3 et 4, $\frac{1}{4} + \frac{1}{16} + \frac{1}{16} + \frac{1}{8} = \frac{1}{2}$; $\frac{1}{2} \times 64 = 32$.

L'aire de la surface B est $\mathbf{\frac{1}{2}}$ de l'aire totale ou **32 cm²**.

10. *Aire* : (2×3) cm² = 6 cm² ; périmètre : $(2 + 3) \times 2$ cm = 10 cm.

11. a) *Aire* = (4×3) cm² = 12 cm² ; périmètre = $(4 + 3) \times 2$ cm = 14 cm.
b) *Aire* = (6×2) cm² = 12 cm² ; périmètre = $(6 + 2) \times 2$ cm = 16 cm.
c) *Aire* = (5×2) cm² = 10 cm² ; périmètre = $(5 + 2) \times 2$ cm = 14 cm.
d) *Aire* = (5×3) cm² = 15 cm² ; périmètre = $(5 + 3) \times 2$ cm = 16 cm.
a) et b) ont la même aire, mais des périmètres différents. a) et c) d'une part, b) et d) d'autre part, ont le même périmètre et des aires différentes.

12. 1° Aire = $(4 \times 3 : 2)$ cm² = 6 cm² ;
2° $AC^2 = AB^2 + AC^2 = 25$ cm², donc **AC = 5 cm**.
3° Aire = $\frac{1}{2} \times 5 \times BH = 6$; donc **BH** $= \left(6 : \frac{5}{2}\right)$ cm = **2,4 cm**.

13. Aire = $(4 \times 5 : 2)$ cm² = **10 cm²**.

14. Les trois triangles ont une base commune et même hauteur relativement à cette base (distance entre les deux droites parallèles).
$(3{,}5 \times 2{,}5 : 2)$ cm² = 4,375 cm².
Ces trois triangles ont la **même aire 4,375 cm²**.

15. 1° Les triangles ADC et BDC ont une base commune et pour hauteur la distance entre les droites parallèles (AB) et (CD) ; ils ont la même aire.
2° $\mathcal{A}ire(\mathrm{AID}) = \mathcal{A}ire(\mathrm{ADC}) - \mathcal{A}ire(\mathrm{DIC})$;
$\mathcal{A}ire(\mathrm{BIC}) = \mathcal{A}ire(\mathrm{BDC}) - \mathcal{A}ire(\mathrm{DIC})$; comme $\mathcal{A}ire(\mathrm{ADC}) = \mathcal{A}ire(\mathrm{BDC})$,
$\mathcal{A}ire(\mathrm{AID}) = \mathcal{A}ire(\mathrm{BIC})$.

3° $\mathcal{A}ire(\mathrm{ABCD}) = \dfrac{6+2}{2} \times 4 \text{ cm}^2 = 16 \text{ cm}^2$;

$\mathcal{A}ire(\mathrm{ADC}) = \dfrac{6 \times 4}{2} \text{ cm}^2 = 12 \text{ cm}^2$; $\mathcal{A}ire(\mathrm{DIC}) = \dfrac{6 \times 3}{2} \text{ cm}^2 = 9 \text{ cm}^2$;

$\mathcal{A}ire(\mathrm{ADI}) = \mathcal{A}ire(\mathrm{BCI}) = \mathcal{A}ire(\mathrm{ADC}) - \mathcal{A}ire(\mathrm{DIC}) = \mathbf{3\ cm^2}$.

16. **Première méthode**

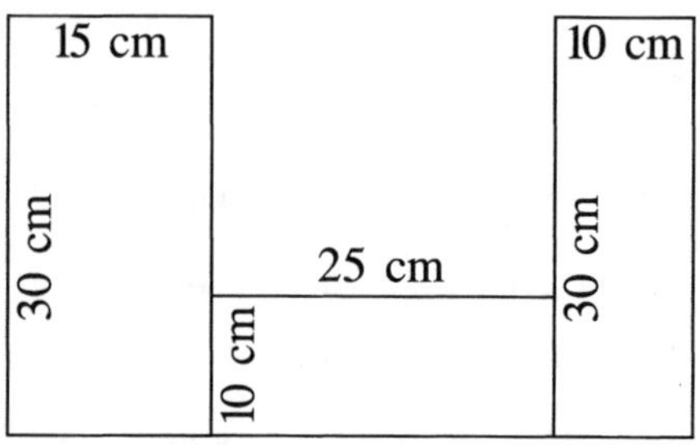

L'aire est la somme des aires
- du rectangle de 15 cm de large et 30 cm de long,
- du rectangle de 10 cm de large et 30 cm de long,
- du rectangle de 10 cm de large et 25 cm de long.

Aire $= (15 \times 30 + 10 \times 25 + 10 \times 30) \text{ cm}^2 = \mathbf{1\,000\ cm^2}$.

Deuxième méthode

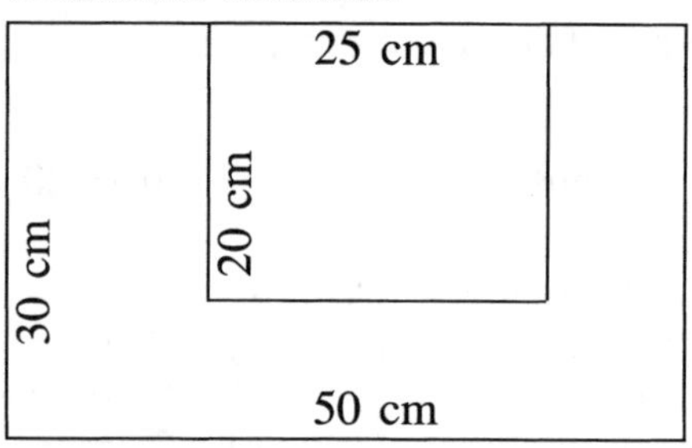

L'aire est la différence des aires,
- du rectangle de 30 cm de large et 50 cm de long,
- du rectangle de 20 cm de large et 25 cm de long.

Aire $= (50 \times 30 - 25 \times 20) \text{ cm}^2 = (1\,500 - 500) \text{ cm}^2 = \mathbf{1\,000\ cm^2}$.

17. Calcul : $\pi \times (50 + 10)^2 - \pi \times 50^2 = \pi \times (60^2 - 50^2) = 1\,100\pi$.
Aire de la piste $= 1\,100\pi \text{ cm}^2$; aire de la piste $\approx 3\,454 \text{ cm}^2$.

18. Le demi-périmètre est 170 m. C'est la somme de la longueur et de la largeur. En retranchant 100 m du demi-périmètre, on obtient deux fois la largeur.

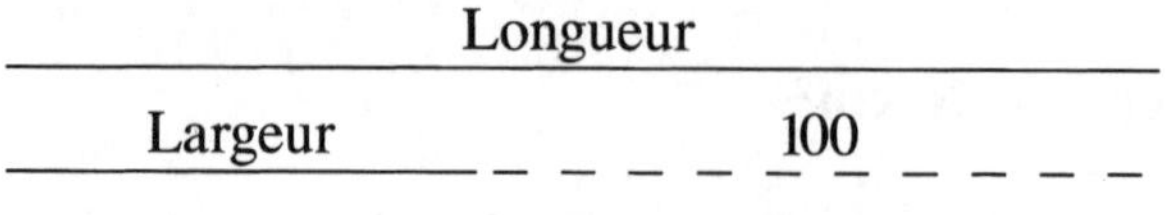

$170 - 100 = 70$; $70 : 2 = 35$. La largeur est de 35 m.
$35 + 100 = 135$. La longueur est de 135 m.
$135 \times 35 = 4\,725$. L'aire de **4 725 m²**.

CHAPITRE 16

Espace : les volumes

Tester les connaissances

1. Reconnaître des objets et leurs éléments (figure 1.16)

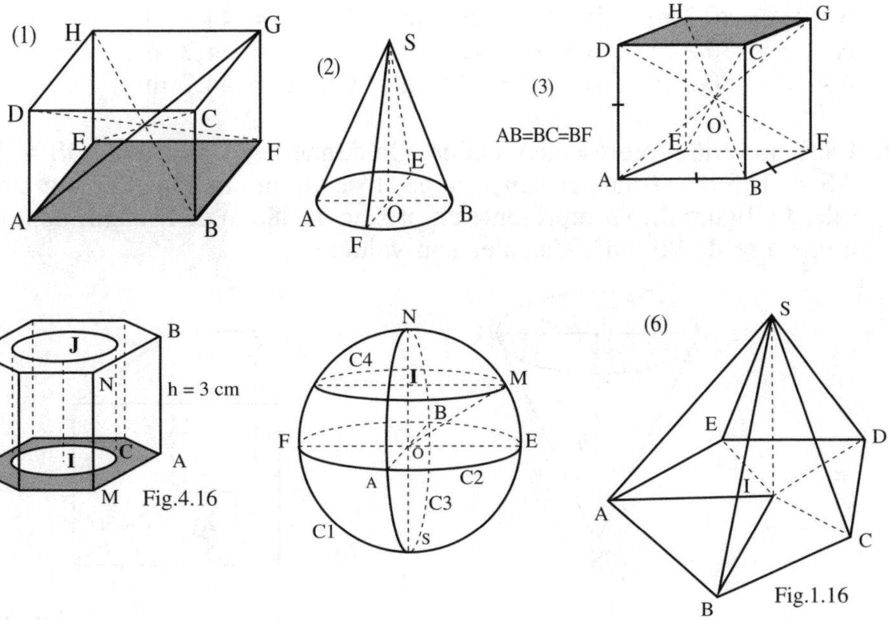

Fig.1.16

Compléter les phrases suivantes sous chacune des figures à l'aide des mots :
- boule, cône, cube, cylindre, parallélépipède, prisme, pyramide, sphère, cachée, vue, arête, arêtes latérales, base, diagonale(s), diamètre, face, génératrice, grand cercle, hauteur, petit cercle, rayon, sommet.

Objet (1). Ce solide est un …… ; ABCD est une …. Les segments [AG], … et … sont des …. Les … sont des rectangles.

Objet (2). Ce solide est un … de … S ; le segment [SA] est une … et [SO] est la …. ; le disque de centre O et de rayon OA est la ….

Objet (3). Cette boîte est un … . La … ABCD est vue et la … ABFE est …. L'… [AE] est … et l'…. [BF] est... .

Objet (4) : Ce solide est un … dans lequel on a creusé un … . [AB] est une … du … . ABNM est une … du … .
Objet (5) : Ce solide est une … sa surface est une … . Le segment [OM] est un … et [FE] est un … . Les cercles $\mathscr{C}_1, \mathscr{C}_2, \mathscr{C}_3$ sont des … de la … et le cercle $\mathscr{C}_4$ est … .
Objet (6) : Ce solide est une … ; sa … est [SH]. ABCDE est la … . SAB, SBC, SED sont des … [SV], [SD] sont des … .

2. Les arêtes d'un cube ont 4 cm de longueur. Calculer son volume (V) et son aire totale ($\mathscr{A}$).

A : V = 64 cm³ ; **B** : V = 16 cm³ ; **C** : V = 96 cm³. **A** : $\mathscr{A}$ = 64 cm² ; **B** : $\mathscr{A}$ = 16 cm² ; **C** : $\mathscr{A}$ = 96 cm².

3. Une salle parallélépipédique a 4,50 m de long, 4 m de large et 2,60 m de haut. Calculer son volume (V), son aire latérale ($\mathscr{L}$) et son aire totale ($\mathscr{A}$).

A : V = 80,2 m³ ; B : V = 46,8 m³ ; C : V = 44,2 m³
A : $\mathscr{L}$ = 80,2 m² ; B : $\mathscr{L}$ = 46,8 m² ; C : $\mathscr{L}$ = 44,2 m².
A : $\mathscr{A}$ = 80,2 m² ; B : $\mathscr{A}$ = 46,8 m² ; C : $\mathscr{A}$ = 44,2 m²

4. La figure 2.16 *a* représente un cône. On donne : AB = 21 cm, OS = 14 cm, AS = 17,5 cm. Calculer son volume (résultat au cm³ près) et son aire latérale. La figure 2.16 *b* représente un prisme de 18 cm de hauteur, dont la base a une aire de 90 cm². Calculer son volume.

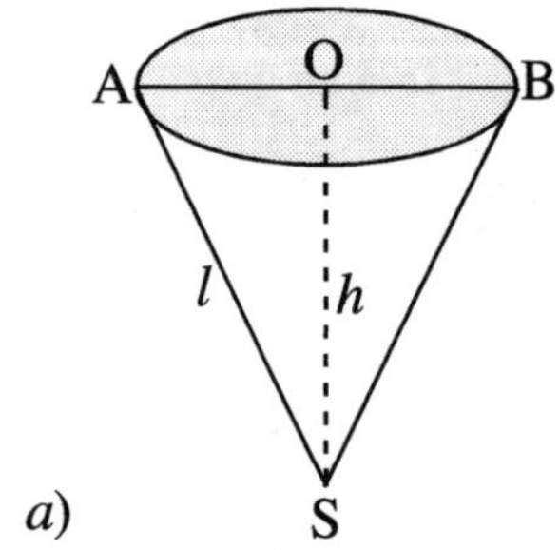

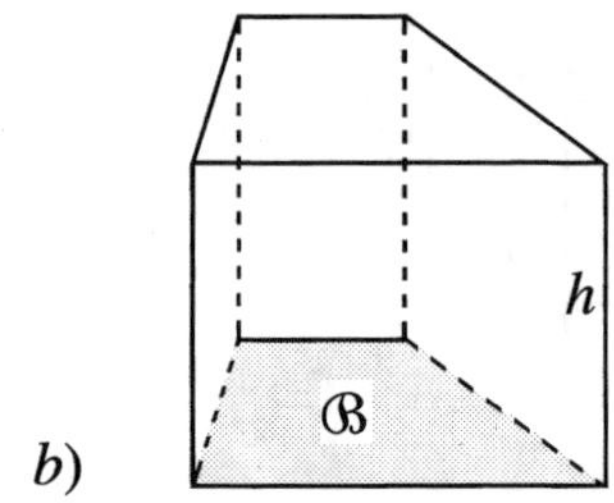

Figure 2.16

5. Cet objet (Fig. 3.16) est formé d'une boule située à l'intérieur d'un cylindre de 15 cm de haut dont la base a 15 cm de diamètre. Calculer le volume du cylindre (au cm³ près) ; l'aire latérale du cylindre (au cm² près) ; le volume (au cm³ près) et l'aire (au cm² près) de la boule.

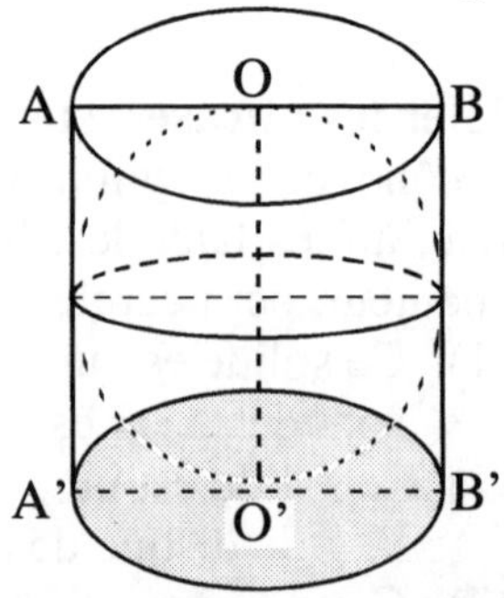

Figure 3.16

6. Une pyramide régulière dont la base est un carré de 6 dm de côté a pour faces latérales des triangles isocèles de 6 dm de base et 5 dm de hauteur. Cette pyramide de 40 cm de hauteur est une pièce de buffet en chocolat. Chacune des faces est recouverte d'un triangle de nougatine. Quel est le volume de chocolat ? Quelle est sa surface de nougatine ?

7. Convertir : 3,5 m^3 =................ dm^3 ; 250 cm^3 =.................... dm^3 ;
18 000 mm^3 =....................... cm^3 ; 2,5 dm^3 =....................... cm^3 ;
1 stère =... m^3 ; 3 520 dm^3 =........ m^3 ; 85 250 cm^3 =... m^3.

Solution des tests

1. **Objet (1)** Ce solide est un **parallélépipède** ; ABCD est une **face** ; les segments **[AG]**, **[BH]** , **[EC]** et **[DF]** sont des **diagonales** ; les **faces** sont des rectangles.
Objet (2) Ce solide est un **cône** (de révolution) de **sommet S** ; le segment [SA] est une **génératrice** et [SO] est la **hauteur** ; le disque de centre O et de rayon OA est la **base.**
Objet (3) Cette boîte est un **cube**. La **face** ABCD est **vue** et la **face** ABFE est **cachée** ; l'**arête** [AE] est **cachée** et l'arête [BF] est **vue**.
Objet (4) Le solide est un **prisme** dans lequel on a creusé un **cylindre** ; [AB] est une **arête** du **prisme** et **ABMN** est une **face** du prisme.
Objet (5) Ce solide est une **boule**, sa surface est une **sphère**. Le segment [OM] est un **rayon** et [FE] est un **diamètre**. Les cercles $\mathscr{C}_1$, $\mathscr{C}_2$, $\mathscr{C}_3$ sont des **grands cercles de la sphère** et $\mathscr{C}_4$ un **petit cercle.**
Objet (6) Ce solide est **une pyramide ;** sa **hauteur** est [SH]. ABCDE est la **base.** SAB, SBC, SED sont des **faces ;** [SB], [SD] sont des **arêtes latérales.**

2. Volume **: A** 64 cm^3 ($4^3 = 64$). Aire : C **96 cm²** ($4^2 \times 6 = 96$)

3. Volume **: B 46, 8 m³**. Aire latérale **C 44,2 m²** (périmètre x hauteur).
Aire **t**otale **: A 80, 2 m²**.

4. Fig. 2.16.a : V = cm^3 $\dfrac{\pi \times 10{,}5 \times 10{,}5 \times 14}{3}$ cm^3 = 514, 5 π cm^3 ; V≈1 616 cm^3.

A = 183,75 π cm^2 ; A ≈ 577 cm^2.

Fig. 2.16.b V = 90 × 18 cm^3 = **1 620 cm³.**

5. La valeur exacte est donnée avec π, la valeur approchée de π est celle de la calculatrice ou 3,14 ou $\frac{22}{7}$

Volume du cylindre **V = 843,75 π cm³ ; V ≈ 2 650 cm³ ;**

Aire latérale = 2 π × 7,5 × 15 m² = **225 π cm²** ; **A ≈ 707 cm².**

Volume de la boule **V = 562,5 π cm³ ; V ≈ 1 767 cm³.**

Aire de la sphère = 4 π × 7,5 × 7,5 cm² = **225 π cm²** ; **A ≈ 707 cm².**

6. **Volume de chocolat : 48 000 cm³** ($\frac{60 \times 60 \times 40}{3}$) = 4 8000

Aire de nougatine : 6 000 cm² = 60 dm². ($\frac{6 \times 5}{2}$ × 4) = 60.)

7. 3, 5 m³ = **3 500 dm³** ; 250 cm³ = **0, 250 dm³ ;** 18 000 mm³ = **18 cm³** ;
2, 5 dm³ = **2 500 cm³.**

1 stère = **1 m³** ; 3 520 dm³ = **3, 250 m³** ; 85 250 cm³ = **0, 085 250 m³.**

L'essentiel

■ *Les polyèdres*

Un solide dont toutes les faces sont planes est un polyèdre. Les polyèdres les plus courants sont le cube, le parallélépipède (rectangle ou non), le prisme, la pyramide. On trouve parfois d'autres polyèdres, nous en illustrerons quelques-uns, sans donner de formule pour calculer leur volume.

¥*Le parallélépipède*

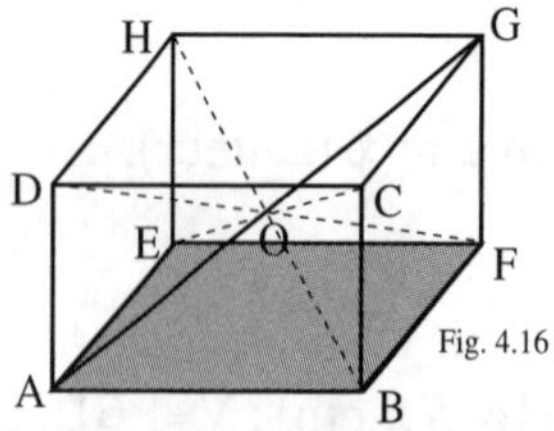

Fig. 4.16

Cette boîte (la forme la plus courante d'une boîte) est un parallélépipède rectangle.
Ses 6 faces sont des rectangles, il a 12 arêtes et 8 sommets.

Sur ce dessin en perspective :
les **faces** : ABCD, BCGF, DCGH sont **vues** ; ABFE, EFGH, AEHD sont **cachées** ; les **arêtes** [AB], [BC], [CD], [DA], [CG], [DH], [HG], [BF], [FG] sont **vues** ; [AE], [EF], [EH] sont **cachées.** La boîte a **trois dimensions** appelées longueur (L), largeur (ℓ) et hauteur (h) ; AB = EF = HG = DC = L ; AE = BF = CG = DH = ℓ; AD = BC = FG = EH = h.
Les segments [AG], [BH], [CE], [DF] sont les diagonales. Le point O est le centre.
2° Le cube
Cette boîte est **un cube**, c'est à dire un parallélépipède rectangle dont les arêtes ont même longueur (AB = BC = BF).

Le cube

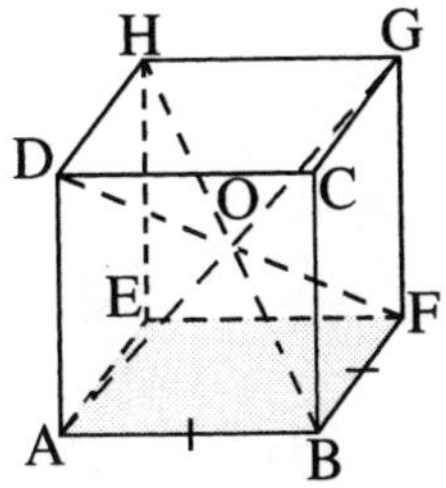

Figure 5.16

Cette boîte est **un cube**, c'est-à-dire un parallélépipède rectangle dont les arêtes ont même longueur (AB = BC = BF). Les 6 faces sont des carrés.
Les diagonales [AG], [BH], [CE], [DF] ont également même longueur.
La **face** ABCD est vue et la **face** ABFE est cachée.
Les **arêtes [AE] et [CG] sont parallèles**.
Les arêtes [EH] et [BF] sont **orthogonales**.
Les arêtes [EH] et [EF] sont **perpendiculaires**.

Le prisme

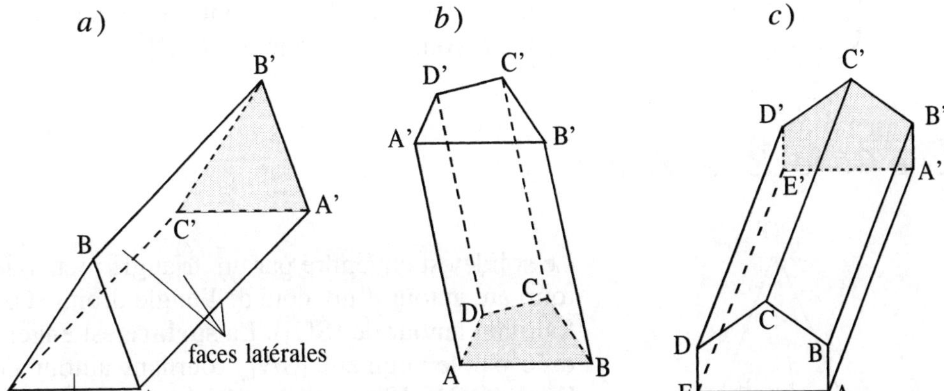

Figure 6.16

Tous ces objets sont des **prismes**.
Les **bases sont des polygones** : triangle (a) ; quadrilatère (b) ; pentagone (c).
Pour les **figures *c* et *a*** les **faces latérales** (AA′B′B, BB′C′C, CC′D′D...) **sont des rectangles** ; les **prismes sont droits. La figure *b*** représente **un prisme oblique**, ses **faces latérales** ne sont que des **parallélogrammes**.

La pyramide

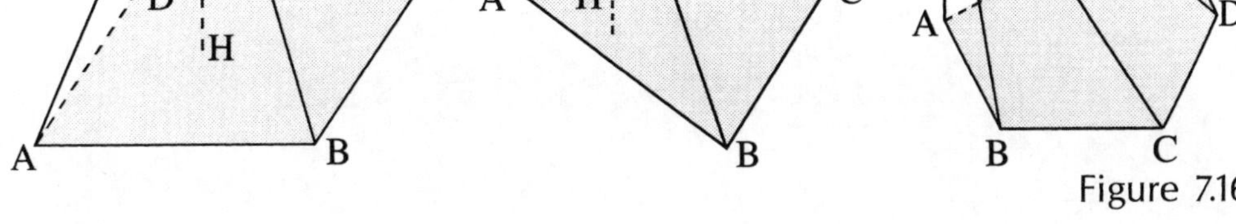

Figure 7.16

Tous ces objets sont des **pyramides** .
Les **bases** sont des **polygones** : quadrilatère (a) ; triangle (b) ; pentagone (c).
Les **arêtes latérales** SA, SB, etc. **sont issues** du **sommet S** de la pyramide.
Les faces latérales SAB, SBC ... **sont des triangles.**

■ *Autres solides usuels*

¥ *Le cylindre de révolution*

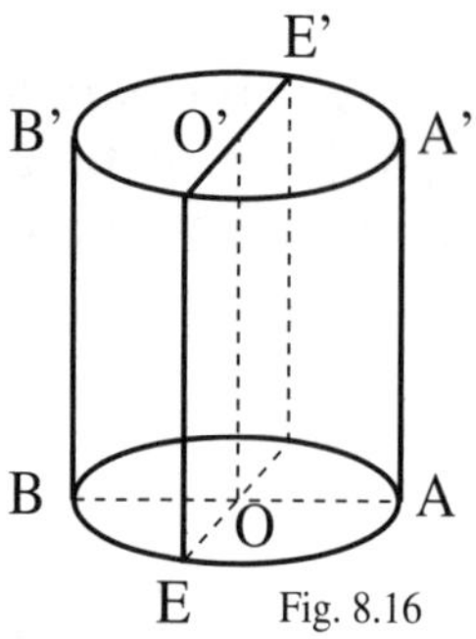

Fig. 8.16

Le solide est engendré par un rectangle tournant autour d'un de ses côtés. (ex : OAA'O') tournant autour de [OO']). La surface est engendrée par un segment (par exemple [A A']) tournant autour de l'axe (OO'). [AA'] [BB'] [EE'] sont des génératrices. Les bases sont des disques de même rayon. La hauteur est [OO']

¥ *Le Cône de révolution*

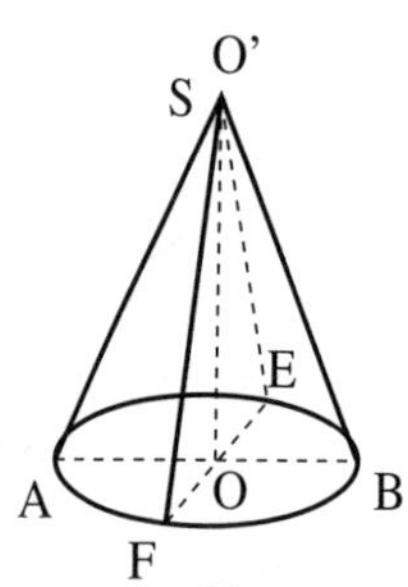

Fig. 9.16

Le solide est engendré par un triangle rectangle tournant autour d'un côté de l'angle droit (SOA tournant autour de [SO]). La **surface** est engendrée par le segment [SA] tournant autour de **l'axe (OO').** [SA], [SF], [SB] sont des **génératrices** . La **base** est un disque de centre O. La **hauteur** est [SO].

¥ *La Sphère*

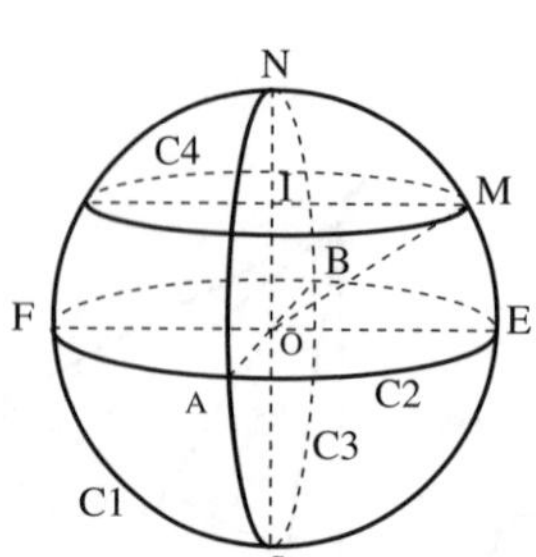

Fig. 10.16

La sphère est la surface engendrée par un demi-cercle tournant autour de son diamètre (ex : le demi-cercle de diamètre [NS] passant par A, tournant autour de [NS]). La **boule** est le solide engendré par un demi-disque tournant autour de son diamètre. Les cercles $\mathscr{C}_1$, $\mathscr{C}_2$, $\mathscr{C}_3$ sont des **grands cercles. Leur centre est O**.
Le cercle $\mathscr{C}_4$ est un **petit cercle** ; son centre est le point I.

■ *Calculs de volumes et d'aires*

● *Cube*

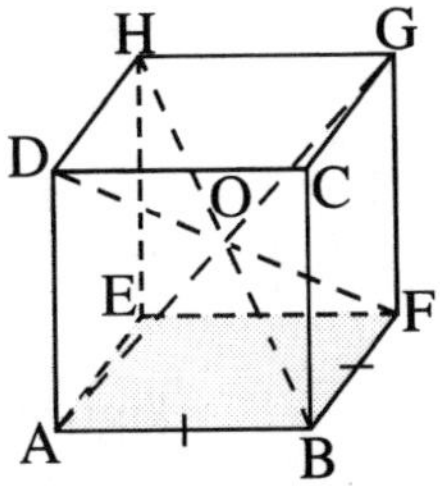

Figure 11.16

AB = a (arête du cube)
Volume : $\mathscr{V} = \mathbf{a^3}$
Aire : $\mathscr{A} = \mathbf{6}\boldsymbol{a}^2$

● *Parallélépipède*

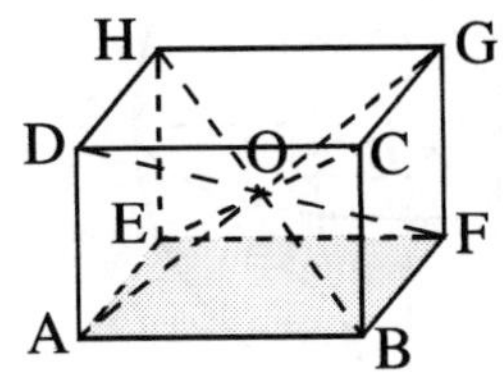

Figure 12.16

AB = L ; BF = ℓ ; AD = h
Volume $\mathscr{V} = \mathrm{L} \cdot \ell \cdot h$
L'aire totale est la somme des 6 faces.
L'aire latérale est la somme des aires des faces latérales.

● *Prisme*

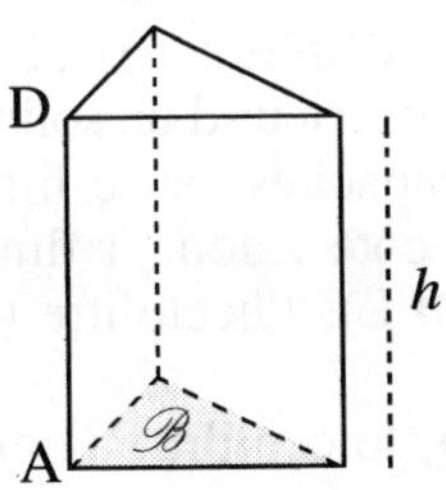

Figure 13.16

L'aire de la base est $\mathscr{B}$.
Volume $\mathscr{V} = \mathbf{B} \cdot \boldsymbol{h}$.
L'aire latérale est la somme des aires des faces rectangulaires.

● *Pyramide*

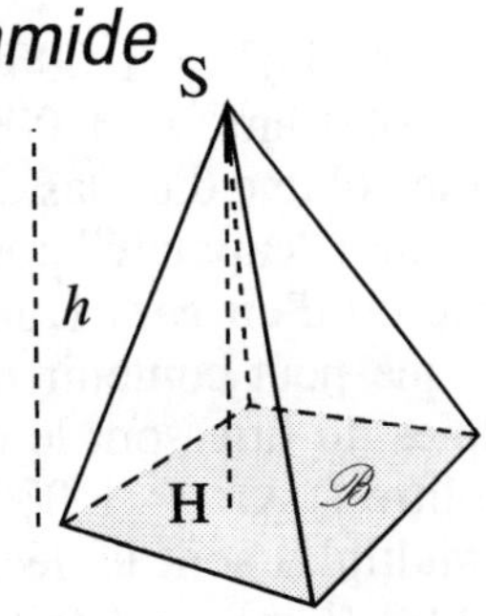

Figure 14.16

L'aire de la base est $\mathscr{B}$.
Volume $\mathscr{V} = \dfrac{\mathbf{1}}{\mathbf{3}} \mathbf{B} \cdot \boldsymbol{h}$.
L'aire latérale est la somme des aires des faces triangulaires.

● *Cylindre*

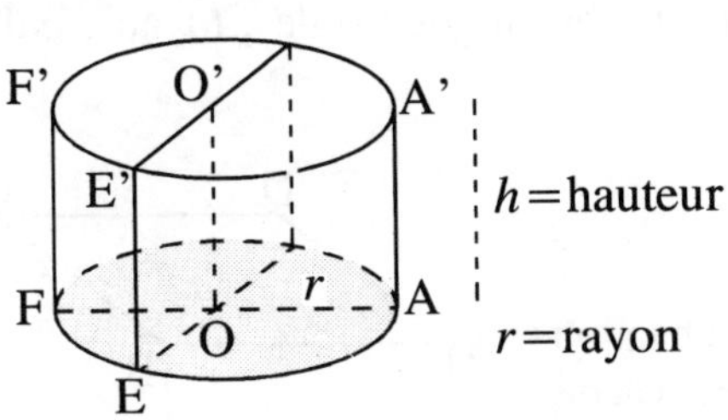

Figure 15.16

Volume $\mathbf{V} = \boldsymbol{\pi r^2 h}$
Aire latérale $\mathbf{A} = \boldsymbol{2\pi r h}$

● *Cône*

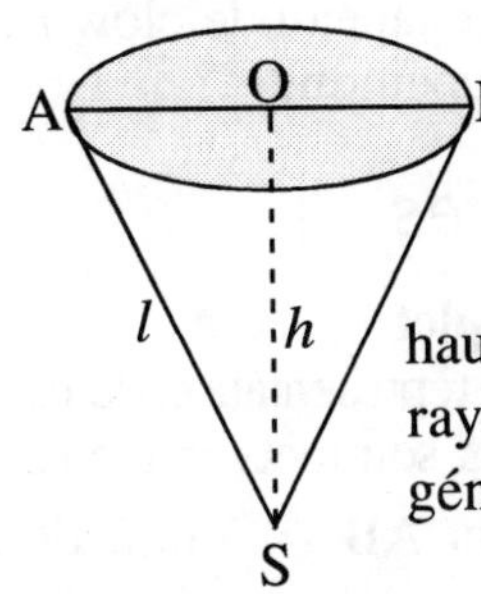

hauteur = SO = h
rayon de base = r
génératrice = SA = l

Figure 16.16

Volume $\mathbf{V} = \dfrac{\mathbf{1}}{\mathbf{3}} \boldsymbol{\pi r^2 h}$
Aire latérale $\mathbf{A} = \boldsymbol{\pi r l}$

Sphère

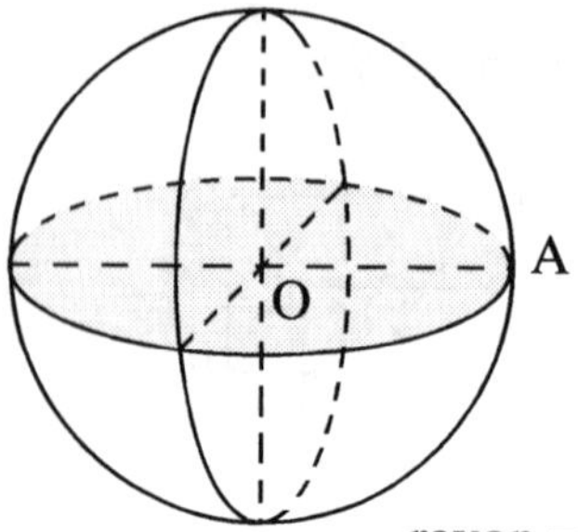

Volume $\frac{4}{3} \pi R^3$

Aire $= 4 \pi R^2$

Figure 17.16

Mesure des volumes et changement d'unités

Le volume d'un cube de un mètre d'arête (1 m) est le **mètre cube (m^3)**.
Le volume d'un cube de un centimètre d'arête (1 cm) est le **centimètre cube (cm^3)**.
Le volume d'un cube de un millimètre d'arête (1 mm) est le **millimètre cube (mm^3)**, etc.
1 **m^3** = 1 000 dm^3 = 1 000 000 cm^3 = 1 000 000 000 mm^3
1 **km^3** = 1 000 hm^3 = 1 000 000 dam^3 = 1 000 000 000 m^3.
1 stère est le volume d'un tas de bois cubique de 1 m d'arête ; 1 stère (1st) = 1 m^3.
On utilise le mot "**capacité**" pour désigner le volume intérieur d'un solide, le volume d'un liquide ou d'un gaz. L'unité de mesure des capacités est le litre (L). C'est le volume que peut contenir un cube de 1 dm de côté ; donc 1 dm^3 = 1 L.
Les multiples du litre sont le décalitre (1 daL = 10 L), l'hectolitre (1 hL = 100 L), le kilolitre (1 kL = 1 000 L).
Les sous-multiples sont le décilitre (1 dL = 0,1 L), le centilitre (1 cL = 0,01 L) et le millilitre (1 mL = 0,001 L).

Applications

1. **Reconnaissance de solides**
Quelles sont les formes usuelles des objets suivants :
crayon non taillé ; alvéole d'abeilles ; boîte à chaussures ; cornet à glace ; boîte de conserves ; chapeau de clown ; abat-jour ; berlingot ; bille ; tuyau ; bulle de savon ; mappemonde ?

Les polyèdres

2. **Dessin incomplet**

2.1. Achever la représentation de ce cube sachant que G et H sont les sommets manquants, G est caché.

2.2. En prenant AB = 5 cm, dessiner un patron de ce cube.

2.3. Calculer son volume et l'aire du patron.

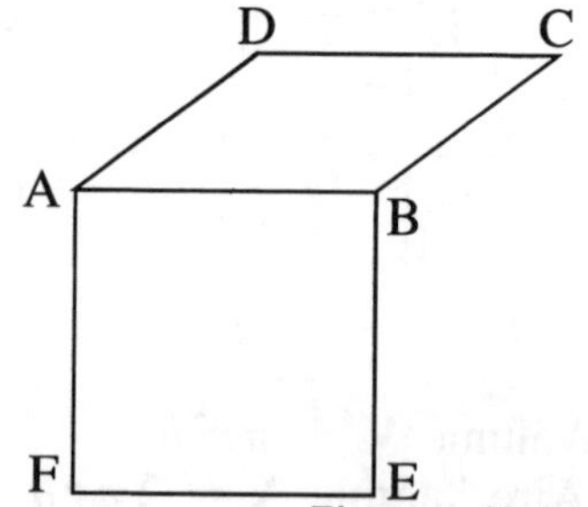

Figure 18.16

3. **Retrouver les noms des sommets**
Sur ce parallélépipède rectangle le sommet P est caché.
Les arêtes [PO], [PM], [PL] sont cachées. Les faces cachées sont MNOP, POKL et le carré PLIM. La face carrée NOKJ est vue. La face du dessous est IJNM.
Compléter le dessin en écrivant les noms des sommets.

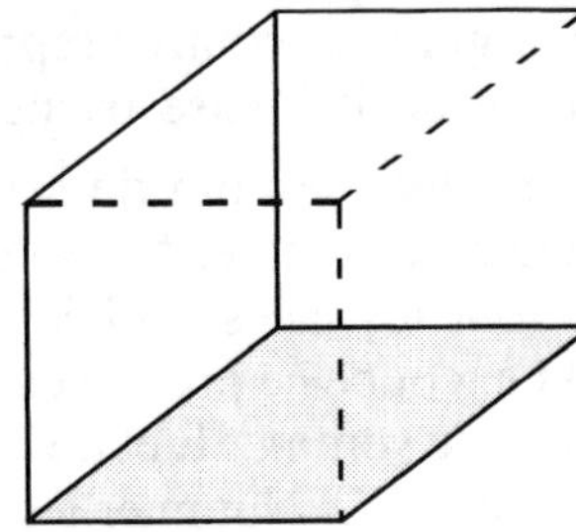

Figure 19.16

4. **Perspective avec point de fuite**
Ce cube est représenté en perspective. Les droites portant les arêtes perpendiculaires à la face ABFE passent par un même point appelé "point de fuite".
Représenter ce cube en perspective cavalière en dessinant les lignes cachées en pointillés.

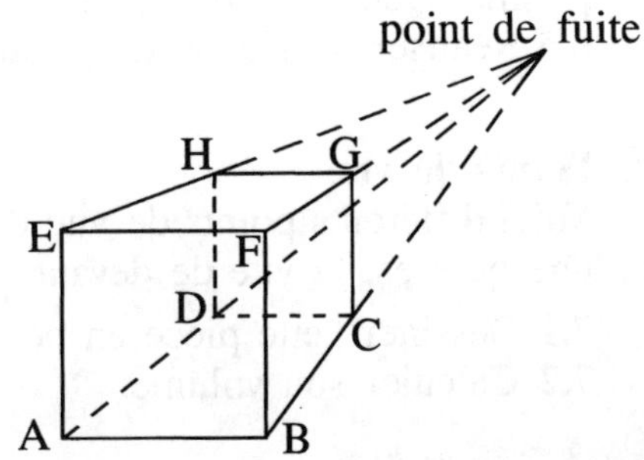

Figure 20.16

5. **Sur du papier pointé**
Trouver le nom de chacune de ces figures et dessiner les lignes cachées en pointillés.

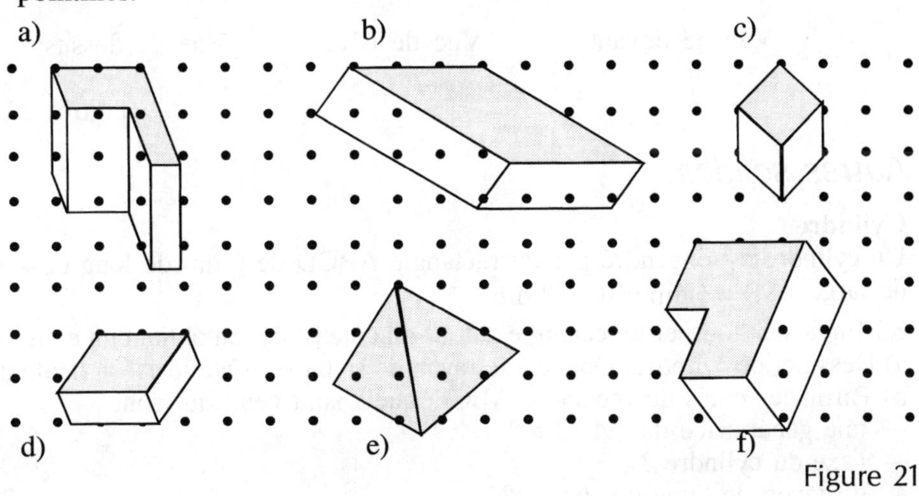

Figure 21.16

6. **Prisme et pyramide**

La figure ci-contre représente un prisme droit à base triangulaire.

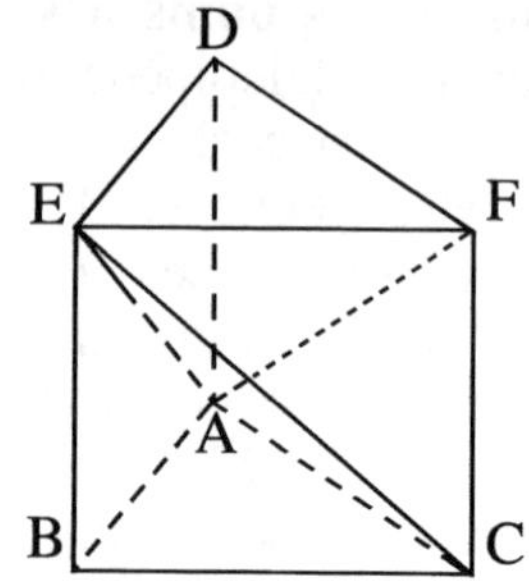

Figure 22.16

6.1 Donner le nom de ses faces.
6.2 Quelles sont les faces vues ? Quelles sont les faces cachées ?
6.3 On coupe ce prisme en trois pyramides de sommet E et de bases ABC, ADF et AFC. Nommer les faces et les arêtes de ces trois pyramides.
6.4 Le triangle ABC est rectangle en A. AB = 4 dm ; AC = 4,5 dm ; BE = 6 dm. Calculer le volume de chaque pyramide et le volume du prisme. Que remarque-t-on ?
6.5 Réaliser un patron du prisme et de chacune de ces pyramides.

7. **Points de vue**

Voici différents points de vue d'une pièce métallique qui est un prisme dont une base est la vue de devant.

7.1 Dessiner cette pièce en perspective.
7.2 Calculer son volume.

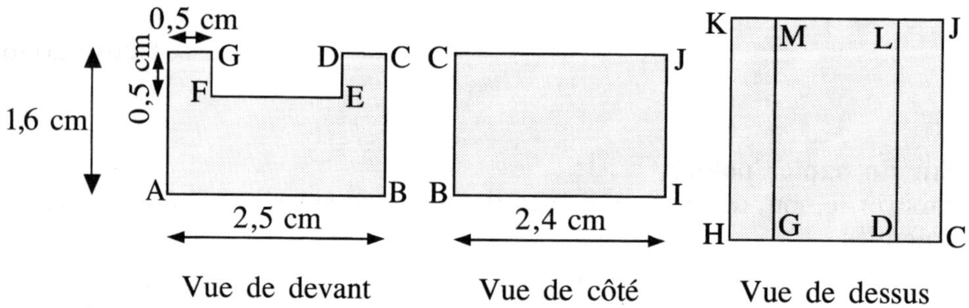

Figure 23.16

Autres solides

8. **Cylindre**

Un cylindre est engendré par un rectangle ABCD de 6 dm de long et 4 dm de large. (AB = 6 dm ; BC = 4 dm)

8.1 En faisant tourner le rectangle autour du côté [AB], on obtient un cylindre.
a) Dessiner ce cylindre. Quel est le rayon de sa base ? Quelle est sa hauteur ?
b) Parmi les côtés du rectangle ABCD quels sont ceux qui sont :
— une génératrice du cylindre ?
— l'axe du cylindre ?
— un rayon de l'une des bases ?

c) Calculer son volume, son aire latérale et son aire totale.
8.2 Reprendre la question précédente lorsque le rectangle ABCD tourne autour du côté [AD].

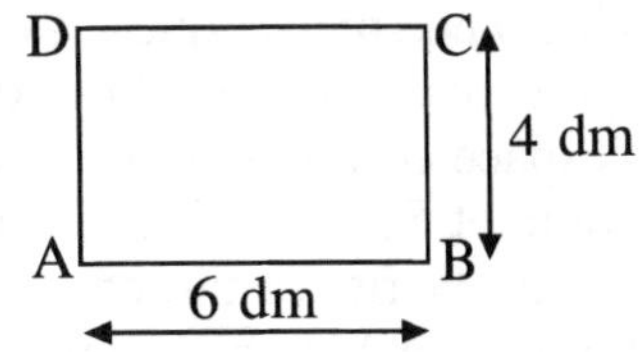

Figure 24.16

9. **Cône**
Un cône est engendré par un triangle rectangle ABC rectangle en A.
On donne AB = 12 cm, AC = 16 cm et BC = 20 cm.
9.1 En faisant tourner le triangle autour du côté [AB], on obtient un cône.
a) Dessiner ce cône. Quel est le rayon de sa base ? Quelle est sa hauteur ?
b) Parmi les côtés du triangle ABC quel est celui qui est :
une génératrice du cône ? L'axe du cône ? Un rayon de la base ?
c) Calculer son volume, son aire latérale et son aire totale.
9.2 Reprendre la question précédente lorsque le triangle ABC tourne autour du côté [AC].
9.3 En faisant tourner le triangle autour du côté [BC], quel solide obtient-on ?

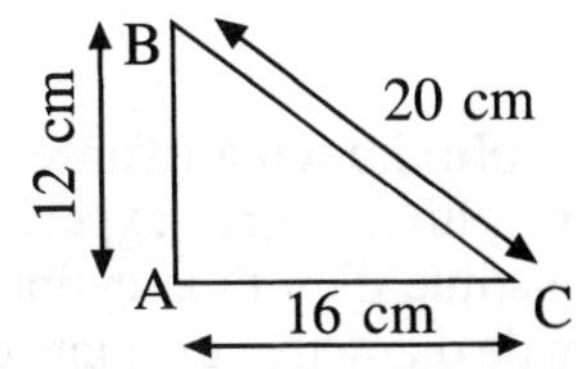

Figure 25.16

Assemblage et solides divers, calculs de volumes et d'aires

10. Huit balles sont disposées dans une boîte cubique de 20 cm d'arête. Elles touchent toutes trois faces du cube.
10.1 Quel est le rayon d'une balle ?
10.2 Quelle est l'aire d'une balle ?
10.3 Quel est le volume d'une balle ?
10.4 Quel est le volume de la boîte inoccupé par les balles ?

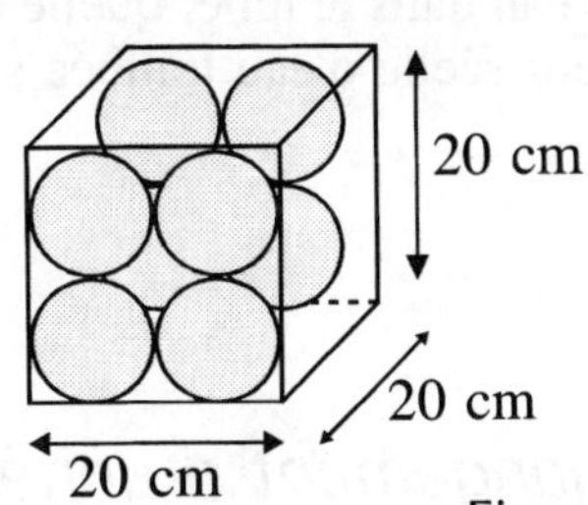

Figure 26.16

11. Cette pyramide en pâte de verre est inscrite dans un parallélépipède rectangle transparent. Sa base est un carré de 20 cm de côté. Sa hauteur de 30 cm est la hauteur du parallélépipède rectangle.
11.1 Calculer le volume du parallélépipède rectangle et de la pyramide.
11.2 Quel est le volume d'eau nécessaire pour remplir d'eau l'espace compris entre le parallélépipède rectangle et la pyramide ?

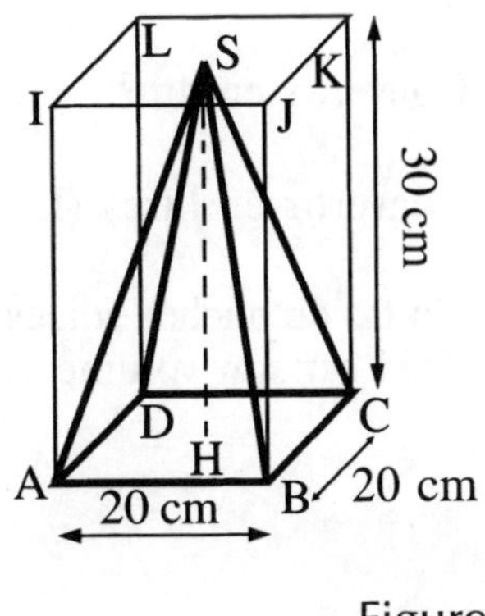

Figure 27.16

12. Une pièce métallique est un tronc de cône c'est-à-dire la portion de l'espace comprise entre les cônes de sommet S, de base les cercles $\mathscr{C}$ et $\mathscr{C}'$ de la figure ci-contre.
On donne SO = 24 cm
et SO′ = 12 cm
OB = 18 cm
O′B′ = 9 cm.
Calculer le volume occupé par cette pièce c'est-à-dire le volume du tronc de cône. Dessiner un patron de cette pièce, permettant de la découper dans une feuille de tôle et de réaliser la pièce par une soudure. (D'après examen).

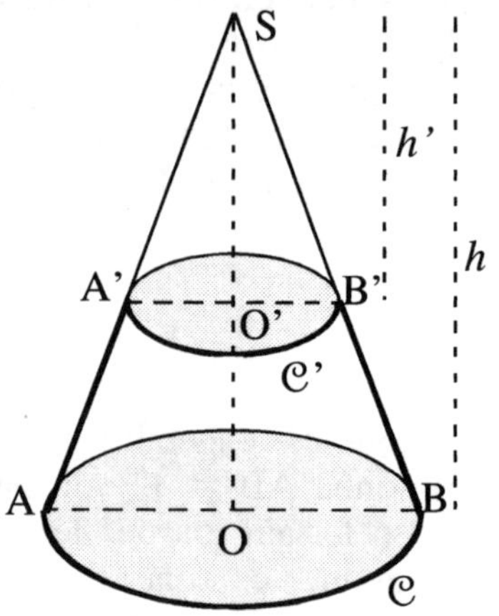

Figure 28.16

13. **Un pluviomètre** (d'après concours)
Un pluviomètre expérimental est constitué d'un tube cylindrique de 2 cm de diamètre surmonté d'un entonnoir dont la partie supérieure a 10 cm de diamètre.
Lorsqu'il tombe 10 cm de hauteur d'eau dans le tube, quelle est la hauteur réelle d'eau tombée sur le sol ?

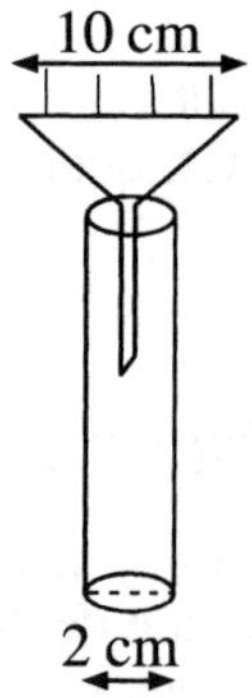

Figure 29.16

• *Changement d'unités*

14. Écrire en m^3 : 7 m^3 354 dm^3 ; 37 dm^3 68 cm^3 ; 870 dm^3 ; 3 m^3 540 dm^3.

15. Convertir en dm^3 : 9 546 268 mm^3 ; 26 548 cm^3 ; 0,25 m^3.

16. Convertir en litres (L) : 1 850 cm^3 ; 325 cL ; 4 852 mL.

17. Un tas de bûches sciées a 0,50 m de long, un mètre de haut et 4 m de large. Quel est son volume en stères ?

Corrigés

1. — crayon non taillé : cylindre ou prisme à base hexagonale (6 côtés) ;
— alvéole d'abeilles : prisme à base hexagonale terminé par trois losanges pour former le fond ;
— boîte en carton : très souvent un parallélépipède rectangle ;
— cornet à glace : un cône surmonté d'une petite partie cylindrique ;
— boîte de conserves : très souvent un cylindre ;
— bille : une boule ;
— chapeau de clown : un cône ;
— tuyau : cylindre ;
— abat-jour : en général un tronc de cône (un cône coupé) ;
— bulle de savon : sphère ;
— berlingot : un tétraèdre un peu arrondi ;
— mappemonde : une sphère .

2. **2.1** Voir figure 30.16.
2.2 Un patron de cube ou un développement de cube est formé de six carrés (en un seul tenant) qui, par pliage, permettent de reconstituer le cube. La figure ci-dessous présente toutes les solutions possibles à l'échelle 1/10 (0,5 cm représente 5 cm).

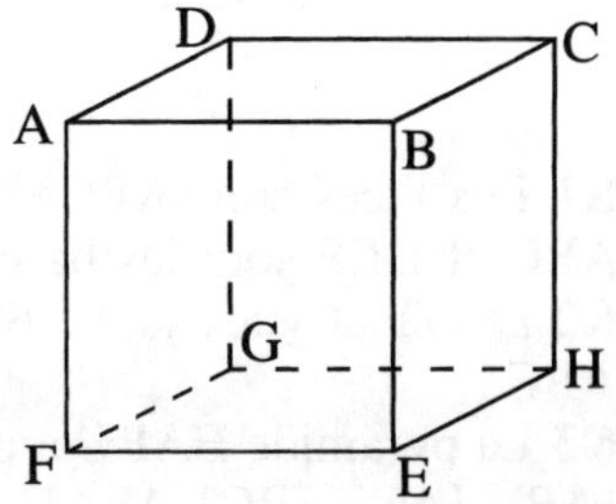

Figure 30.16

Figure 31.16

2.3 On applique la formule du volume d'un cube : 5^3 cm^3 = 125 cm^3. L'aire est celle de 6 carrés de 5 cm de côté. ($5^2 \times 6 = 150$). L'aire est de 150 cm^2.

3.

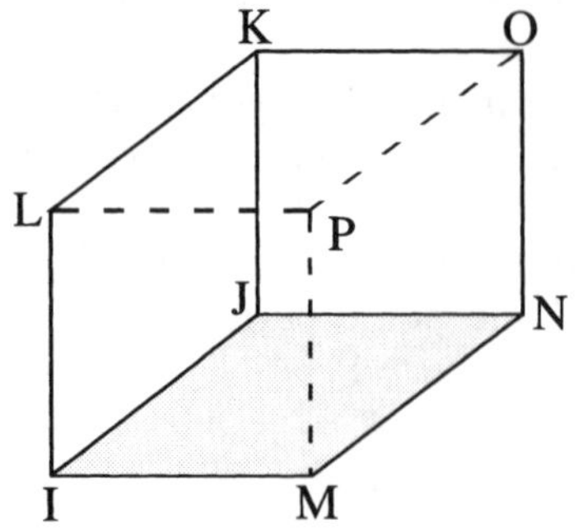

Figure 32.16

4.

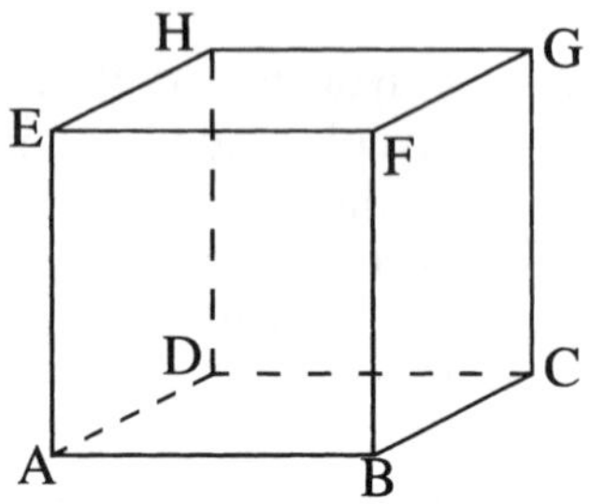

Figure 33.16

5. a et f : Prisme dont la base est un hexagone ; b et d : Parallélépipède ; c : Cube ; e Pyramide.

6. **6.1** Les faces sont ABC, DEF, ABED, ACFD, BCFE.
ABC et DEF sont les bases ; ABED, ACFD, BCFE sont les faces latérales.
6.2 Les faces vues sont : BCFE, DEF. Les faces cachées sont ABED, ACFD, ABC.
6.3 La pyramide EABC a pour faces ABC, ABE, ACE, EBC et pour arêtes : [AB], [AC], [BC], [EA], [EB], [EC].
La pyramide EADF a pour faces ADF, EAD, EAF, EDF et pour arêtes : [AD], [AF], [DF], [EA], [ED], [EF].
La pyramide EACF a pour faces ACF, EAC, ECF, EAF et pour arêtes : [AC], [AF], [CF], [EA], [EC], [EF].
Ces trois pyramides ont 4 faces triangulaires, ce sont des tétraèdres.
6.4 Les pyramides sont à base triangulaire ; on choisit pour base celle dont on peut calculer l'aire et la hauteur correspondante.

— Pour la pyramide EABC, on prend la base ABC dont l'aire est $\frac{1}{2}\text{AB} \times \text{AC}$, la hauteur est BE. $V = \frac{1}{3}$ aire de base × hauteur. On applique la formule :

$$V = \frac{1}{3} \times \left(\frac{1}{2}\text{ AB} \times \text{AC}\right) \times \text{BE} = \left(\frac{1}{3} \times \frac{1}{2} \times 4 \times 4{,}5 \times 6\right) \text{dm}^3$$

Volume de la pyramide EABC = $\mathbf{18\ dm^3}$.
— Pour la pyramide EADF, on prend la base ADF dont l'aire est $\frac{1}{2}\text{AD} \times \text{DF}$, la hauteur est ED.

$$V = \frac{1}{3} \times \left(\frac{1}{2}\text{ AD} \times \text{DF}\right) \times \text{ED} = \left(\frac{1}{3} \times \frac{1}{2} \times 6 \times 4{,}5 \times 4\right) \text{dm}^3.$$

Le volume $\mathbf{18\ dm^3}$.

– Pour la pyramide EACF, on prend la base ACF dont l'aire est $\frac{1}{2}$ AC × CF, la hauteur est ED.

$$V = \frac{1}{3} \times \left(\frac{1}{2} AC \times CF\right) \times ED = \left(\frac{1}{3} \times \frac{1}{2} \times 4{,}5 \times 6 \times 4\right) dm^3$$

Volume de la pyramide EACF = **18 dm³**

Les trois pyramides ont le même volume.

Le volume du prisme est donc (18 × 3) dm³.

Vérification

Le volume V d'un prisme est le produit de l'aire de base par la hauteur.

V = Aire ABC × EB. **V =** $\left(\frac{1}{2} \times 4 \times 4{,}5 \times 6\right)$ dm³ **= 54 dm³**

6.5. Figure 34.16.

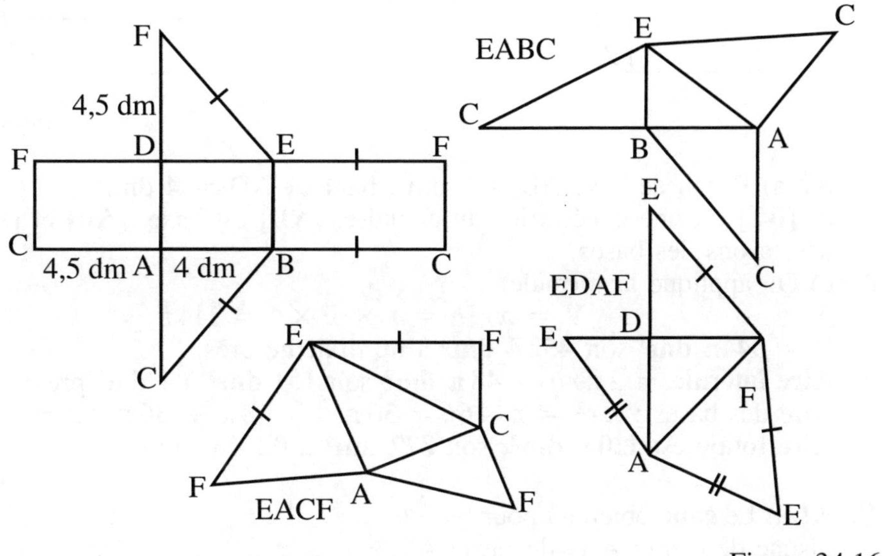

Figure 34.16

7. **7.1** Voir figure 35.16

7.2 L'aire de la base ABCDEFGH est la somme des aires d'un rectangle de 2,5 cm de long et (1,6 - 0,5) cm de large et de deux carrés de 0,5 cm de côté soit :

(2,5 × (1,6-0,5) + 0,5 × 0,5 × 2) cm²
= 3,25 cm²

ou la différence entre l'aire des rectangles ABCH et FEDG

(2,5 × 1,6 – (2,5-0,5 × 2) × 0,5) cm² = 3,25 cm².

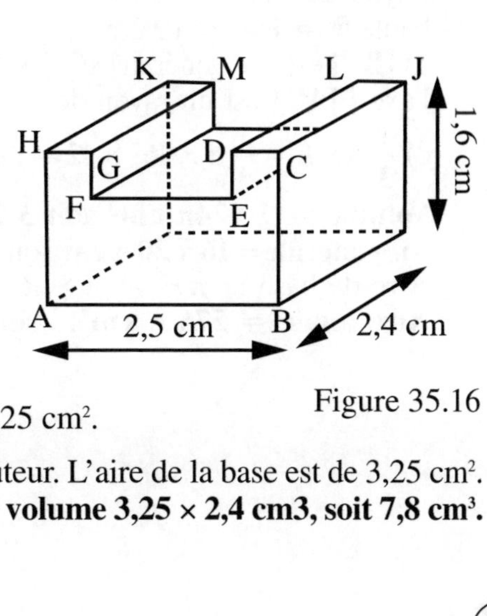

Figure 35.16

Volume d'un prisme = Aire de base × hauteur. L'aire de la base est de 3,25 cm². La hauteur est 2,4 cm. **Le prisme a pour volume 3,25 × 2,4 cm3, soit 7,8 cm³.**

8. **8.1** a) Rayon de base $= 4$ dm (AD = 4 dm) ; hauteur = AB = 6 dm.
b) **[CD]** est une génératrice du cylindre. **[AB]** est l'axe du cylindre. **[AD] et [BC]** sont des rayons des bases.
c) On applique la formule

$$V = \pi r^2 h = \pi \times 4^2 \times 6 = 96\pi.$$

$V = 96\pi$ dm³, $V \approx 301{,}6$ dm³ au dixième de dm³ près.
Aire latérale $= 2\pi r h =$ **48π dm²** soit **150 dm²** à 1 dm² près.
Aire d'une base : $\pi r^2 = \pi \times 4^2 = 16\pi$. Aire totale : $48\pi + 16\pi \times 2 =$ **80π**.
Aire totale $=$ **80π dm²**, soit **251 dm²** a 1 dm² près.

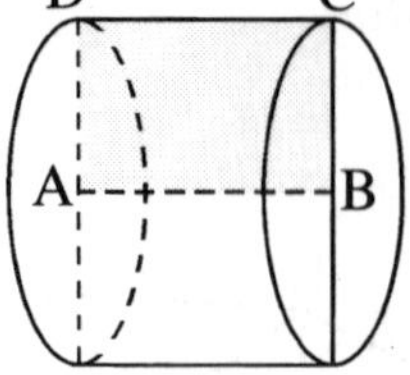

Échelle 1/40

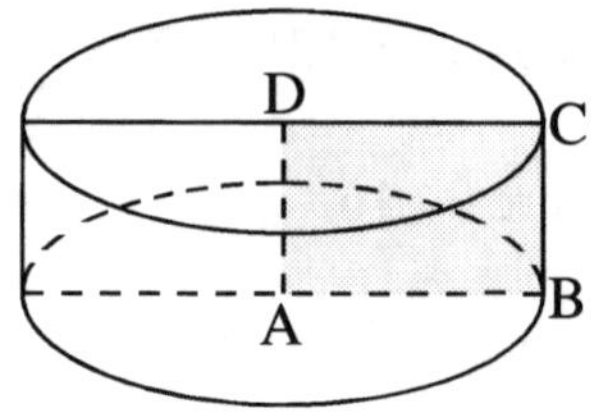

Figure 36.16

8.2 a) Rayon de base AB $= 6$ dm ; hauteur AD $= 4$ dm.
b) **[BC]** est une génératrice du cylindre. **[AD]** est l'axe. **[AB] et [DC]** sont des rayons des bases.
c) On applique la formule

$$\mathbf{V} = \pi r^2 h = \pi \times 6^2 \times 4 = 144\pi.$$

$V =$ **144π dm³** soit **452,4 dm³** à un dixième près.
Aire latérale $= 2\pi r h =$ **48π dm²** soit 151 **dm²** à 1 dm² près.
Aire des bases : $\pi r^2 = \pi \times 6^2 = 36\pi$. $48\pi + 36\pi \times 2 = 120\pi$.
Aire totale est **120π dm²**, soit **377 dm²** à 0,1 dm² près.

9. **9.1** a) Le **cône** obtenu a pour base le disque de centre A et de rayon AC.
Rayon de base $= 16$ cm ;
hauteur $=$ BA $= 12$ cm.
b) **[BC]** est une génératrice ; **[AB]** est l'axe ; **[AC]** est un rayon de la base.
c) $\frac{1}{3}\pi r^2 h = \frac{1}{3}\pi \times 16^2 \times 12 = 1024\pi$.

Échelle 1/8

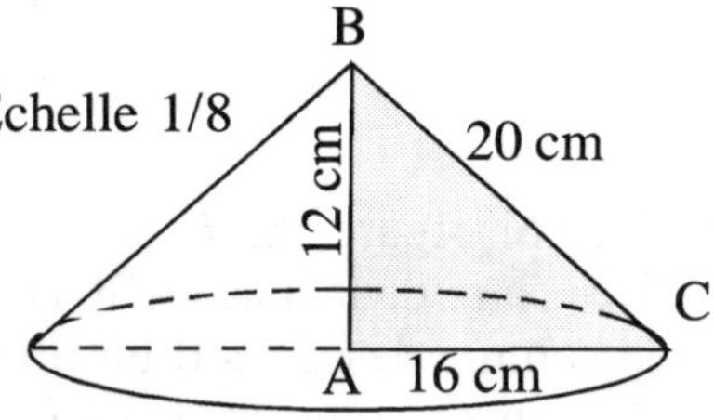

Volume $=$ **1 024π cm³** soit **3 217 cm³** à un **cm³** près.

Figure 37.16

Aire latérale = 16 x 20 π cm² soit **320 π cm²** soit 1 005 cm³ à 1 cm² près
Aire de base : $\pi r^2 = \pi \times 16^2 = 256\pi$; $320\pi + 256\pi = 576\pi$.
Aire totale $=$ **576π cm²**, soit **1 810 cm²** à 1 cm² près.

9.2 a) Le **cône** obtenu a pour base le disque de centre A et de rayon AB = 12 cm.
La hauteur est [AC] ; AC = 16 cm.
b) **[BC]** est une génératrice. **[AC]** est l'axe. **[AB]** est un rayon de la base.

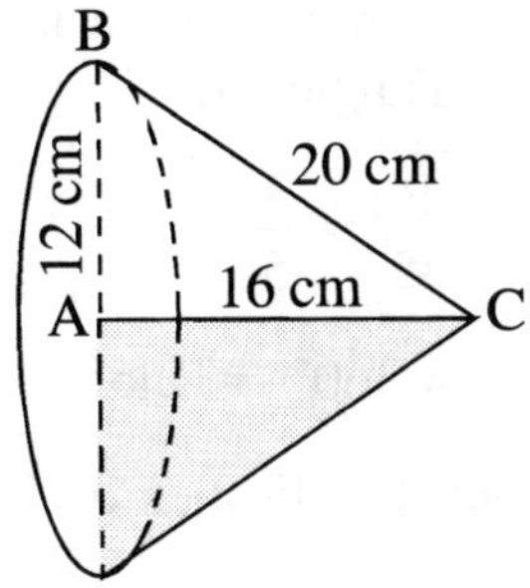

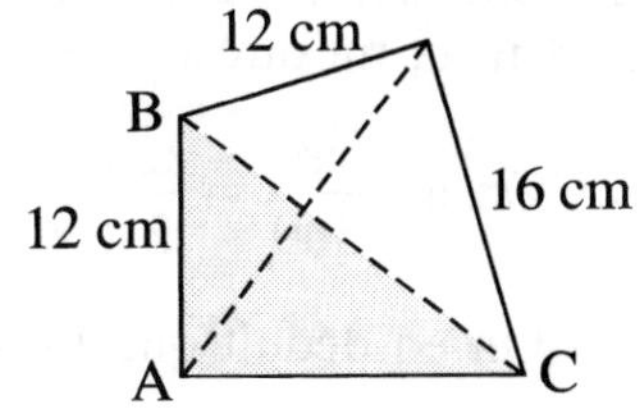

Figure 38.16

c) $\frac{1}{3}\pi r^2 h = \frac{1}{3}\pi \times 12^2 \times 16 = 768\pi$.
Le **volume** est de **768π cm³** soit **2 413 cm³** à un cm³ près.
Aire latérale = $12 \times 20\pi$ cm² = 240π cm² soit **754 cm²** à 1 cm² près.
Aire de base : $\pi r^2 = \pi \times 12^2 = 144\pi$; $240\pi + 144\pi = 384\pi$.
Aire totale = 384π cm², soit **1 206 cm²** à 1 cm² près.

9.3 On obtient un ensemble de **deux cônes** reliés par leur base.

10. **10.1** Le rayon d'une balle (**5 cm**) est le quart de la longueur d'une arête.

10.2 Aire = **$4\pi r^2$** ; $4\pi \times 5^2 = 100\pi$.
L'aire est de 100π cm² soit 314 cm² à 1 cm² près.

10.3 Volume est $\frac{4}{3}\pi r^3$; $r = 5$ cm ; $\frac{4}{3}\pi \times 5^3$ cm³ = $\frac{500}{3}\pi$ cm³ soit **524 cm³**

10.4 Volume inoccupé par les balles = Volume de la boîte − Volume des 8 balles.
$\left(20^3 - \frac{500}{3}\pi \times \mathbf{8}\right)$ cm³ = **3 811 cm³**.

11. **11.1** Volume du parallélépipède = $20 \times 20 \times 30$ cm³ = **12 000 cm³**.

Volume de la pyramide = $\frac{1}{3}$ **12 000 cm³ = 4 000 cm³**.

11.2 Le volume d'eau nécessaire pour remplir l'espace compris entre le parallélépipède rectangle et la pyramide est **8 000 cm³**.

12. **12.1** Volume du grand cône :
$V = \frac{1}{3}\pi \times 18^2 \times 24$ cm³ $= 2\,592\pi$ cm³
Volume du petit cône :
$v = \frac{1}{3}\pi \times 9^2 \times 12$ cm³ $= 324\pi$
Volume du tronc de cône :
V-v = 2268π cm³ soit près de 7125 cm³ au cm³
soit **7 125 cm³** au cm³ près

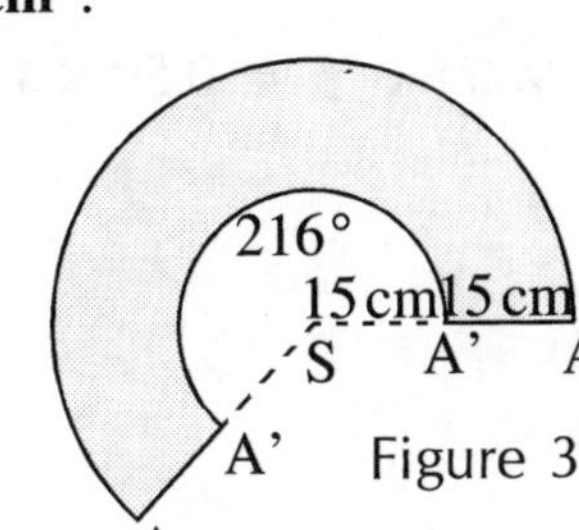

Figure 39.16

12.2 Le patron de surface latérale est représenté sur la figure 39.16. L'arc de cercle de centre S d'extrémités A′ a pour longueur celle du cercle de centre O′ de rayon O′B, soit $2\pi \times 9$ cm. Le rayon de ce cercle est SA′ = 15 cm.

Sa longueur est $2\pi \times 15$ cm. Il correspond à un angle au centre de 360°.
Soit m la mesure en degré de l'angle AOA'.

On a : $\frac{m}{360} = \frac{2\pi \times 9}{2\pi \times 15} = \frac{9}{15} = \frac{3}{5}$.

On en déduit que $m = \frac{3}{5} \times 360° = 216°$.

Les patrons des bases sont des disques de 9 et 18 cm de rayons.

13. Une hauteur d'eau **h** dans l'entonnoir correspond au volume d'eau contenu dans un cylindre dont la base a 10 cm de diamètre (5 cm de rayon) et dont la hauteur est de h cm. $V = (\pi \times 5 \times 5 \times h)$ cm³ $= (25\pi h)$ cm³.
Le volume d'eau dans le tube est celui d'un cylindre dont la base a 2 cm de diamètre (1 cm de rayon) et 10 cm de hauteur.
Le volume est $v = (\pi \times 1 \times 1 \times 10)$ cm³ $= 10\pi$ cm³.
Les volumes sont égaux : $25\pi h = 10\pi$; on obtient
$\boldsymbol{h} = \frac{10\pi}{25\pi}$ cm = 0,4 cm = 4 mm.

En général, si r est le rayon de l'entonnoir, h la hauteur de pluie, R le rayon du tube et H la hauteur dans le tube.

$\pi r^2 h = \pi R^2 H$ d'où $h = \frac{R^2}{r^2} \times H$

14. 7 m³ 354 dm³ = 7,354 m³ ; 37 dm³ 68 cm³ = 0,037068 m³ ;
870 dm³ = 0,870 m³ ; 3 m³ 540 dm³ = 3,540 m³.

15. 9 546 268 mm³ = 9,546 268 dm³ ; 26 548 cm³ = 26,548 dm³ ;
0,25 m³ = 250 dm³.

16. 1 850 cm³ = 1,850 dm³ = 1,850 l ; 325 cl = 3,25 l ;
4 852 ml = 4,852 l.

17. Volume $V = 0{,}50 \times 4 \times 1$ m³ = 2 m³ = **2 stères**.

Table des matières

Achevé d'imprimer en juin 2005
sur les presses de la Nouvelle Imprimerie Laballery – 58500 Clamecy
Dépôt légal : juin 2005 Numéro d'impression : 506006
Imprimé en France